21 世纪全国高校信息类规划教材

数据通信技术教程

主 编 崔良海 徐 洁

北京大学 出版社
PEKING UNIVERSITY PRESS

内容提要

数据通信技术是计算机网络的基础与关键所在，通信技术的完美和迅捷程度决定了计算机网络的优劣；同时，计算机网络的迅速发展与分布处理系统的出现也推动了数据通信技术的发展。本书由浅入深，介绍了数据通信的基础知识与当前不断发展的数据通信新技术，包括数据传输的基本概念、数据传输的原理、数据传输信道、基带传输及频带传输、调制与解调、多路复用等。由于数据传输的质量直接关系到数据通信系统和数据的性能，因此书中还讲述了数据传输中的差错控制、数据链路控制规程、数字数据传输方式等知识；同时还介绍了 ATM、帧中继与无线通信等技术。本书在阐述中尽可能结合实际运用的例子，并在每章节后附习题以巩固与加深学生对知识的理解。

本书可以根据不同的课时安排与学生的基础而酌情选择其中章节进行教学，同时也可供从事数据通信相关专业的工作人员参考。

图书在版编目（CIP）数据

数据通信技术教程／崔良海，徐洁主编．—北京：北京大学出版社，2009.7
（21世纪全国高校信息类规划教材）
ISBN 978-7-301-13071-1

Ⅰ. 数…　Ⅱ. ①崔…②徐…　Ⅲ. 数据通信—高等学校—教材　Ⅳ. TN919

中国版本图书馆 CIP 数据核字（2007）第 192186 号

书　　　名：	数据通信技术教程
著作责任者：	崔良海　徐洁　主编
责 任 编 辑：	傅莉　葛昊晗
标 准 书 号：	ISBN 978-7-301-13071-1/TP·0930
出　版　者：	北京大学出版社
地　　　址：	北京市海淀区成府路 205 号 100871
电　　　话：	邮购部 62752015　发行部 62750672　编辑部 62765126　出版部 62754962
网　　　址：	http://www.pup.cn
电子信箱：	xxjs@pup.pku.edu.cn
印　刷　者：	河北滦县鑫华书刊印刷厂
发　行　者：	北京大学出版社
经　销　者：	新华书店
	787 毫米×980 毫米　16 开本　15.75 印张　306 千字
	2009 年 7 月第 1 版　2009 年 7 月第 1 次印刷
定　　　价：	28.00 元

未经许可，不得以任何方式复制或抄袭本书之部分或全部内容。
版权所有，侵权必究
举报电话：010－62752024；电子信箱：fd@pup.pku.edu.cn

前 言

世界已进入了信息社会，数据通信技术的日新月异正极大地改变着人们传统的生活。整个世界，到处可见人们正在使用手机、电脑等进行数据的传输与交换，整个社会无时无刻不在进行数据通信，可以说数据通信是当今信息社会的命脉。

数据通信的完美和迅捷程度决定了通信网络的优劣，同时网络的迅速发展与分布处理系统的出现也推动了数据通信技术的发展，所以说，数据通信是一项十分重要的技术，随着整个世界对数据通信的需求不断高涨，数据通信技术越来越显示出其重要性。

早期的数据通信只包含电报、电话及广播电视等，随着计算机技术与网络的完善；数据通信已渗透到社会的各个层面，数据通信的新技术、新形式也层出不穷。而本书着重于数据通信基础知识、概念的阐述和数据传输基本原理的讲解；同时介绍了较新的通信技术。

本书共分为 15 章，各章内容如下：

第 1 章"概述"主要介绍了通信技术的特点、历史与发展、通信系统模型与通信系统的概况；

第 2 章"数据通信基础"阐述了不同信号的类型、传输方式与编码等基础知识；

第 3 章"数据传输媒体"介绍了数据传输中的减损、各种有形与无形传输介质的特点，其中较全面地介绍了光纤这种先进的传输媒体的各方面特点；

第 4 章"信号调制与解调"阐述各种编码技术，与各种调制解调的方式与特点；

第 5 章"多路复用与差错控制"介绍了各种多种复用的方式与各种差错控制的原理与特点；

第 6 章"数据交换技术"主要阐述了电路交换的各种类型，同时介绍了报文与分组交换的传输特点；

第 7 章"排队模型及最短路径"介绍了排队模型与典型的最短路算法；

第 8 章"网络体系结构"阐述了各种局域网标准与网络互联设备，同时介绍了 TCP/IP 基础理论；

第 9～13 章主要讲解了当前使用的通信网，如分组交换网、帧中继、数字数据网、综合业务数字网以及 ATM 传输等；

第 14 章阐述了移动通信的传输原理，GSM、CDMA 等通信方式，并讲述了 GPRS 与 3G 技术，同时对中国移动推出的 TD-SCDMA 也进行了介绍；

第 15 章介绍了无线通信的实用技术，如红外、蓝牙通信等，同时对当前使用广泛的 Wi-Fi 技术进行了介绍。

通信技术的迅速发展导致在该领域中新的技术、协议、标准不断涌现，因此在编写教材过程一个很棘手的问题就是内容的取舍。有些传统的通信方式正在被新的方式所取代，但作为教材，为了让学生对数据通信技术能有一个完整、全面的了解，本书还是花了一定的篇幅对之进行叙述。

本书作为教材使用时，可考虑安排54～72课时，对于有些章节，如第7章等，其中内容可根据时间进度与学生基础进行取舍。

本书由上海第二工业大学崔良海与徐洁编写，其中前11章由崔良海编写，后4章由徐洁编写。鉴于编者水平有限、时间仓促，书中难免存在某些不足之处，殷切希望广大读者在使用过程中及时提出批评与指正。

编 者
2009年6月

目 录

第1章 概述 ... 1
 1.1 数据通信基础 ... 1
  1.1.1 消息、信息与数据通信 ... 1
  1.1.2 数据通信系统的构成 ... 2
  1.1.3 数据通信系统的分类 ... 3
 1.2 现代数据通信的由来和技术特点 ... 4
  1.2.1 现代数据通信的由来 ... 4
  1.2.2 现代数据通信的技术特点 ... 5
 1.3 数据通信的发展 ... 5
  1.3.1 数据通信发展概况 ... 5
  1.3.2 我国数据通信概况 ... 9

第2章 数据通信基础 ... 11
 2.1 电信号类型与特点 ... 11
  2.1.1 电信号的描述 ... 11
  2.1.2 模拟信号 ... 11
  2.1.3 数字信号 ... 12
 2.2 模拟通信与数字通信 ... 13
  2.2.1 模拟通信 ... 13
  2.2.2 数字通信 ... 13
 2.3 数字通信的主要特点 ... 13
  2.3.1 数字通信的优点 ... 13
  2.3.2 实现数字通信需解决的问题 ... 15
 2.4 传输代码 ... 15
  2.4.1 国际5号码（IA5） ... 16
  2.4.2 EBCDIC码 ... 18
  2.4.3 国际电报2号码（ITA2） ... 18
  2.4.4 不同语种的编码 ... 18
  2.4.5 二进制信号的规定 ... 19
 2.5 数据传输速率 ... 20

2.6 数据传输方式 21
　2.6.1 并行传输与串行传输 21
　2.6.2 异步串行传输与同步串行传输 22
　2.6.3 面向字符的同步规程与面向比特的同步规矩 23
　2.6.4 单工、半双工和全双工 25

第3章 数据传输媒体 26
3.1 传输损耗 26
　3.1.1 衰减 26
　3.1.2 时延失真 27
　3.1.3 串话 27
　3.1.4 噪声 27
3.2 有损耗条件下的最大传输速率 28
3.3 传输介质 29
　3.3.1 传输介质概述 29
　3.3.2 软介质 29
　3.3.3 硬介质 36
3.4 光纤通信 38
　3.4.1 光通信概述 38
　3.4.2 光纤的结构和分类 39
　3.4.3 光纤通信原理 42
　3.4.4 光纤通信基本模型 44
　3.4.5 光纤通信器件 44
　3.4.6 光通信特点 47
3.5 传输介质比较 48

第4章 信号调制与解调 50
4.1 编码技术 50
　4.1.1 非归零码 50
　4.1.2 归零码 51
　4.1.3 双相编码 52
　4.1.4 延迟调制 53
　4.1.5 多电平二进制编码 54
4.2 信号的调制技术与解调 54
　4.2.1 信号的调制技术 54
　4.2.2 信号的解调技术 57

4.3 调制解调器的类型 57
　4.3.1 按调制方式分类 57
　4.3.2 按传输速率分类 58
　4.3.3 按调制解调器性能分类 58
　4.3.4 按调制解调器连接方式分类 59
　4.3.5 按调制解调器的传输方式分类 62
4.4 调制解调器的通信协议 63
　4.4.1 文件传输协议 63
　4.4.2 数据压缩协议 66
　4.4.3 差错控制协议 67
　4.4.4 网络管理功能 67
4.5 调制解调器的发展 68
　4.5.1 V.90 数据传输标准 69
　4.5.2 ADSL 调制解调器 70
　4.5.3 Cable Modem 70

第5章 多路复用与差错控制 72
5.1 多路复用器概述 72
5.2 频分多路复用 73
5.3 时分多路复用 75
　5.3.1 同步时分多路复用器（STDM）............................. 77
　5.3.2 异步时分多路复用器（ATDM）............................. 77
5.4 集中器 78
　5.4.1 集中器概述 78
　5.4.2 集中器与 ATDM 的比较 79
5.5 30/32 路 PCM 通信系统 80
5.6 波分复用 81
5.7 码分复用 82
5.8 多点线路 84
　5.8.1 CSMA 84
　5.8.2 令牌环 85
　5.8.3 时隙环 88
　5.8.4 寄存器插入环 88
5.9 差错控制 90
　5.9.1 产生差错的原因 90
　5.9.2 差错控制方法 91

		5.9.3 常用的检错码和纠错码	91
		5.9.4 ARQ 方案	100
		5.9.5 滑动窗口协议	103

第6章 数据交换技术 ... 106

- 6.1 电路交换 ... 106
  - 6.1.1 空分电路交换 ... 107
  - 6.1.2 时分电路交换 ... 109
- 6.2 报文交换 ... 111
  - 6.2.1 报文交换原理 ... 111
  - 6.2.2 电路交换方式与报文交换方式比较 ... 111
  - 6.2.3 报文交换提供的服务 ... 112
- 6.3 分组交换 ... 112
  - 6.3.1 分组交换原理 ... 112
  - 6.3.2 分组交换方式的优点 ... 113

第7章 排队模型及最短路径 ... 115

- 7.1 排队模型概述 ... 115
- 7.2 M/M/1 排队模型 ... 116
  - 7.2.1 泊松过程 ... 116
  - 7.2.2 报文到达率及到达间隔时间 ... 117
  - 7.2.3 服务时间分布 ... 118
  - 7.2.4 排队系统队长及时延 ... 119
  - 7.2.5 其他排队模型 ... 121
- 7.3 最短路径算法 ... 121

第8章 网络体系结构 ... 126

- 8.1 局域网与 IEEE 802 标准体系 ... 126
- 8.2 光纤分布式数据接口（FDDI） ... 129
  - 8.2.1 FDDI 的技术特性 ... 129
  - 8.2.2 FDDI 的网络结构 ... 129
  - 8.2.3 FDDI 的应用 ... 130
- 8.3 快速以太网和千兆位以太网 ... 131
  - 8.3.1 100BASE-T ... 131
  - 8.3.2 100VG-AnyLAN ... 132
  - 8.3.3 千兆位以太网 ... 132
- 8.4 交换式局域网与虚拟局域网 ... 133
  - 8.4.1 交换式局域网 ... 133

8.4.2　虚拟局域网 VLAN 134
8.5　接入网技术 136
　　8.5.1　光纤接入网技术 136
　　8.5.2　铜缆接入网技术 137
8.6　网络互联设备 138
8.7　TCP/IP 基础 140
　　8.7.1　TCP/IP 协议概述 140
　　8.7.2　IP 协议 141
　　8.7.3　网关的工作 145
　　8.7.4　TCP 协议 146
8.8　因特网 149

第 9 章　分组交换网 154
9.1　分组交换网概述 154
　　9.1.1　数据通信网 154
　　9.1.2　分组交换网的概念与特点 156
　　9.1.3　分组交换网的构成 156
9.2　分组交换网的路由选择 158
9.3　分组交换网的流量控制 160
　　9.3.1　流量控制的必要性 160
　　9.3.2　流量控制的类型 161
　　9.3.3　流量控制的方式 161
9.4　分组交换网入网方式 162
9.5　分组交换网标准访问协议 X.25 163

第 10 章　帧中继 165
10.1　帧中继概述 165
10.2　帧中继基本原理 168
　　10.2.1　帧中继的格式 168
　　10.2.2　帧中继协议结构 169
　　10.2.3　帧中继寻址方式 170
10.3　帧中继管理 171
　　10.3.1　帧中继带宽管理 171
　　10.3.2　帧中继拥塞管理 171
　　10.3.3　永久虚电路管理 171
10.4　帧中继标准 172

10.5 帧中继的应用与前景 173
    10.5.1 帧中继应用方式 173
    10.5.2 帧中继的发展前景 174

第11章 数字数据网（DDN）............................ 175
11.1 DDN 概述 175
11.2 DDN 的组成与运行特点 176
    11.2.1 用户环路 177
    11.2.2 DDN 节点 177
    11.2.3 数字信道 179
    11.2.4 网络控制管理中心 179
    11.2.5 网络结构 180
    11.2.6 各级网络之间的接口 180
11.3 DDN 的技术要求和标准 181
11.4 DDN 提供的业务 183
    11.4.1 专用电路业务 183
    11.4.2 帧中继业务 183
    11.4.3 话音/G3 传真业务 184
    11.4.4 DDN 的应用 185
11.5 我国 DDN 发展的概况 185

第12章 综合业务数字网（ISDN）........................ 187
12.1 ISDN 概述 187
    12.1.1 ISDN 的特点 187
    12.1.2 ISDN 提供的业务 188
12.2 ISDN 基本模型和实现技术 189
    12.2.1 ISDN 的基本结构模型 189
    12.2.2 实现 ISDN 的关键技术 190
    12.2.3 ISDN 的访问方法 191
12.3 ISDN 的网间互通 192
    12.3.1 ISDN 与电话网的互通 192
    12.3.2 ISDN 与分组交换网的互通 192
    12.3.3 ISDN 的终端 193
12.4 ISDN 的应用与发展 194
    12.4.1 ISDN 的应用 194
    12.4.2 ISDN 的发展 196

第 13 章 ATM 传输 198
13.1 ATM 概述 198
13.1.1 ATM 的概念 198
13.1.2 ATM 的特点 198
13.1.3 ATM 与电路交换和分组交换的比较 199
13.2 ATM 的基本原理 201
13.2.1 ATM 的信元与信元结构 201
13.2.2 ATM 的虚路径和虚通道 202
13.2.3 ATM 的错误检验与时延 203
13.2.4 ATM 的协议模型 203
13.3 ATM 的标准 204
13.4 ATM 的应用及前景 205
第 14 章 移动通信 208
14.1 移动通信概述 208
14.1.1 移动通信的特点 208
14.1.2 移动通信系统的组成 208
14.1.3 移动通信系统的频段使用 209
14.1.4 移动通信系统的体制 209
14.2 移动通信组网技术 210
14.2.1 信道结构 210
14.2.2 交换技术 211
14.2.3 信道指配方式 212
14.3 泛欧数字蜂窝系统（GSM） 213
14.3.1 GSM 系统开发背景及部分参数 213
14.3.2 GSM 系统组成及功能 214
14.4 CDMA 数字蜂窝通信 215
14.4.1 CDMA 数字蜂窝通信的技术原理 216
14.4.2 CDMA 数字蜂窝移动通信的特点 216
14.4.3 CDMA 的系统容量 217
14.4.4 CDMA 标准 217
14.5 GPRS 移动通信系统 218
14.5.1 GPRS 的概念 218
14.5.2 GPRS 的主要特点 219
14.5.3 GPRS 业务的具体应用 219

14.6　3G 技术 220
　14.6.1　3G 的功能 220
　14.6.2　TD-SCDMA 220
　14.6.3　3G 的技术标准 222
　14.6.4　3G 的发展前景 223

第 15 章　无线通信实用技术 224
15.1　红外通信 224
　15.1.1　红外通信概述 224
　15.1.2　红外通信的特点 224
　15.1.3　红外通信系统的基本类型 225
　15.1.4　红外通信的限制 226
　15.1.5　红外数据通信的现有协议 226
15.2　蓝牙技术 227
　15.2.1　蓝牙概述 227
　15.2.2　蓝牙技术特点 228
　15.2.3　蓝牙技术协议 229
　15.2.4　蓝牙技术展望 231
15.3　Wi-Fi 与 WiMAX 技术 231
　15.3.1　Wi-Fi 概述 231
　15.3.2　IEEE 802.11 系列无线局域网标准 232
　15.3.3　WiMAX 技术 235

参考文献 237

第1章 概　　述

1.1　数据通信基础

1.1.1　消息、信息与数据通信

人类生活在信息的海洋，时时刻刻离不开信息的传递与交流。早在远古时代，人们就盼望能有一双"千里眼"，洞察千里之外的瞬息万变，有一对"顺风耳"，聆听万里之远的风声鹤唳；然而在通信不发达的年代，这只能是一种幻想。随着生产力的发展和科技的进步，如今，无论身处何方，即使远在万里之外的地球另一半，人们也可以方便地观赏北京奥运会的比赛实况，聆听现场人们欢呼的声音。这就是数据通信技术发展的结果。在当前的信息时代，数据通信几乎无时不在进行，很难设想，一旦没有数据通信，银行、超市、电信、学校……可以说所有单位，将会遭受什么样的灾难性后果。所以说，数据通信无论在当前与将来，都是一门十分重要的技术。

日常生活中，一般将语言、文字、图像或数据统称为消息（Message），受信者接收消息所获得的新知识称为信息（Information）。当然，消息与信息不完全是一回事。哈特莱发表的《信息传输》（Transmission of Information）一书首次指出了信息与消息的区别和差异，并提出用消息出现的概率对数来度量其中所包含的信息，从而为信息理论奠定了基础。有的消息包含较大的信息，有的消息根本不包含信息。信息量的大小与消息出现的概率密切相关。为了对信息进行度量，可以采用消息出现概率的对数作为信息度量的单位。如果一个消息所表示的事件是必然事件，即该事件出现的概率为 1，则该消息包含的信息量为 0；如果一个消息表示的是不可能事件，即该事件出现的概率为 0，则这一消息的信息量为无穷大，此二项均无意义。为此，一个消息所载荷的信息量 I 等于它所表示事件发生概率 P 的倒数的对数，即：

$$I = \log \frac{1}{P} = -\log P$$

消息的传送一般必须借助于一定的运载工具，并将消息变换成某种表现形式。我们将消息的表现形式称为信号。信号也可称之为运载消息的工具，也是消息的载体。从广义上讲，信号含有众多的形式，例如，古代利用点燃烽火而产生的滚滚狼烟，向远方传达敌人入侵的消息，这属于光信号；说话时，声波传递到他人的耳朵，这属于声信号；此外，一个手势、一种眼神也是一种消息传递和信号。用电来传送消息，发信者把信号转换成随时间变化的电

压或电流,这种带有消息的电压或电流就是电信号。本书所研究的主要是电信号。

数据(Data)是传递信号的规范实体,也可以说是信号的载体。文字、数值、语言、图形、图像都是不同形式的数据。数据是信息的一种规范化表达,以便于其传输与处理。数据可以是连续的,如声音、图像在强度上是连续变化的,计算机接收到的由传感器收集的数据大多数也是连续的,如温度的压力等;还有一类数据是离散的,如符号、字符、数字等。我们所研究的数据通信(Data Communication)是以传输和交换数据为目的电信系统(Telecommunication System)。

把现代数据通信技术与计算机技术相结合,实现信息资源和计算机系统软硬件的共享,是计算机网络的基础与核心。在数据通信过程中也包含着对所传输的数据进行处理(转换、压缩等)。显而易见,没有成熟的数据通信技术,发展计算机网络将成为一句空话。

1.1.2 数据通信系统的构成

数据通信系统一般由源点、发送器、信道、接收器和终点五部分组成。

以运用最广泛的公用电话网为例,如图 1-1 所示。用户使用电脑通过 ADSL 上网,电脑即为源点,通过键盘、话筒、摄像头等输入设备输入信息,并将其变换成原始电信号——信源,即数字比特流,这个信号称为基带信号。

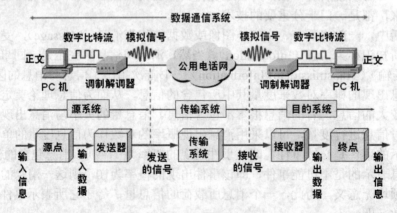

图 1-1 数据通信系统

发送器的基本功能是将输入设备输入的信息和传输介质匹配起来,即将输入设备产生的原始电信号(基带信号)变换成适合在传输介质中传输的信号。此处的发送器即为 ADSL 调制解调器,它将基带信号调制为适合电话线传输的频带信号,也就是模拟信号。

传输系统中的传输介质是指信号传输的通道,它可以是有线的,也可以是无线的,还可以包含某些设备,常见的有路由器等。信号在通信系统中的信道中传输时,通常不可能只经过单一信道直接到达目的接收器,一般都将经历多段信道的交接,最终到达目的接收器，如同我们开车外出，一般都将经过多条街道，通过多处交叉点最后到达目的地一样。

接收器设备的任务是将接收到的模拟信号准确地恢复成原来的基带信号，即数字比特流；最后终点将基带信号恢复成原始信号，如图像、声音等。

输出设备也就是图 1-1 中的终点，也可称受信者或接收终端。其作用是将复原的原始电信号转换成相应的消息，如将对方传来的电信号还原成图像或声音。

再以现在经常使用的电子邮件为例。输入设备是一台电脑，用户要将某一报文，比如"3月25日的会议取消"（这就是消息），送给目的用户。发送用户首先在电脑上运行电子邮件软件并经键盘（输入设备）键入上述报文。经发送器，如 ADSL 调制解调器，连接至本地电话线路（传输介质）。发出的是一组比特序列，发送机将其转换为适合通信系统传送的信号。通过传输系统，将信号传至接收器，再将其还原成比特序列，送至目的方的电脑，经检测无误后，输出设备（打印机或屏幕）就将报文送给目的用户。理想的情况下，此报文应该如原发报文一模一样。实际上，在通信的两端不一定是用户人，许多情况下可能是计算机处理设备，如路由器、交换器等。例如，在发送方，也可先将报文预存电脑磁盘中，根据设定，满足一定条件后再自动发出去。同样，在接收端也可以先将所收的报文存储起来待以后使用。从以上过程也可以看出数据通信与传统的书信是截然不同的。

数据通信也具有许多不同于传统电话通信的特点；这些特点导致了数据通信的一系列新的要求。例如，很多通信控制过程都要求自动实现，当在传输过程中发生差错时要求能自动检测和校正，使用容错技术，解决随时可能发生的网络故障等。与此同时，数据通信通常也与信息处理密切相关。

必须指出，从消息的发送到消息的恢复，事实上并非仅有以上几个变换，通常在一个通信系统里可能还有滤波、放大、天线辐射与接收、控制等许多复杂过程。

1.1.3　数据通信系统的分类

数据通信系统可以有多种分类的方式。

（1）按传输媒介的不同，数据通信系统可分为有线通信系统和无线通信系统。

有线通信是指电磁波沿线缆传播的通信方式，传输媒介为线缆。线缆又可分为市话用或网络用的双绞线、同轴电缆、光缆等。

无线通信是指电磁波在空间传播的通信方式，传输媒介为空间。按所用波段不同，可将无线通信划分为长波通信、中波通信、短波通信、超短波通信和微波通信等；此外，卫星通信、移动通信、无线寻呼等都属于无线通信。

与有线通信比较，无线通信具有机动灵活、不受地理环境限制、通信区域广等优点，但其易受到外界干扰，保密性差。有线通信可靠性高，成本低，适用于近距离固定点之间的通信。在现代通信中，无线通信系统和有线通信系统互相融合、互相补偿。

（2）按信号传送类型的差异，数据通信系统又可分为模拟通信系统和数字通信系统。

利用模拟信号作为载体而传递信息的通信方式称为模拟通信。目前的电话通信和图像通信仍大量采用模拟通信方式。

利用数字信号作为载体而传递信息的通信方式称为数字通信。如手机、计算机通信等均属于数字通信。

1.2 现代数据通信的由来和技术特点

1.2.1 现代数据通信的由来

数据通信可以说是计算机和通信技术相结合而产生的一种崭新的通信方式,构成了计算机网络。早期的计算机网都是一些面向终端的网络,以一台或几台主机为中心,通过通信线路与多个远程终端相连,构成一个集中式网络。以美国有名的 ARPA 计算机网的诞生为起点,出现了计算机与计算机之间的通信和资源共享,开辟了计算机技术发展的一个新领域——网络化与分布处理技术。20 世纪 70 年代以来,计算机网络与分布处理技术获得了迅速发展,同时,它也进一步推动了数据通信这一新的通信业务与技术的发展。数据通信具有许多不同于传统的电报、电话通信的特点,因而产生了一系列新的要求。例如,很多通信控制过程都要求自动实现,在传输中发生差错时要求能自动地进行校正。另外,这种通信方式总是与信息处理相联系,因此,随着信息处理内容与处理方式的不同,对通信的要求也会有很大的差别。例如,终端类型、传输代码、响应时间、传输速率、传输方式、系统结构、差错率等方面都与系统的应用及信息处理方式有关。因此,在实现数据通信时,需要考虑的因素十分复杂。同时,数据通信作为一种新的通信业务,其发展不能脱离原有的通信网基础,在一般情况下均须利用原有的通信设施作为数据传输的手段。从数据通信的发展过程来看,在出现公用数据网以前,主要是利用已有的电话交换网来实现数据通信业务;或是向用户提供租用电路,由用户自行组织专用的数据通信网;也有某些部门,如军事、铁道、有线电视、移动通信等,则利用自己的设施来组建专用的数据通信网。

数据通信是构成计算机网络的基础,但是计算机网络的建立,除了必须具备通信功能外,还涉及计算机与计算机,以及计算机与终端用户之间作业上的联系。例如位于某地的用户调用一个远程应用程序、查询数据库,或者将一个作业录入到远程的计算机处理系统中,建立这些联系都要求双方协同工作。因此,一个计算机网络的功能主要有两个主要方面:通信与信息处理,整个计算机网络通信过程的描述分为若干层次。层的划分以及每层功能上的定义,形成计算机网络体系结构。在计算机网络发展过程中,各主要计算机制造厂家生产的计算机系统产品中都有自己的网络体系结构。这些不同的计算机网络体系很难在彼此之间建立起可以互相访问的通路,这是在信息处理技术发展中面临的一个巨大的矛盾。为了解决这一矛盾,在 20 世纪 80 年代初,ISO(International Standard Organization)

提出了开放系统互联（Open System Interconnection），即 OSI。其所谓的开放系统互联参考模型，按照 OSI 标准的系统，可以与任何其他地点的开放系统进行互联通信，这就是"开放"一词的含义；"互连"则包括交换信息和协同工作。OSI 概念的形成及其参考模型的建立成为各国建立发展计算机网络体系结构的重要依据，使整个世界各处的网络通信系统能共享与交流，在计算机网络的发展中起了很大的作用。以后在网络通信的实际发展过程中，TCP/IP 获得了最广泛的应用，如今 TCP/IP 已成为事实上的标准。

1.2.2 现代数据通信的技术特点

现代数据通信技术主要有如下几个特点。

（1）传输的信号是数字式的，采用脉冲传输技术。在现有的电话网上，用脉冲技术传输数字信号，必须设置调制解调器、均衡器和时分复用（TDM）设备。当然利用电话网进行数据通信有其局限性，因为电话网是为了进行通话而设计的，因此用它来传输数据，无论是交换机还是传输线路，在性能上都有一定的局限性。如要适应现代数据通信，电话网必须进行改造。

（2）数据通信是机器和机器之间的通信。因此为了正确传递信息，有必要采用传输控制技术，这种技术的基础是数据链路控制规程等。

（3）采用存储交换网。数据通信传输的信息是用数字信号表示的，交换机中可采用存储交换技术，即可让数据在交换机内暂时存储，然后再交换。也就是说，交换网需具有存储功能，同时还可附加其他所需的各种功能。

（4）由于数据通信使用的终端和计算机具有多种功能，因此要求通信网也必须具有多种功能。

（5）网络技术的运用。其中包括许多技术，如网络控制、网络运用和网络管理等。

1.3 数据通信的发展

1.3.1 数据通信发展概况

最早的通信，不论是烽火台、旗语、信号灯……都是光通信的不同形式，其共同点是利用大气来传播可见光，由人眼来接收。1837 年莫尔斯发明了电报，他利用点、画、空适当组合的代码表示字母和数字，进行信息的传输。1876 年贝尔发明了电话，直接将声音信号转变为电信号沿导线传送。1895 年意大利的 G. 马可尼首次利用电磁波实现了无线电通信，开辟了无线电技术的新领域。随着各类电子器件的出现，无线电通信技术迅猛发展，继而出现了无线电广播、传真和电视。与早期的光通信相比，电通信有着不可比拟有优越性。

然而人类从未放弃过对理想光传输介质的寻找,经过不懈的努力,人们发现了透明度很高的光学纤维,简称"光纤"与激光器。人们看到了光通信的曙光。1977 年,世界上第一条光纤通信系统在美国芝加哥市投入商用,速率为 45 Mbps。随后光纤通信的应用发展极为迅速,20 世纪 70 年代的光纤通信系统主要是用多模光纤,应用光纤的短波长(850 纳米)波段。以后逐渐改用长波长(1310 纳米),光纤逐渐采用单模光纤。到了 20 世纪 90 年代初,通信容量扩大了 50 倍,达到 2.5 Gbps。此后,传输波长又从 1310 纳米转向更长的 1550 纳米波长,并且开始使用光纤放大器、波分复用(WDM)技术等新技术,使通信容量和中继距离成倍地增长,从而成为通信线路的骨干。如今速率超过 30 G 的光纤传输系统已经获得成功,速率达数百吉的光纤也将问世。

与此同时,无线通信也得到了长足的发展;其便携性和移动性的优点是其他通信方式所不能取代的。与传统的电话不同,我国手机已实现了数字化,第三代移动通信技术正在进行实施,手机已不仅仅是一个通话的工具,实况传播等实时数据也可以方便地使用。同时随着笔记本电脑的普及化,无线上网也在越来越多的地区开通。

微波通信也已经逐步实现了数字化并正在向更高的工作频段发展。数字微波系统的关键技术之一是改进调制解调技术以提高频带利用率,采用的方法主要是提高调制状态数。卫星通信正从频分多址(FDMA)向时分多址(TDMA)和码分多址(CDMA)过渡。为满足不同业务发展的需要,卫星通信采用了许多新技术,并构成了新的卫星通信网络;使用卫星系统实现通信的"全球通"其优越性正得到认可,应用也越来越广泛。

无论是有线与无线,无论是听到的还是看到的信号,甚至感觉不到的信号都可以归为一种电磁波;所区别的仅仅是波长与频率的不同。

不同的波长将电磁波划分为长波、中波、短波、微波、激光等多个范围,不同的电磁波可用于不同场合的通信,电磁波波段、波长与应用范围可参见表 1-1。

表 1-1　电磁波波段、波长与应用范围

波　段	波　长 /m	应　用　范　围
超长波 LLF	$1\times10^{4}\sim1\times10^{5}$	水下通信 海洋导航等
长波 LF	$1\times10^{3}\sim1\times10^{4}$	无线电导航 地下通信等
中波 MF	$100\sim1000$	航船通信、广播等
短波 HF	$10\sim100$	广播、近距离通信等
超短波 VHF	$1\sim10$	电视、调频广播等
微波 UHF	$0.001\sim1$	卫星通信、雷达导航等
红外线	$7.6\times10^{-7}\sim1\times10^{-3}$	摇感、医疗等
可见光	$4\times10^{-7}\sim7.6\times10^{-7}$	照明等
紫外线	$1\times10^{-7}\sim4\times10^{-7}$	消毒、荧光
X 线	$1\times10^{-8}\sim1\times10^{-7}$	透视等
γ 线	$<1\times10^{-8}$	穿透力强、医疗等

数据通信技术的高速方向，使世界许多国家都着手进行并相继推出本国的国家信息基础设施（National Information Infrastructure，简称 NII），也称为信息高速公路（Information Highway）。这是一项跨世纪的信息基础工程，其耗资巨大，将历时几十年之久。其目标是用以光纤为基础的网络体系和相应的硬、软件把本国的所有学校、研究机构、企业、医院、图书馆直到每个普通家庭互相联系起来。无论身处何处，均不会受到限制而造成获取信息的不公平，每个人都可以在网上享受各地各处的信息，也可以发布信息，从而为最大限度地发挥每个人的聪明才智创造平等的机遇。

信息高速公路通向社会的各行各业，包括教育、新闻、娱乐、商业、金融等各方面。在家中查阅图书馆的资料、参与千里之外的学术讨论、欣赏新电影、音乐会、体育竞赛的实况、订购商品、进入银行转账及买卖证券等都十分普通与方便。

根据目前的认识，NII 的预期效益将表现在以下几个方面。

（1）可提高生产率达 20～40 个百分点，同时提供众多新的就业机会，大大增加国民生产总值。

（2）办公方式将逐步实现由集中走向分散，其结果不仅提高了工作效率，而且大大缓解因能源、交通紧张而引起的各种社会问题。

（3）利用信息基础设施建立电子教育网络，使每个学生都有机会聆听到最优秀教师的讲课，使学生不离开教室即可如身临其境地参观博物馆、科学馆，参加各种实习；同时可大幅度地降低学习费用，节省时间，多学知识。

（4）发展电信医疗网络。通过 NII 建立个人健康信息系统改进病案管理，方便远程会诊，提高治疗效率和质量。

（5）发展电子科研网络，使科研人员在各自的实验室就可共享远方的贵重的仪器和设施，实现无围墙的开放式研究中心，从而更有效地开展科学交流与合作。

（6）发展电子文化网络。通过信息方法，打破通信产业、计算机产业、广播电视产业的行业界限，普及电子信箱、电子新闻、电子图书馆在线服务以及交互式查询电视等新型信息服务产业。

（7）发展电子商业和无纸贸易，逐步普及"家庭银行"，使居民不出门就可以进行国际贸易并购买到称心的商品，而且可以很方便地进行"银行结算"和办理金融业务。

（8）通过 NII，使公民可以很方便地向各政府机构的电子信息发布中心进行交互式联系。

在 NII 的基础上科学家又提出了全球信息基础设施（Global Information Infrastructure，简称 GII），也就是将全球各国的 NII 互相连起来，组成世界范围的全球信息基础设施，最终形成一个世界性的公共信息网络。GII 是一个全球信息网，当前的因特网就是这种全球性的信息基础结构的雏形。

综上所述，随着通信技术的发展，一个世界范围的新的信息基础设施建设的浪潮正在掀起，它必将把人类社会经济的发展再一次推向新的高度。

具体而言，当前数据通信技术主要在以下几个方面有了进一步的发展。

（1）进一步开展数字通信的基本理论和新技术及相关技术的研究。数字通信的发展要有其基本理论和相关技术理论的支持，这些理论和技术包括：数字通信网路理论、数字信号处理理论及其应用技术、数字编码理论及技术、语音信号数字处理技术、数字调制理论及技术以及微电子技术等。

（2）向更大容量的 PCM 进军，发展高速大容量数字系统。现在五次群（数码率为 560 Mbps，7680 路）的 PCM 系统已投入使用。为满足光纤传输高速大容量的宽带业务的需要，其所采用 SONET/SDH 的通信系统正在实施；新数字设备也在不断研制，并采用高速大规模或超大规模集成器件，以使设备进一步小型化、低功耗，提高可靠性，提高质量与降低成本。

（3）研究窄带和宽带、xDSL、综合业务数字网（N-ISDN 和 B-ISDN）以及智能网（IN）等。有些国家现已建成了 N-ISDN，正在向 B-ISDN 进军；有些国家则正在建设 N-ISDN 和智能网。20 世纪 80 年代 N-ISDN 和智能网（IN）已开始进入实用化，科学家们声称从 20 世纪 90 年代后将是 B-ISDN 和先进智能网（Advanced Intelligent Network，简称 AIN）的世界。另外，异步转移模式（Asynchronous Transfer Mode，简称 ATM）与另一种通信网络帧中继（Frame Relay）也已付诸实施。

（4）无线通信的发展。第一代移动通信从开始商用到完成使命，大约由 1980 年持续到 1994 年，以频分多址（FDMA）制式提供普通模拟电话，实际数据速率为 2.4 kbps。

第二代移动通信，大约由 1995 年持续到本世纪初，采用时分多址（TDMA）制式，支持数据电路交换，提供优质数字电话和简短文本的传输，数据速率为 14.4 kbps，（实际仅达 9.6 kbps）。近年发展的二代半（2.5G）移动通信支持分组交换，数据速率目标为 115 kbps（实际仅为 40 kbps）。2G 和 2.5G 移动通信技术，虽较 1G 有所提高，但随着用户数量的增加以及用户对多媒体业务的需求，其在使用频段、频谱利用率、接入速率以及网络能力等方面都显现不足。由 ITU 及时提出了第三代移动通信系统（3G）的标准，因为其主要工作频段在 2000 MHz 左右，并具有最高速率为 2000 kbps 的业务能力，一般被称为 IMT-2000。3G 系统能够满足高速率传输以支持多媒体业务，它在室内静止环境可达 2 Mbps，在室内外步行环境可达 384 kbps，在室外快速移动环境可达 144 kbps。全球主流的 3G 制式有三种，分别为 WCDMA、CDMA 2000、TD-SCDMA，目前世界拿到 3G 许可证的运营商大多选择了 WCDMA 制式。

与此同时，各种无线接入技术也如火如荼地发展起来，如 IEEE 的 802.15（无线个人区域网，WPAN）、802.11（无线局域网，WLAN）、802.16a/d（无线固定接入，FWA）和 802.20（宽带移动接入，WBMA）等标准。其中 WPAN 主要包括蓝牙（Bluetooth）技术和超宽带（UWB）技术，而采用 802.11 标准的 WLAN 和采用 802.16a/d 标准的 FWA 也被称为 Wi-Fi 和 WiMAX 技术。Wi-Fi、WiMAX、WBMA 和 3G 一样都可以有电信级的应用。

（5）信息数字化以后，各种消息（电报、图像、话音和数据等）有了统一的传输符号，这就为建立大容量、高速传输创造了条件,"信息高速公路"的建设也就有了基础。例如,美国的 NII 预计耗资 400 亿美元,日本信息高速公路计划预计投入 45 亿万日元,欧洲共同体计划 10 年内投资 1200 亿美元建设遍布欧洲的宽频带信息通道——神经网络计划。此外,"全球信息基础结构"(GII)的设想和计划也已提上日程,西方七国集团(G7)已提出一批计划并开始实施。

1.3.2 我国数据通信概况

我国的数据通信由于历史以及其他各种原因,发展较世界先进水平有很大的差距,直到 20 世纪 80 年代,长途通信还是以模拟通信为主。但自从改革开放以来,我国通信建设发展的速度迅速,并从 1985 年开始超过国民经济发展速度,至今一直保持着加速增长的势头。随着"八五"规划中 22 条光缆干线、20 条数字微波干线和 20 个大中型卫星通信地球站的建成,我国已经初步建成联通全国省会以上城市的大容量数字干线传输网。"九五"期间,我国继续扩大系统容量和覆盖范围,基本建成以光纤为骨干的全国大容量数字干线传输网。

在 20 世纪 70 年代国外的低损耗光纤获得突破以后,我国从 1974 年开始了低损耗光纤和光通信的研究工作,并于 20 世纪 70 年代中期研制出低损耗光纤和室温下可连续发光的半导体激光器。1979 年,我国分别在北京和上海建成了市话光缆通信试验系统,这比世界上第一次现场试验只晚两年多。这些成果成为我国光通信研究的良好开端,并使我国成为当时少有的几个拥有光缆通信系统试验段的国家之一。到 20 世纪 80 年代末,我国的光纤通信的关键技术已达到国际先进水平。

从 1991 年起,我国已不再建设长途电缆通信系统,而是大力发展光纤通信。自含 22 条光缆干线、总长达 33 000 公里的"八横八纵"大容量光纤通信干线传输网建成后,1999 年 1 月,又一条传输速率更高的国家一级干线(济南—青岛)8×2.5 Gbps 密集波分复用(DWDM)系统建成,使一对光纤的通信容量又扩大了 8 倍。

在光纤数字网迅速发展的基础上,1993 年 9 月,我国又完成了全国分组交换公用数据网(CHINAPAC)的第一期扩容工程。该网现已覆盖包括所有省会城市,拥有 2 万个端口,且已开始提供数据信息服务,并已与世界几十个国家的近百个分组交换网实现国际互联。

我国同时积极采用同步数字系列(SDH)技术和数字交叉连接设备(DXC),以适应我国建设高速信息网的需要,适应国际通信技术向数字化、宽带化、综合化、智能化方向发展的要求。

如今,我国 X.25 网络、DDN 已基本覆盖全国所有县市,ATM 网络基本覆盖全国大多数地(市),帧中继业务也已开展;同时,移动数据网络也开始投入了商用,数据通信业务保持高速发展势头。由于市场对数据通信业务的巨大需求,使得数据通信技术的发展呈现出前所未有的新局面。最近几年,通信发展向 IP 汇聚,各种网络趋于融合,X.25、FDDI、帧中继、ATM 与 SONET/SDH 等成为我国通信网络的基础。

与此同时，我国无线移动通信的数字化也将有较大发展。本世纪初，蜂窝式移动通信网已覆盖了全国地市以上的大中城市以及县市的大部分地区。移动通信中，时分同步码分多址接入（TD-SCDMA）技术由我国首先提出，并完成了标准化，如今已正式成为全球 3G 标准之一，这标志着中国在移动通信领域已经开始进入世界领先之列。

由于历史的原因，当前我国存在着三大通信网，即电信网络、有线电视网与计算机网络，规模都十分庞大。最早发展的是电信网络，以电话业务为主；当时的电信网不能同时传播多套电视信号，所以有线电视网就应运而生；计算机网络出现在有线电视网之前，但其大规模发展与普及是由于因特网的迅速发展。三网的技术与业务都各不相同。随着通信技术的发展，电话、电视与计算机通信完全可以由一个网来完成。"三网合一"可以带来不少显而易见的好处，最大的得益者应该是广大百姓用户，他们完全可以改变如今需要支付电话、有线电视与宽带接入等多种费用，并需配备多种使用设备的状况。但"三网合一"真正实施起来却有不少难度；这不仅是技术问题，主要是各大集团之间的利益难以分配，所以至今进展不快。为此，"中共中央关于制定国民经济和社会发展的第十一个五年计划的建议"中明确提出：抓紧发展和完善国家高速宽带传输网络，加快用户接入网建设，扩大利用互联网，促进电信、电视、计算机三网融合。

在公布的国家"十一五"规划中，首次将"三网融合"这一重大技术动向写入其中。这意味着国家决心打破横贯其中的体制壁垒，下决心在我国真正实施三网融合，造福于广大百姓用户。

若干年前，我国人民为接收无线电视信号而在屋顶上都架起了天线，然而效果还不令人满意，只能通过架设有线电视不定期解决。随着 xDSL 技术的诞生，电话线也可以传输电视信号，IPTV 随之进入众多的家庭。

随着无线信号的升级换代，以前使用无线信号接收信号的弊病一扫而空，人们在公交车上观看无线电视图像清晰明了，丝毫不亚于有线电视；3G 的推广，手机看电视也十分方便，屏幕小，看不清楚的弊病，随着最新投影手机问世而迎刃而解。

迄今为止，光纤到户 FTTH 可以说是相当先进的通信方式了，然而随着无线技术 WiMAX 的崛起，可能未来新建的大楼什么通信线也不用安装，因为无线网络完全可以胜任。

总之，最近数十年来，通信技术的发展可以说令人目不暇接；未来通信的迅猛发展肯定会出乎许多人的预料。

【课后习题】

1. 简述信息、信号、消息与数据的区别与关系。
2. 什么是 NII 与 GII？
3. 举例说明数据通信技术与社会经济发展的关系。
4. 设想一下未来的通信网络将是什么样的。

第 2 章 数据通信基础

2.1 电信号类型与特点

2.1.1 电信号的描述

各种信号有不同的表达方式,而本书所叙述的电信号实际上是一种电磁波,主要有两种描述方式:时域法和频域法。

1. 时域法

时域(时间域),自变量为时间,即横轴是时间,纵轴是信号的变化。可见,时域法是信号在时间轴随时间变化的总体概括,其动态信号 $x(t)$ 是描述信号在不同时刻取值的函数。时域法是常用的表示方法,比较直观。

2. 频域法

频域(频率域),自变量为频率,即横轴是频率,纵轴是该频率信号的幅度。频域法也就是通常说的频谱图,其描述了信号的频率结构及频率与该频率信号幅度的关系。

在对信号进行时域分析时,有时一些信号的时域参数相同,但并不能说明信号就完全相同。因为信号不仅随时间变化,还与频率、相位等信息有关,这就需要进一步分析信号的频率结构,需要在频率域中对信号进行描述。

电信号按不同的角度可以分为周期信号与非周期信号,连续时间信号与离散时间信号,能量信号与功率信号等。通信系统中应用最广泛同时也是最基本的单元信号是正弦波信号。

正弦波可以用三个参数来表示,即幅度(A)、频率(f)与相位(Φ)。具体的函数表示公式如下:

$$F(t) = A \sin(2\pi ft + \Phi)$$

2.1.2 模拟信号

传达某人的讲话,在纸上画人像或风景,实际上都是一个模拟的过程,别人听到与看到的是一种模拟的东西;此外,电视屏幕上看到的某演员表演,广播中听到某演员的歌声都是接受了一种"模拟"信号。当然,"模拟"需要设备,如:通过电话网,可将模拟的声音传到几百公里甚至几千公里以外的朋友耳中。

模拟信号是指代表消息的电信号及其参数（幅度、频率或相位）随着消息的变化而变化的一种信号。它在幅度上连续，但在时间上则可以连续也可以不连续。例如连续变化的语音信号、电视图像信号以及许多物理的遥测遥控信号都是模拟信号。至今我国电话、广播、电视信号基本上还是采用模拟信号发送。模拟信号的时域法描述如图 2-1 所示。

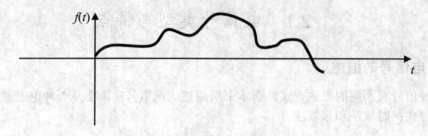

图 2-1　模拟信号示意图

2.1.3　数字信号

与模拟信号不同，数字信号是指不仅在时间上是离散的，而且在幅度上也是离散的信号，如图 2-2 所示。例如计算机输入输出信号、脉冲编码调制的数字电话信号、数字化电视或图像信号等都是数字信号。

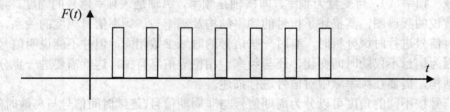

图 2-2　数字脉冲信号图

模拟信号可随幅度大小与频率快慢的变化而不同，其形式可以变化多端，而实际使用的数字信号只有两种形式，称为二进制数字信号，如图 2-2 所示，可以表示为 0 与 1。

二进制数字信号可以追溯到我国儒家的《易经》和《易传》，"易"这个字的上半部分是"日"（白天：阳），下半部分是"月"（夜晚：阴）；儒家认为所有一切都是阴阳之间交互运动与变化所至；阴阳之说就是一种进行特殊计算的"数字"，而且是一种二进制数字，可以说与现代电子计算机所使用的数据位（比特）没有实质的差异。据说，德国数学家、哲学家莱布尼茨正是受到《易经》的启发而发明了使用二进制数字的手摇式计算机。

2.2 模拟通信与数字通信

前面已谈及信号有模拟信号和数字信号之分,因此在通信中也就有模拟通信和数字通信两种系统。模拟通信系统是利用模拟信号传递消息的系统,而数字通信系统则是利用数字信号传递消息的系统。

2.2.1 模拟通信

最初建立的通信系统都是模拟通信。模拟通信传输方便,设备要求不高,在目前的通信方式中仍占有一定地位。然而随着社会发展需要,通信量将大大增加,通信的可靠性和有效性问题也随之愈来愈重要;而在当前通信过程中,工业干扰、通信机相互间干扰、电波传播引入的干扰以及人为干扰等现象将愈来愈严重,信号的失真也愈来愈严重;由于模拟信号失真后几乎难以恢复,所以其越来越不能适应社会发展的需要。

2.2.2 数字通信

一般情况下的原始采集信号都是模拟信号,如声音、图像等,所以一定要将其转化成数字形式才能进行数字通信。将模拟信号转换成数字信号形式的步骤一般是采样、量化与编码三个过程。

数字信号只有两种形式,其在传输过程中有许多模拟信号所没有的特点。现代通信的发展过程将传统的模拟通信逐步转化为数字通信。如我国早先的移动手机是采用模拟通信,现在均已改为数字通信;现在的电视大多数还是模拟通信,但正在向数字通信发展,且数字电视已在不少城市中开通。

2.3 数字通信的主要特点

2.3.1 数字通信的优点

模拟通信传输方便,使用设备与代价少,而数字通信需进行多种转换,使用设备与代价都很高,那么为什么还要将模拟通信转变为数字通信呢?这是因为数字通信有许多模拟通信所没有的优点。

1. 抗干扰能力强

电信号在传输过程中要受到各种噪声的干扰。对模拟信号来说,噪声是叠加在模拟信号上的，噪声和信号难于分开。数字通信系统传送的是二元数字信号，其信息不是包含在脉冲的波形之中，而是包含在脉冲的有与无之中。只有当噪声在抽样时刻的绝对值与判别电位相比较超过某个门限时，才有可能改变信号的值，干扰才起作用。因此，数字信号比模拟信号的抗干扰能力强。此外，对数字信号还可以进行抗干扰编码，从而进一步提高其可靠性。

2. 采用再生中继实现高质量的远距离通信

长距离传输模拟信号时，距离愈长衰减愈大，噪声干扰愈强，信噪比愈低，这使通信距离受到限制。为了增加传输距离，必须每隔一定的距离加增音机，对已衰减和附有噪声的信号进行放大。由于噪声是叠加在模拟信号上面的，增音机只是将信号与噪声同等放大，而无法将信号和噪声分开，因此随着传输距离的增加，信噪比越来越低。这就是说，干扰的影响在模拟信号传输过程中是积累的，因此距离增加，传输质量随之下降。数字通信系统则不然，其传送的是二元数字信号，因此在传输过程中可以采用再生中继的方式把在两个中继站之间传输过程中所受到的噪声干扰加以消除，再生出未受噪声干扰的纯净的信号波形，再送到下一站去。

在数字通信中，由于二元数字信号只有两种状态，即"1"和"0"，因此尽管它在信道中受到干扰，但当它通过再生中继器的幅度识别器时，只要其幅度超过规定判别电平的一半，就判决为"1"，否则判决为"0"。这样从幅度识别器输出的再生脉冲就消除了干扰。在理想情况下，噪声可以全部消除，因此不会积累。

数字信号在远距离传输时，可以经过多次再生中继，并不会因传输距离增加而使质量显著变坏，这是数字通信的又一个优点。

3. 数字信号易于加密

数字通信易于加密，它不需要很多的复杂设备，只要采用简单的逻辑运算或转换等方法，产生的加密信号变成与原信号截然。不同的代码。接收端收到代码后，再将它恢复成原数码，这就是解密。而这对于模拟信号而言几乎不可能。语音信号数字化后，不仅具有其固有的保密性，而且又可以给加密提供十分有利的条件，这也是数字通信的一个显著的优点。

4. 适于集成化

数字电路比模拟电路容易集成化，因此数字通信设备可以采用中、大规模甚至超大规模的现代化集成电路来制成体积小、功耗低、成本低的设备。

此外在数据处理与多路复用等方面，数据通信也有其独特的优越性。

实现"数字化"是建立现代数据通信网的基础，有了此基础就可以做到大范围地迅速及时地收集、传送、交换各种各样的信息，高质量地对各种不同消息源的信号自动地进行交换、综合、处理、传输、储存和分离，为有不同需要的用户提供服务。

要达到上述的目标,首先要将各种消息(电报、电话、图像和数据等)变换为统一的二元信号(即数字信号)进行传输,在通信过程中,通信系统对传输情况进行监视、控制,信令信号以及业务信号等都要采用二元化的数字信号。因此,第一步先要实现"传输数字化",并建立综合数字网(Integrated Digital Network,简称 IDN),在 IDN 内传输与交换设备全部"数字化"。第二步再将各种业务逐步综合。现有的电话网规模最大,如何将模拟电话数字化,是当前数据通信的一个重要课题;此外,现在的电视信号也是一种模拟信号,数字电视正在不少地区试行,电视信号全部数字化早晚会实现。

2.3.2 实现数字通信需解决的问题

1. 占用频带较宽

数字通信最大的缺点是占用的信道频带较宽。以数字电话为例,一个话路的模拟电话约占 4 kHz 带宽;若采用 PCM 系统传输时,抽样频率为 8 kHz,用 8 位编码,则数码率为 $FB=8\text{ kHz}\times 8=64\text{ kbps}$。二元码(由"0"码和"1"码构成,设其出现的概率相等)中每个码元所包含的信息量定义为 1 比特,每秒钟内所能传送的码元数即比特数称为比特率(bps)或数码率。数码率表示数字信号的传输速率,也标志着数字信号所占用的信道频带宽度。通常数码率愈高,所需信道的频带也愈宽。从上述"1"、"0"概率的假设可以算出,一个数字话路所需的频带宽度远大于 4 kHz。其他业务的数字信号与模拟信号相比,也有占用频带较宽的缺点。不过随着新的宽带传输信道(如光导纤维等)的采用以及频带压缩技术的研究成功,这个占用频带宽的困难可以得到解决。

2. 需有集成技术为基础

数字通信技术是以集成技术为基础的,有些数字设备要求有中、大规模集成元件才能在设备的体积、功耗、经济性等方面与模拟设备相竞争。例如,对 PCM 数字电话设备、数字滤波器以及现在各国正在研制的同步数字系列设备等的要求都是这样。因此,如果没有相应的集成技术基础,数字技术的发展就会受到制约。

同时,在当前模拟通信向数字通信的转变过程中,数字信号的产生、形成、传输、交换和处理技术都在不断更新、优化;那些只掌握模拟通信的技术人员将被淘汰,而数字通信的应用、维护、管理需要有一大批掌握新技术的人才可实现。

2.4 传 输 代 码

数据通信整个过程中所处理的对象是数据,在数字通信中这些数据是以二进制数来表示的,而由数据终端设备或计算机发出的数据信息一般都是字母(大、小写)、数字和符号的组合及声音、图像、视频动画等多媒体信息。为了传递这些信息,首先需将这些信息以二进制码的组合,即用二进制代码来表示。目前常用的二进制代码有国际 5 号码(IA5)、EBCDIC 码和国际电报 2 号码(ITA2)等。

2.4.1 国际 5 号码(IA5)

这是一种 7 单位代码,它以 7 位二进码来表示一个字母、数字或符号。这种码最早是在 1963 年由美国的标准化协会提出的,称为美国信息交换用标准代码(American Standard Code for Information Interchange,简称 ASII 码),后来又为国际标准化组织(ISO)及国际电报电话咨询委员会(CCITT)采纳和发展成为一种国际通用的信息交换用标准代码,即 CCITT T.50 建议中推荐的国际 5 号码,其具体表示的编码参见表 2-1。

表 2-1 国际 5 号码表

b4-b2				b7-b6	b7	0	0	0	0	1	1	1	1
					b6	0	0	1	1	0	0	1	1
b4	b3	b2	b1	b5		0	1	0	1	0	1	0	1
0	0	0	0			NUL	DLE	SP	0	@	P	`	p
0	0	0	1			SOH	DC1	!	1	A	Q	a	q
0	0	1	0			STX	DC2	"	2	B	R	b	r
0	0	1	1			ETX	DC3	#	3	C	S	c	s
0	1	0	0			EOT	DC4	$	4	D	T	d	t
0	1	0	1			ENQ	NAK	%	5	E	U	e	u
0	1	1	0			ACK	SYN	&	6	F	V	f	v
0	1	1	1			BEL	ETB	'	7	G	W	g	w
1	0	0	0			BS	CAN	(	8	H	X	h	x
1	0	0	1			HT	EM	)	9	I	Y	i	y
1	0	1	0			LF	SUB	*	:	J	Z	j	z
1	0	1	1			VT	ESC	+	;	K	[	k	{
1	1	0	0			FF	FS	,	<	L	\	l	|
1	1	0	1			CR	GS	-	=	M	]	m	}
1	1	1	0			SO	RS	.	>	N	^	n	~
1	1	1	1			SI	US	/	?	O	_	o	DEL

从表 2-1 可以看到,ASII 码是用 7 位二进制编码,从 0000000 至 1111111,即十进制的 0~127,一共规定了 128 个字符。表的安排是上端 3 行各列中从上至下表示字符开始的前 3 位编码,而左端 4 列,每行从左到右依次表示字符的 4~7 位编码。查一个字符的编码

时，可以从相应的列开始，如查"A"字符，找到其相应的列，依次从上端 b_7 开始至 b_6、b_5，分别为 100；再看该字符相应的行，从左到右 b_4、b_3、b_2、b_1 分别为 0001，这样"A"字符相应的二进制编码为 1000001，即十进制的 65。

在表 2-1 中，第 1、2 两列字符均作为控制字符使用，其只产生控制功能，不被显示或打印，具体含义见表 2-2。

表 2-2　控制字符含义

NUL 空	VT 垂直制表	SYN 空转同步
SOH 标题开始	FF 走纸控制	ETB 信息组传送结束
STX 正文开始	CR 回车	CAN 作废
ETX 正文结束	SO 移位输出	EM 纸尽
EOY 传输结束	SI 移位输入	SUB 换置
ENQ 询问字符	DLE 空格	ESC 换码
ACK 确认	DC1 设备控制 1	FS 文字分隔符
BEL 报警	DC2 设备控制 2	GS 组分隔符
BS 退一格	DC3 设备控制 3	RS 记录分隔符
HT 横向列表	DC4 设备控制 4	US 单元分隔符
LF 换行	NAK 否定	DEL 删除

从表 2-1 中还可以看到，字符的排列带有一定的规律性，例如 26 个大写英文字母的代码除 b_6、b_7 分别固定为 0、1 外，其余的 5 个二进制代码 $b_1 \sim b_5$ 分别对应于十进制数的 1～26。如大小写 A 和 Z 的代码分别如表 2-3 所示。

表 2-3　大小写 A 和 Z 的代码表

	b_7	b_6	b_5	b_4	b_3	b_2	b_1
"A"	1	0	0	0	0	0	1
"Z"	1	0	1	1	0	1	0
"a"	1	1	0	0	0	0	1
"z"	1	1	1	1	0	1	0

而 26 个小写英文字母与大写英文字母的代码只在第 6 位，即 b_6 上有区别，前者为"1"后者为"0"，其余各位的代码完全相同，这样的排列可便于记忆与分类。

在顺序传输过程中一般以 b_1 作为第一位，b_7 为最后一位。为了提高传输的可靠性，CCITT V.4 建议规定可以在 b_7 之后加上第 8 位 b_8，作奇偶校验用。利用奇偶校验位，可以在传送过程中检验整个 8 位中 1 的个数，以检验是否有误码发生。例如，对于大写字母"A"，7 位编码是 1000001，取奇偶校验位为 1；对于小写字母"z"，7 位编码是 1111010，取奇偶校验位为 0。

2.4.2 EBCDIC 码

这是扩充的二—十进制交换码（Extended Binary Coded Decimal Interchange Code）的简称，它是一种 8 单位码，这种码的功能虽比国际 5 号码略多，但在这一编码中的第 8 位码仅仅用来达到扩展功能的目的，不能用作奇偶校验。因此，这种编码一般不作为远距离传输用，而作为计算机的内部码使用，在美国 IBM 公司的产品中采用较多。

2.4.3 国际电报 2 号码（ITA2）

这是一种 5 单位代码，又称波多（Baudot）码，为现用的起止式电传电报通信中的标准电码。目前，在某些低速数据通信系统中仍然使用。发送时，为了使收、发双方能同步工作，在每一码组的起始和终了需分别加上"起"、"止"信号，从而可以正确地区分一个个串行发送的字符。按照规定，在这样一种由 5 单位代码构成的起止式电传电报信号中，不另加入奇偶检验位，因此，它不可能具有差错校验能力，这也是 2 号码在性能上的一个重要缺陷。由于 2 号码在电报通信中沿用已久，因此目前在采用普通电传机作为终端的低速数据通信系统中，仍然使用这种代码。

2.4.4 不同语种的编码

128 个符号编码用来表示英语足够了，但是用来表示其他语言显然是不够的。比如，在法语中，字母上方有注音符号，它就无法用 ASCII 码表示。因此，人们就利用字节中闲置的最高位编入新的符号。比如，法语中的é的编码为 130（二进制 10000010）。这样，法国使用的编码体系，可以表示最多 256 个符号。

但是，这里又出现了新的问题。不同的国家有不同的字母，因此，哪怕它们都使用 256 个符号的编码方式，代表的字母却不一样。比如，130 在法语编码中代表了é，在俄语编码中又会代表另一个符号。当然，在这些编码中，0～127 表示的符号是一样的，不同的是 128～255 这一区间所表示的符号。

亚洲国家的文字，使用的符号就更多了，汉字就多达 10 万左右。如采用一个字节，最多只能表示 256 种符号，显然也是不够用的，解决的方法就是用多个字节来表达一个符号。如，使用简体中文编码 GB 2312，使用两个字节表示一个汉字，所以理论上最多可以表示 65536 个符号。

由于存在多种编码方式，同一个二进制数字可以被解释成不同的符号，所以在使用中就必须知道其编码方式。如果打开文件出现的都是乱码，这是因为文件编写者与文件使用人选用的编码类型不同。

如果有一种编码，能将所有的符号都归入其中，并且每一个符号都有一个独一无二的编码，那么乱码问题就会迎刃而解，这就是 Unicode 编码。正如它的名字所表示的那样，这是一种包含所有符号的编码。Unicode 可以容纳上百万个符号，每个符号的编码都不一样,具体编码可查 Unicode 符号对应表,或上 http://www.unicode.org/ 网站了解。

然而,Unicode 只是一个符号集,它只规定了符号的二进制代码,却没有规定这个二进制代码应该如何存储。这就是产生了一个问题。比如,汉字"海"的 Unicode 编码是十六进制数 6D77,转换成二进制数长达 15 位(110110101110111),也就是说这个符号的表示至少需要 2 个字节;表示其他更多的符号,则可能需要 3 个字节或者更多。那么,计算机如何才能区别 Unicode 和 ASCII 两种编码?计算机如何认知两个字节表示一个符号,而不是分别表示两个符号呢?英文字母只用一个字节表示就足够了,如果按 Unicode 统一规定,每个符号用三个或四个字节表示,那么每个英文字母前都必然有 2~3 个字节是 0,这对于存储来说是极大的浪费,文本文件的大小会由此而大大增加。因此,UTF-8 编码应运而生,实际上 UTF-8 是在因特网上广泛使用的一种 Unicode 编码的实现方式。其他实现方式还包括 UTF-16 和 UTF-32,不过这两种方式在因特网上基本不采用。UTF-8 最大的特点,就是它是一种变长的编码方式。它可以使用 1~4 个字节表示一个符号,并根据不同的符号而变化字节长度。

各种编码转换的简单方法可以通过 Windows 系统下记事本程序 Notepad.exe 来进行。打开文件后,点击"文件"菜单中的"另存为"命令,会跳出一个对话框,在最底部有一个"编码"的下拉条。里面有 4 个选项:ANSI,Unicode,Unicode big endian 和 UTF-8,用户可以根据需要保存为所需要的编码形式。

2.4.5 二进制信号的规定

在传输二进制代码时,需要用信号的两种有意义的状态来对应"0"与"1",CCITT 对于这两种状态的称呼和特征做出了建议规定(参见表 2-4)。

表 2-4 二进制信号的规定表

发送信号 编码	数字"0"	数字"1"
	"空号(space)"	"传号(Mark)"
	状态 A	状态 Z
单流传输	无电流	有电流
双流传输	负电流	正电流
穿孔纸带	无孔	有孔
"起"、"止"信号	"起"信号	"止"信号
调幅信号	不发单音	发单音
调频信号	发高频	发低频
有参考相位的调相信号	与参考相位反相	与参考相位同相
差动两相调制	不倒相	倒相

2.5 数据传输速率

为了衡量数据传输速率，首先需要定义数据信息的量度单位。数据通信中，数据信息均采取二进制形式，因此可以用二进制数"0"和"1"来表示。每一个二进制数字称为：比特（bit），这是二进制数字（Binary Digit）的缩写。数据传输速率通常以每秒传输的比特数来衡量，例如 600 bps、1200 bps、2400 bps、4800 bps 等就表示每秒钟传输的二进制数字的个数分别为 600、1200、2400、4800 等等。比特/秒有多种符号表示，如 bps 与 bit/s 等，本书统一采用 bps 来表示。

任何事物总有一个极限，早在 1924 年，奈奎斯特就认识到信道的传输速率有一定极限。此后他得出结论：如果一种任意信号通过带宽为 H 的滤波器，只要每秒准确采样 $2H$ 次，经过滤波的信号就可以完全恢复。比每秒 $2H$ 次还多的滤波采样是没有意义的，因为这样会使应该予以恢复的高频分量也被滤掉。因此奈奎斯特理论认为，如果信号由离散的 V 个量级组成，其在无噪声的信道中最大传输速率是：

$$M = 2H \log_2 V \text{（bps）}$$

公式中 M 表示最大传输速率；H 为带宽，单位为赫（Hz）；V 为信号的电平量化级数。

例如，有 2 个电平量化级数信号在无噪声干扰的 3kHz 信道中传送，则其传输速率不可能超过 6000 bps。

在数据通信中，除了以比特/秒作为数据传输率的单位外，还经常采用另一种单位，称为波特（Baud）。波特是与信号波形的变化联系在一起的，码元的宽度，即码元的持续时间 T 的倒数称为信号的波特传输率，简称为波特率，其单位为波特。对于二进制信号，由于码元的取值数 N 为 2，所以在此比特率与波特率是相等的。

在数据传输中还经常采用一种称为多电平的传输方式，在这一方式里，每一个信号码元（或称符号）不是仅有两种取值，而是可以有多种离散取值。例如在图 2-3 中绘出了一个电平信号，每一个信号码元的电平可有 4 种不同取值，它们分别对应于两个比特构成的 4 种不同码组，即 00、01、10、11，此时 $N=4$，因此每发送一个这样的 4 电平信号码元等于传送了 2 比特的数据。

在这一情况下如果每一信号码元的宽度仍为 T 秒，则以波特衡量的传输率保持不变，即 $B=1/T$ 波特，但此时的数据传输率则为 $2B$ 比特/秒。由此看出，在这种多电平传输方式下，以比特/秒表示的数据传输率要高于以波特表示的波特率。同理，一个 8 相调制的信号码元可以携带 3 比特的数据信息，因为 3 比特构成的码组共有 8 种状态，即 000、001、010、011、100、101、110、111，它们可以分别代表 8 种载波信号的相位变化。因此，以波特表示的信号码元（也称符号）传输率，有时又称之为调制率（Modulation Rate），以区别于用比特/秒表示的数据传输率。只有在 2 种电平传输或两个值调制方式下，两者在数值上才会是一致的；关于这一点，不可混淆。

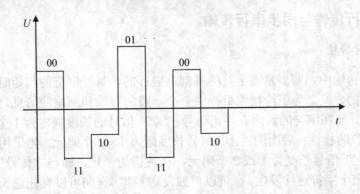

图 2-3 4 种电平信号对应的码组

衡量数据传输率的单位,除了采用比特/秒或波特外,还可以用单位时间内传送的字节数来表示。一个字节(Byte)通常由 8 个比特构成,因此常以 B/s 来表示每秒传输的字节数,而以 bps 表示每秒传输的比特数。

在实际的数据通信系统中,当数据在传输中出现差错,接收方自动检出后,一般即将其作为无效数据处理,不予接受;同时,请求发送方对这部分数据进行重发。因此,收、发之间实际的传输率一般将低于系统的标称传输率。例如一个 512 kbps 的数据传输系统,如在传输过程中的平均差错率为 0.01,则其实际的数据传输率平均为 512 kbps×0.99=506.88 kbps。这种在单位时间内实际传输的平均数据量(比特数、字符数、码组数等)称为有效数据传输率,它不仅取决于系统的传输率,而且与传输中的差错情况及差错控制方式有关。

2.6 数据传输方式

2.6.1 并行传输与串行传输

并行传输中,数据以成组的方式在多个并行信道上同时进行传输。电脑中通常将构成一个字符代码的几位二进码分别在几个并行信道上同时进行传输,如对 8 单位代码字符就用 8 个信道并行传输,一次传送就是一个字符。并行传输的主要优点是不存在字符的同步问题;缺点则是需要占用并行的信道,而这对于较远距离的通信是不允许的。因此并行传输往往只限于较小的范围内(例如计算机内)的或同一系统内的设备间的通信。

串行传输指的是数据流以串行方式在一条信道上一个个比特的传输。收、发双方保持码组或字符同步是串行传输必须解决的问题。由于串行传输只需要一条信道,因此它是计算机通信主要采用的一种传输方式。在串行传输中,根据采用字符码组同步方式的不同,存在异步传输和同步传输两种方式。

2.6.2 异步串行传输与同步串行传输

1. 异步串行传输

在异步串行传输中,同步是在字符的基础上进行的,每一字符的起始时刻可以是任意的,这就是异步的含义。为了给接收机提供一个字符的开始和结尾的信息,在每个字符的前面有起始信号,而在字符的后面有终止信号。"起"信号的长度规定为 1 个码元,极性为"0",即"空号"的极性;后面的"止"信号长度则为 1~2 个码元。当采用国际 5 号码或其他代码时,"止"信号长度为 1 或 2 个码元,极性皆为"1",即与"传号"的极性相同。传输时,可以一个个字符连续发送,也可以单独发送(即字符间可以有任意长的时间间隔)。不发送字符时,保持"1"状态。虽然每一字符的起始时刻可以是任意的,但在同一字符内部的各码元的持续时间则是固定的,也就是说,字符内各码元的出现时刻相对于"起"码元而言是确定的,如图 2-4 所示。

图 2-4 异步串行传输示意图

在图 2-4 所示格式中,采用国际 5 号码,则每一字符包含从 D_1~D_7 共 7 个码元。D_7 之后是奇偶校验码,根据奇偶校验规则,可以采用奇校验,也可以采用偶校验,由通信双方商定。如果不采用奇偶校验,则这一位可能不出现。

异步串行传输又叫起—止式传输,该规程的主要优点是每个字符本身就包括了本字符的同步信息,因此线路两端就无须另外专门同步了。其主要缺点是每发一个字符就要发一对起止信号,附加开销大;而且由于信道出现噪声可能无法辨认起止信号,从而失去该字符。

有键盘的设备就要求工作在异步方式,因为该类设备无信息缓存器,而且是按一次一个字符的方式工作的。这种传输方式通常适用于低速数据传输。由于收、发同步实现简单,因此异步串行传输在当前的低速数据传输中仍普遍地采用。

2. 同步串行传输

同步串行传输是以固定的时钟节拍串行地发送数据信号的。在数据流中,各信号码元之间相对位置都是固定的。接收方为了从收到的数据流中正确地区分出一个个信号码元,就必须首先建立准确的时钟信号,因此同步传输实现起来比异步传输复杂。在同步传输中,数据的发送一般以组(帧)为单位。一帧数据包含多个字符的代码或多个独立的比特。在帧的开头和结束须加上预先规定的起始序列和终止序列作为标志。

起始序列和终止序列随采用的同步传输控制规程而异。通过规程判别各个数据块,其中能支持特定字符编码方式的同步传输规程称为面向字符的同步规程;把不以字符为基础判别数据块的规程,而采用按比特来判别数据块的方式称为面向比特的同步规程。前者是通过特殊的字符来判别数据块的;而后者则是通过某种特殊的比特序列(称为起始和结束标志)来判别数据块的。同步串行传输克服了异步方式中每一字符都要传送起、止信号的缺点,因此具有较高的传输效率,但同时其实现起来也复杂些。

2.6.3 面向字符的同步规程与面向比特的同步规矩

1. 面向字符的同步规程

较早出现的面向字符的同步规程的典型代表是 IBM 公司的二进制同步通信协议(Binary Synchronous Communication,简称 BSC),这个规程不是如起止式规程那样一个字符一个字符地传输,而是若干个字符组成一个信息块(帧)一起发送。利用一些特殊定义的字符来确定一帧的开头与结束,或是分隔不同的段和控制整个信息交换过程。由于被传输的数据也是由字符组成,因而被称为面向字符的规程。ISO 将其定为数据通信系统的基本型控制规程(Basic mode control procedure for data communication),即 ISO 1745。

这种规程的帧格式如图 2-5 所示。

| SYN | SYN | SOH | 标题 | STX | 数据段 | ETB ETX | 块校验 |

图 2-5 面向字符的传输帧

图中 SYN 是同步字符;接着的 SOH(Start of Header)标志着标题的开始,这也是一种特殊定义的字符,称为序始字符;标题中可以包括源地址、目标地址和路由指示等有关的信息;STX(Start of Text)称为文始字符,该特定字符标志着传输的数据(正文)开始;数据段中就是传送的正文内容;数据段后面可以是组终字符 ETB(End of Transmission Block),也可以是文终字符 ETX(End of Text)。ETB 用在正文很长,需分成若干个数据段,在不同帧发送的场合,除去最后一个数据段用 ETX 外,其余数据段都用 ETB。

特定字符 SYN、SOH、STX、ETB、ETX 等具体的二进制位的模式随采用的字符编码集不同而异,除上述特定字符外还有一些主要用于通信控制字符,参见表 2-5。

表 2-5 通信控制字符

名 称		ASCII	EBCDIC
序始	SOH	0000001	00000001
文始	STX	0000010	00000010
组终	ETB	0000111	00100110

（续表）

名　称		ASCII	EBCDIC
文终	ETX	0000011	00000011
同步	SYN	0010110	00110010
送毕	EOT	0000100	00110111
询问	ENQ	0000101	00101101
确认	ACK	0000110	00101110
否认	NCK	0010101	00111101
转义	DLE	0010000	00010000

如果在正文数据中恰好有特定字符，可加入转义字符来处理。

2. 面向比特的同步规程

高级数据链路控制规程（High-level Data Link Control，简称 HDLC）所传输的数据可以含有任意数量的比特位，而不必是字符码的整数倍，并且其不使用特定字符来确定开始与结束，所以称为面向比特的同步规程，其帧格式如图 2-6 所示。

01111110	地址	控制	数据	校验	01111110

图 2-6　面向比特传输帧

由图 2-6 可见，面向比特的同步规矩以特定的比特模式"01111110"来确定帧的开始和结束，这个特定比特模式称为同步标志。帧中紧接着的地址字段一般为 3 比特，在某些规程中还允许扩充为 16 比特，甚至更多。在多点连接的通信中，地址是必不可少的。当计算机通过一条线路连接到多个终端时，该地址就用来指明此次是和哪一个终端通信。地址字段后面的控制字段一般为 8 比特，某些情况下可扩充为 16 比特。紧接着是任意比特长度的数据。在帧尾标志前面的是 16 比特的 CRC 校验冗余码，对从地址开始直至数据字段的内容进行校验。

发送器对除了标志以外的其他比特串，每连续出现五个"1"之后，就自动插入一个"0"。这样一来，即使数据字段中出现了标志"01111110"比特模式，通过"0"插入后在线路出现的是 011111010，接收器就能把它与标志区分开来。当然，接收器在接收数据的过程中还要执行一个"0"删除的相反过程。

常用的同步串行传输规程有以下几种：

（1）二进制同步通信，简称 BSC；

（2）同步数据链路控制，简称 SDLC；

（3）高级数据链路控制，简称 HDLC；

（4）高级数字通信控制规模，ADCCP；

(5) X.25，由国际电报电话咨询委员会 CCITT 制定公布；

(6) 数字数据通信报文规程，DDCMP 等。

在上述几种规程中，有几种很类似，并互相兼容。如 HDLC 就基本上沿用了 SDLC 的大部分内容。BSC 是一种典型的面向字符的同步规程，而 X.25 则是典型的面向比特的同步数据链路控制规程。

2.6.4 单工、半双工和全双工

根据通信电路的传输能力，可以有三种不同的通信方式。

(1) 单工：两地间只能在一个指定的方向上进行传输，即一方只能是发送方，另一方只能是接收方，如现在的广播电视信号就是单工传输。

(2) 半双工：在这种方式中，数据可以沿任一方向传输，但不允许同时沿两个方向传输。在任何给定时间，传输仅能沿某一方向进行。换句话说，此时通信的任一方既可为发送方也可以为接收方，但不能同时作为发送和接收方。例如现在不少地方使用的对讲机就是一种半双工传送的例子。

(3) 全双工：数据可同时沿两个方向传输，故有时也称为双向同时传输。全双工方式提供了传输线路的最大功能和性能。为了按全双工工作，调制解调器和控制传输的协议也必须提供双工工作。全双工还要求对缓存器作特殊考虑，例如为能同时读和写就要求在缓存中也能同时释放和分配存储器。全双工方式通常要求有 4 根导线（4 线线路），每个方向的传输要求有两根导线。但有时通过两向信息采用频分复用、时分复用或回波抵消等技术，双线也可实现全双工传输。另一方面，有时半双工方式也用 4 线，这时每一传输方向总是保持有两线连接，和双线半双工相比，其优点是节省了调制解调器的换向时间。如平时我们打电话就是一个全双工传输的例子。

【课后习题】

1. 叙述模拟信号与数字信号在传输中受干扰与恢复的特点与难易程度。
2. 根据国际 5 号码，写出字母 B 与二进制代码。
3. 不同语种的编码是否相同，现在是如何解决的？
4. 使用 UTF-8，如何来判别某一字符是由几个字节编码构成？
5. 举例说明，在某些通信场合中是不能采用全双工的传输方式的。

第 3 章　数据传输媒体

3.1　传输损耗

无论是模拟通信还是数字通信，在传输过程中，随着传输距离的增加，信号电平会愈来愈弱，信号或多或少会失真。因此，在经过一定距离的传输后，应该对所传输的信号作适当处理（放大、再生等）。模拟传输中，经过一定距离后要设置放大器来提升信号电平。由于信号和噪声都被放大了，因此长距离模拟传输的噪声是累积的，这是模拟传输的一大缺点。在数字信道中的处理则不同，在经过一定距离传输后，通常设置转发器。转发时要对所收到数字信号做出判断，重新生成新的数字信号。因此，只要适当配置转发器，当信道传入的噪声和失真不大时，转发器就可以再生出无误码的数字信号。换句话说，合理设计数字信道，其噪声不会积累。但不管怎么说，传输信道的带宽总是有限的，总会由于衰减、噪声等引起失真；也就是说，信号经过信道传输后，不可避免地会造成信号质量下降。这就是传输减损。

3.1.1　衰减

信号经过任何传输介质传输时，随着距离的增加，信号强度都会下降，称为衰减（Attenuation）。对于有线介质来说，衰减通常随距离呈对数上升，因此通常以单位距离衰减多少分贝来表示。对无线介质，衰减则是距离和大气参数的复杂函数。衰减对通信的影响表现在以下方面：

（1）经传输所接收到的信号强度必须足够强，也就是说衰减不能太大，以保证接收机能检测和识别信号；

（2）信号电平必须足够高于噪声电平，以确保无差错接收；

（3）信号的衰减随频率的增加而增加。

以上所说主要涉及信号强度的问题。对于点到点链路而言，发送机的信号强度必须足够强以保证可靠地接收，但必须指出的是：信号强度也不能无限制的强，因为信号过强会引起发送电路过载而导致信号失真。对模拟信号的传输来说，因为各频率衰减会不一样，导致所接收信号失真，从而降低了可懂度。为了克服此问题，常采用各种均衡信号的办法来解决，常用的均衡措施是用加载线圈改变线路的电特性从而平滑衰减的影响。另外一种办法是使用补偿放大器，其高频放大倍数大于低频放大倍数。

对数字信号的传输而言，衰减的频率特性造成的失真影响要小得多。这是因为数字信号的能量大部分集中在基频（即数字信号的比特率）附近，其高频分量的幅度已经很小，所以大的高频分量的衰减对波形的影响很小。

3.1.2 时延失真

时延失真（Delay Distortion）是有线传输介质的一种特殊现象，它是由于信号经有线介质时，其传播速率随频率而变化这样一个事实而产生的。对一个频带信号来说，接近中心频率信号分量的传播速度最高，而频带两端分量的速度则下降；因此，信号各频率分量将在不同时刻到达，由不同时延引起的信号失真称为时延失真。对数字数据来说，时延失真将会使比特流的某些信号引起码间干扰（Intersymbol Interference），而码间干扰是限制传输速率的一个重要因素。同样也可以采用均衡技术来减少时延失真。

3.1.3 串话

"串话"一词来自于电话系统。由于各信号路径间产生了不希望有的耦合，会使得一对打电话的用户听到其他电话对话声。在微波传输系统中，微波天线会接收到其他不希望的信号，即出现串话。

当两根通讯线相互干扰时就产生了串话，如一根通讯线的绝缘层开裂可能会使铜导线接近另一根通讯线而产生干扰。串话还会在两根并行的通讯线之间产生，一根通讯线上的信号很强就会干扰另一根通讯线上的信号，有的时候通话中会听到串话，这是由于另外的电话干扰，就像两个通话在同一根通讯线上进行。当频率相互干扰时，分频多路传送就会串话，问题通常是彼此的频率太接近。如果传送多种频率信号或不同微波中继站传送的信号部分重叠，也会发生串话。

串话的另一个特殊状况称为互调噪声，这种状况是两个信号叠加而产生超出某一限制范围频率的特别信号。例如在声音级通讯线上，假设两个信号的频率分别是 1500 Hz 和 2000 Hz，两个信号可能相互叠加而产生 3500 Hz（1500+2000）的信号，这个信号的频率超出了传送导线允许的频率范围（声音级通讯线的频率范围约 300～3000 Hz），这就是互调噪声。当不同频率的信号共享同一传输介质时，就可能引起互调噪声。实际上只要在发射机、接收机或介入的传输系统中存在非线性时，就会引起互调噪声，其结果是产生两个原始信号频率的倍频、和频及差频信号的分量。例如，当加入 f_0 和 f_1 两个频率的原始信号，由于非线性互调会产生 $f_0 + f_1$ 互调噪声。

3.1.4 噪声

由于早期的通信方式大都是传声，干扰一般是由噪声（Noise）所为。而现代通信方式并非以传声为主,所受到的干扰也有多种类型,但习惯上还是称干扰为噪声。对任何数据传输,接收方所收到的信号实际上都是受到传输系统在传输过程中插入了的不希望有的附加信号叠加。不希望有的附加信号称为噪声。噪声是影响通信系统性能的主要因素之一。

噪声类型有热噪声(白噪声)、交调噪声、脉冲噪声等。

热噪声由导体中电子的热激发引起。它出现在所有电子设备和传输介质中,且是温度的函数。在整个频谱上,热噪声是均匀分布的,因此通常称之为白噪声。热噪声是很难消除的,由它确定了一个通信系统性能的上限。在任何设备或导体中,1 Hz 带宽的热噪声功率为:

$$N_0 = kT$$

式中:N_0 为噪声功率密度,单位为瓦/赫兹;T 为温度。

k 即波尔兹曼常数(Boltzmann Constant),它是有关于温度及能量的一个物理常数。波尔兹曼是一位奥地利物理学家,其在统计力学的理论上有重大贡献,波尔兹曼常数具有相当重要的地位。

$$k = 1.3\,806\,505 \times 10^{-23} \quad \text{J/K}$$

其中 J 指焦耳,K 指绝对温度,开尔文(Kelvin)。

上面讨论的几种噪声大小是可以预计的,在一定程度上其幅度大小为常数,然而,脉冲噪声则是些不连续的、不规则的短暂持续尖脉冲,其幅度相对也更大。它一般来自外部的电磁干扰,例如闪电或通信系统中的故障或缺陷等。

对模拟数据来说,脉冲噪声通常只会引起短暂的通信中断。例如脉冲噪声在话音传输可能会造成短的"喀啦"声,但不会影响可懂度。然而,对数字数据通信,脉冲噪声却是一个主要的误码源。例如,0.01 秒尖脉冲不会影响任何话音数据,但对 4800 bps 速率的数字数据却会冲掉大约 50 比特的数据。

3.2 有损耗条件下的最大传输速率

第 2 章讲述了在无噪声条件下信道最大传输速率的奈奎斯特定律,1948 年,克劳德·仙农把奈奎斯特理论加以延伸,推广到有噪声条件下的信道最大传输速率。仙农的结论是:在有噪声信道上,若带宽为 H,信噪比为 S/N,那么最大数据速率 M 为:

$$M = H \log_2 (1 + S/N)$$

其中:H 为带宽,单位为赫(Hz);S/N 为信噪比。

信噪比是确定一个传输系统性能的最重要参数之一。它是信号的功率与呈现的噪声功率之比,通常以分贝(dB)为单位,在计算中需按以下公式进行转换。

$$(S/N)_{dB} = 10 \log_2 \frac{信号功率}{噪声功率}$$

S/N 愈高，表示信号质量愈好，对远距离通信来说，意味着需要的中间转发器愈少。从该公式可以看出，信噪比的大小决定了信道的最高数据速率。

3.3 传输介质

3.3.1 传输介质概述

在网络的最低层次上，所有数据通信系统都以某种能量形式的编码数据通过传输介质发出。传输介质是数据通信系统接收方和发送方之间的物理路径。数据传输的特性和质量主要取决于信号和介质的特性。传输介质可以分为无形和有形两类。无形介质利用电磁波在空中传送数据，通信的端点间无连接线；而有形介质是指连接在端点间用于传送数据的导线。无形介质又称为软介质，有形介质又称为硬介质。一般将传输介质附属于通信系统的硬件范畴，但是通信软件的一个主要功能就是处理底层硬件工作过程中出现的错误和故障，所以软件专业也应了解一些数据传输介质的基本概念和知识。

数据通信系统与计算机网络所使用的各种传输介质有铜缆、光纤、无线电波、微波、红外线、激光束等，每种介质和传输技术各有其特点和不同特性。例如，一个红外通信系统能为室内移动便携机提供网络连接，而越洋通信则需要依靠一个轨道上的通信卫星来实现。

3.3.2 软介质

软介质不用实际的导线传送数据，空气、水和真空（它在地球大气层外）都属于这种介质。以下主要介绍无线电广播、微波传送和蜂窝式无线电通信等。

软介质中传送的是电磁波，它可以携带各种信息在空间以波动的形式传播。所有电磁波在真空中传播速度都一样，都是 3.0×10^8 m/s，电磁波的特征用频率、波长来表示。频率是指电磁波在一秒钟内波动的次数，单位为"赫"（Hz）；波长则是指电磁波波动一次在空间传播的距离。由于频率等于速度除以波长，所以波长越长，频率越低；频率越高，则波长越短。不同的波长有不同的特性。

表 3-1 所示为国际电信联盟（International Telecommunications Union，简称 ITU）所规定的电磁频谱划分及每一频带的特征和主要应用。

表 3-1 电磁频谱划分与用途

频带	名称	模拟数据		数字数据		主要应用
		调制	带宽	调制	数据速率	
30～300kHz	LF 低频			ASK，FSK，MSK	0.1～100bps	导航
300～3000 kHz	MF 中频	AM	4kHz	ASK，FSK，MSK	10～1000bps	商用中波广播
3～30 MHz	HF 高频	AM，SSB	4kHz	ASK，FSK，MSK	10～3000bps	短波广播
30～300 MHz	VHF 甚高频	AM，SSB，FM	5kHz 5MHz	FSK，MSK	至 100kbps	VHF 电视 FM 广播
300～3000 MHz	UHF 特高频	FM，SSB	至 20MHz	FSK	至 10Mbps	UHF 电视 地面微波
3～30 GHz	SHF 超高频	FM	至 500 MHz	FSK	至 100Mbps	地面微波 卫星微波
30～300 GHz	EHF 极高频	FM	至 1GHz	FSK	至 750Mbps	短距离点对点

对无线介质，在确定传输特性时，发射天线的信号频带宽度更重要。信号的中心频率越高，其提供出的可能带宽和数据速率也越宽越高。频率愈高，天线的方向性也愈好（同样的方向性，信号频率愈低，要求更大的物理尺寸）。

1. 无线电波

无线电通信最常用的是调频（FM）广播和调幅（AM）广播，短波以及甚高频（VHF）和特高频（UHF）的电视信号发送。这些数据传送基本上是单工。

无线电广播是全方向的，也就是说不必将接收信号的天线放在一个特定的地方或指向一个特定的方向。无论汽车在哪里行驶，只要它的收音机能够接收到当地广播电台的信号就能收听到电台的广播。屋顶上的电视天线无论指向哪里都能够接收到电视信号，但由于电视信号比广播信号更灵敏，因此调整电视天线使其直接指向发送台的方向可以接收到更清晰的图像。

调幅广播（AM）比调频广播（FM）使用的频率低得多，较低的频率意味着它的信号更易受到大气的干扰。如果在雷雨天收听调幅广播，每次闪电时调幅广播都会产生噼啪声，而调频广播就不会受到雷电的干扰；可是频率较低的调幅广播比调频广播传送的距离远，尤其是夜里太阳的干扰减弱时更明显。无论是调幅广播还是调频广播都必须使用不同的指定的频率，否则将互相干扰。

短波和民用波段无线电广播也都使用很低的频率。短波无线电广播必须得到批准，而且被限制在某一特定的频率范围，任何拥有相应设备的人都可以收听到这些广播。短波无线电能够远距离传送信号，在出现灾难又没有无线电广播电台时常用短波电台转播新闻。由表 3-1 可见，短波和民用波段的频率非常接近电视广播的甚高频（VHF），由于相邻频带的部分重叠，短波和民用波段的频率会受到一些电视台的干扰。

电视台使用的频率比无线电广播电台使用的频率高，广播电台只传送声音，而电视台需要的频率可传送图像和声音的混合信号。甚高频电视台使用 1~12 频道传送信号，超高频电视台用的是大于 13 的频道。电视频道不同就是传送信号的频率不同，电视机在每个频道的不同频率接收不同的信号。电视机可搜索每个频道的信号，自动选台并设定。甚高频比超高频的频率低，因而它传送的距离更远，产生的信号更强。

除了用于无线电广播和电视节目，以及用于手机的个人通信外，无线电波也可用于传输计算机数据。使用无线电波通信的网络被称为是运行在无线电频率（Radio Frequency，简称 RF）上的通信，所以也被称为 RF 传输。

RF 网络所用的天线在物理上可大可小，这取决于所需的接收范围。例如，用于穿越城镇数公里传播信息的天线可能需要一个垂直安装在建筑物上的近两米的金属杆，而一个只要求在大楼中通信的天线可以小到足以安装在计算机内。

无线电波传送并不沿地球表面的弯曲而弯曲，故 RF 技术也可以和卫星相结合以提供长距离通信。卫星带有一个无线电接收器和发送器，在大洋一边的一个地面站发送至卫星，卫星将信号转发至大洋另一边的地面站。因为在轨道上放置一颗卫星是极其昂贵的，所以一颗卫星通常包含很多个彼此相互独立的接收发送对，每个接收发送对使用不同无线电频道以保证多个通信能同时进行，这样，一颗卫星能同时为许多用户提供连接，因为每个客户都能被分配一个频道。

2. 微波（Microwave）

微波传送是单向的，微波站产生信号沿直线传播到另一个微波站，这种直线传播的方式称为视线传送。视线传送方式是沿直线传播的，因此一个微波站的天线必须指向另一个微波站，这样才能发送和接收信号；同时，微波信号会受到雨雪和两个微波站之间障碍物的影响。微波传送所用的频带很宽，因此微波可传送大量的数据。微波传送有地面微波传送和卫星微波传送两种。

（1）地面微波（Terrestrial Microwave）。地球上两个微波站之间的微波传送方式叫地面微波传送。微波传送的优点是集中于某个方向，可以防止他人截取信号，另外，微波能承载更多的信息。但是，微波不能穿透金属结构，微波传送只有在发送和接收装置之间存在无障碍通道时才工作得很好。另外，地表是一个曲面体，而微波只能沿直线传播，解决这个问题的方法是按一定距离建立微波发送接收塔。绝大多数微波装置的发送器都直接朝向对方高塔上的接收器。

地面微波以视线传输方式将信号送至接收天线。为了扩展收、发间的距离和超过其间的障碍物，通常将天线固定在远高于地平线的水平位置。当收、发间无障碍物时，天线间的最大距离按下式计算：

$$d = 7.14\sqrt{kh}$$

这里 d 为天线间的以公里计的距离，h 为以米为单位的无线高度，k 为考虑到微波向着地球曲率弯曲或折射，因而可超出光线视距的一个因子，一般 k 的取值为 4/3。可见，为了进行长距离传输，就要建立一连串的微波中继塔，以中继转接方式将信息传到远距离。

地面微波系统主要用于长距离传输电话和电视业务，以之作为同轴电缆系统的替代品。与同轴电缆相比，同样的传输距离，微波通信系统的放大器与转发器数目要比同轴电缆少得多。

地面微波通信主要具有以下这些特点：

① 建设无线微波扩频通信系统目前尚无须申请，且其带宽较高，建设周期较快；
② 建设方便、组网灵活、易于管理，设备可再次利用；
③ 相连单位距离不能太远，并且两点直线范围内不能有阻挡物；
④ 抗噪声和干扰能力较强，具极强的抗窄带瞄准式干扰能力，适合于军事电子对抗等应用；
⑤ 能与传统的调制方式共用频段；
⑥ 信息传输可靠性较高；
⑦ 保密性强，伪随机噪声使得信号不易被发现而有利于防止数据被窃取；
⑧ 多址复用，可以采用码分复用实现多址通信；
⑨ 设备使用寿命较长。

（2）卫星微波（Satellite Microwave）。自从 1957 年 10 月 4 日苏联成功发射了第一颗人造地球卫星以来，世界许多国家相继发射了各种用途的卫星。这些卫星广泛应用于科学研究、宇宙观测、气象观测、国际通信等许多领域。我国自 1970 年 4 月成功发射了第一颗卫星以来，也已经先后发射了多颗各种用途的卫星，包括多颗实用通信卫星。

一颗通信卫星事实上就是一个天上的微波中继站。通常将它用于链接两个或多个地面微波收、发射机。卫星在一个频率接收传输，放大（模拟传输）或转发（数字传输）信号，然后在另一频率发射信号。一颗轨道卫星可工作在若干频带，称之为转发器频道或简称为转发器。

为了能使通信卫星有效地工作，通常要求卫星和地球保持相对静止，否则卫星就不可能在所有时间内都和它的地面站处于视线范围内；而为了保持静止，卫星的旋转周期就必须等于地球的旋转周期。要做到这一点，卫星轨道应距赤道表面的距离约 35 800 公里，如图 3-1 所示。在这个高度上，地球引力使卫星绕地球转动的速度与地球自身旋转的速度保持一致，卫星运行周期为 24 小时，所以在地球上看好像卫星静止不动。

从卫星上发出的信号只能到达地面特定的区域，微波的视线传送在地球表面产生一个覆盖区，地面站只有在覆盖区内才能接收卫星传送的信号。卫星收到的信号可以转发到其照射区内的所有地面站，因此卫星就提供了一种网络的等效全连接拓扑。卫星既不对通信距离敏感，也不对互连性敏感，它可以用来提供远距离工作站间的高容量数据传输。

在某些情况下，为了在地面站间通信，可能要求经过多颗卫星转发。用三颗静止卫星就可以提供地球上任意两点间的通信（某些靠近南北极的地区除外）。

同步通信卫星工作时从地面站 1 发出无线电信号，这个微弱的信号被卫星通信天线接收后，首先在通信转发器中进行放大、变频和功率放大，最后再由卫星的通信天线把放大后的无线电波重新发向地面站 2，从而实现两个地面站或多个地面站的远距离通信，如图 3-2 所示。

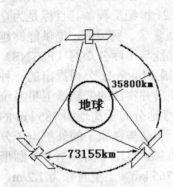

图 3-1 同步卫星示意

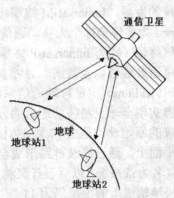

图 3-2 同步卫星通信过程

由于卫星距地球很远，信号由地面站传送卫星再由卫星返回地面需要一定的时间，因此传送过程会产生时间延迟。经卫星转接的上、下行传播时间之和约为 240~300 ms。

如果两颗卫星靠得足够近，又使用同一频带，则会相互干扰。为了避免此类事情发生，现行的标准要求 4/6 GHz 频段卫星应相隔 4 度（从地面测得的角位移），而 12/14 GHz 频段卫星应相隔 3 度。由此观之，地球允许的同步卫星数目是十分有限的。现在的通信卫星主要用来远距离传送电话、电传和电视业务。

卫星是高利用率国际干线的最佳传输媒体，当前在很多长距离国际线路上，卫星通信与光缆通信并驾齐驱。目前已经广泛应用的 Inmarsat 以及正积极开发中的 AMSC（美国）、CELSAT（美国）、MSS（加拿大）、Mobilesat（澳大利亚）等移动通信系统均属于这种情况。这些系统已经实现到车、船和飞机等移动体上的通信。

① 海事卫星移动系统（Inmarsat）。它是较早的卫星移动系统，由美国通信卫星公司（COMSAT）利用 Marisat 卫星进行卫星通信，是一个军用卫星通信系统。20 世纪 70 年代中期，为增强海上船只的安全保障，该系统将部分内容提供给远洋船只使用，并在 1982 年形成了以国际海事卫星组织（Inmarsat）管理的 Inmarsat 系统，开始提供全球海事卫星通信服务。1985 年，该系统对公约作了修改，决定把航空通信纳入业务之内，1989 年又决定把业务扩展到陆地。目前，该系统已经是一个有 72 个成员国的国际卫星移动通信组织，控制着 135 个国家的大量话音和数据系统。我国也参加了这个组织。

在 Inmarsat 系统中基本信道类型可分为：电话、电报、呼叫申请（船至岸）和呼叫分配（岸至船）。

Inmarsat 于 1992 年年底又推出全球个人移动通信服务。它可以提供直接拨号、直接通话、传真和数据通信服务，具有直接与国际电信网连接的选择能力。对于同一城市，其费用比蜂窝式移动电话更低；该终端广泛用于各类船舶、航空用户以及各种类型的车辆，其天线能够自动跟踪船舶、飞机、车辆，并在行进中能随时保持与卫星的联系。随着世界网络信令系统的发展，Inmarsat-M 终端将提供单一号码的入口接续，并与蜂窝系统互联。

Inmarsat 为实现全球个人移动通信提出了 Inmarsat 21 世纪工程，其目标是为众多的用户提供通信终端（称为 Inmarsat-P 终端），其体积小，重量轻、费用低，提供能够越洋的全球手持卫星语音通信以及数据、寻呼、定位等业务，并能与国际公众网（PSTNS）连接。

② 铱（Iridium）卫星移动通信系统。铱系统是美国 Motorola 公司提出的一种利用低轨道卫星群实现全球卫星移动通信的方案。它是最早提出并实施的低轨道卫星系统。

铱系统的原始设计是由 77 颗小型智能卫星均匀有序地分布于离地面 785 km 的上空的 7 个轨道平面上，通过微波链路形成全球连接网络。因为其与铱原子的外层电子分布状况类似，故取名为铱系统。以后设计又将卫星数降低到 66 颗，轨道平面降至 6 个圆形极地轨道，每条极地轨道上的卫星仍为 11 颗，轨道高度改为 765 km，卫星直径为 1.2 m，高度为 2.3 m，重量为 386.2 kg。

铱系统主要由下述部分组成：卫星星座以及地面控制设施，关口站以及用户终端（话音、数据、传真）。因此每颗星可以提供 48 个（原设计为 37 个）点波束，每个波束平均包含 80 个信道，每颗星可以提供 3840 个全双工电路信道。每颗星把星际交叉链路作为联网的手段，包括连接同一轨道平面内相邻的两颗星的前视和后视两条链路，而与不同轨道上的卫星还有两条链路。系统具有空间交换和路由选择的功能。每颗铱星投射的多波束在地球表面上形成 48 个蜂窝区，每个蜂窝区的直径约为 667 km，它们互相结合，总覆盖直径约 4000 km，全球共有 2150 个蜂窝，该系统采用七小区频率再用方式，任意两个使用相同频率的小区之间由两个缓冲小区隔开，这样可以进一步提高频谱资源，使得每一个信道可在全球范围内复用 200 次。

当时铱系统是设计方案中极完整、详细的一个方案，曾经风靡一时，然而由于各种原因，最后铱系统功亏一篑，未能成功。

至今运行卫星通信的著名公司有 Intelsat、Ponamsat、Loral、GE、EUTELSAT 等，他们凭借着庞大的卫星群，基本上占有全球许多地区的卫星通信经营活动。我国的卫星通信干线主要用于中央、各大区局、省局、开放城市和边远城市之间的通信，它是国家通信骨干网的重要补充和备份。在地面通信网负荷过重或是地面发生自然灾害时，其为保证国家通信网的畅通而发挥着极其重要的作用。

在不久的将来，我国的卫星网还将用于支持低业务密度地区的高速率用户（集团用户）终端的通信需求，比如，对因特网的高速浏览，以及高速率的接入公用网。对于这一类的用户，其终端设备的简化和低成本也是十分重要的。目前，我国同步卫星通信的发展已初具规模，在作为国家干线通信网的备份和组建专用网方面发挥了巨大的作用。然而同时，对于某些业务需求，如移动通信业务、边远地区基本通信业务、高速率接入因特网浏览以及交互式多媒体业务等方面的需求，还有待进一步改进。

3. 其他软介质

（1）红外线。电视和立体声系统所使用的遥控器是用红外线（Infrared）进行通信的。红外线一般局限于一个很小的区域（例如，在一个房间内），并且经常要求发送器直接指向接收器。红外硬件与其他设备比较相对便宜，且不需要天线。电脑的键盘、鼠标及游戏操纵杆也可以使用无线红外遥控。

计算机网络可以使用红外线进行数据通信。例如，为一个大房间配备一套红外连接，以便该房间内的所有计算机在房间内移动时仍能和网络保持连接。红外网络对小型的便携计算机尤为方便，因为红外技术提供了无须天线的无绳连接，这样，使用红外技术的便携计算机可将所有的通信硬件放在机内。

（2）蓝牙。蓝牙（Bluetooth）技术，实际上是一种短距离无线电技术。利用"蓝牙"技术，能够有效地简化掌上电脑、笔记本电脑和移动电话手机等移动通信终端设备之间的通信，也能够成功地简化以上这些设备与 Internet 之间的通信，从而使这些现代通信设备与 Internet 之间的数据传输变得更加迅速高效，为无线通信拓宽道路。现在越来越多的无线移动设备支持蓝牙技术。

蓝牙技术使得现代一些轻易携带的移动通信设备和电脑设备，不必借助电缆就能联网，并且能够实现无线上网，其实际应用范围还可以拓展到各种家电产品、消费电子产品和汽车等家电，并可组成一个的无线通信网络。

总之，蓝牙技术属于一种短距离、低成本的无线连接技术，是一种能够实现语音和数据无线传输的开放性方案。

（3）激光。激光也能用于在空中传输数据。与微波通信系统相似，采用光的通信连接通常有两个站点组成，每个站点都拥有发送和接收装置，设备安装在一个固定的位置，通常在一个高塔上，并且相互对齐，以便一个站点的发送器将光束直接送至另一站点的接收器。发送器使用激光（Laser）产生光束，因为激光能在很长距离中保持聚焦。

FSO（Free Space Optical Communication），即自由空间光通信，是在无线视距环境下，进行激光（不可见）通信的一种系统，其光波频率为 TH_z（太赫）频段，可获得很高的带宽又较光纤价廉的媒体传输，是一种新兴的无线接入方式。2000 年悉尼奥运会上已采用了这一技术，但由于其传输媒介的特点还需要不断完善和提高。FSO 具有频带宽、速率高、容量大的特点，并且其组网灵活，网络扩展性好，架设便捷，无须申请频率以及成本低，因而非常适合于城域网和骨干网的扩展、局域网及应急通信和最后 1 公里接入。对于电信等网络运营商来说，FSO 可以最快速的架设网络，发展客户；此外，在某些不方便布线的地方也可用到

FSO。

不过，激光传输也有和微波传送相似的弱点：一旦激光束被阻挡，网络就无法正常运行了；同时，激光发出光束走的是直线，不能被遮挡而且不能穿透植物以及雨、雪和雾。因此，激光在空中的传送受到很大限制。但激光可以在光纤中传输，从而获得很好的通信效果。

3.3.3 硬介质

1. 铜缆

常规计算机网络使用导线作为连接计算机的主要介质，因为导线便宜且易于安装。虽然导线可以由各种不同的金属制成，但网络中使用铜缆作为导线，因为其较低的电阻能使电信号传递更远。网络专业人员有时将导线（Wire）简称为铜缆（Copper）。

网络中所使用的布线方法需选用干扰最小的一种线缆。干扰起因于导线中传输的电信号，导线就像一个微小的无线电台，发射出一个微小的电磁波在空中传播。当它遇到另一根导线，电磁波就会在导线中产生一个微小的电流，所产生电流的强度取决于电磁波的强度及导线相互间的物理位置。通常导线相互之间靠得并不是很近，因此干扰不成为问题；即使是两根靠得很近的导线，若二者互相垂直，当信号通过其中一根导线时，在另一根导线中产生的电流也极小。但是，当两根平行导线靠得很近时，一根导线中的一个信号将在另一导线中产生一个相似的信号。由于计算机并不能对正常传输的信号与干扰信号做出区分，因此其所产生的电流可以强到足以破坏或阻止正常的通信。由于现实中大多数网络的传输线通常与其他线路平行放置，即连接一台计算机的通信线往往与连接另一台计算机的通信线平行地放在一起，所以干扰问题是非常严重的。

2. 双绞线

双绞线（Twisted Pair）常在电话系统中使用，称其为双绞线是因为每根线都包覆有绝缘材料（如塑料），然后两根线再互相绞在一起。简单地绞在一起一方面可以改变导线的电性质，限制了导线中的电流发射能量去干扰另一导线；另一方面，绞合在一起有助于阻止其他导线中的信号干扰这两根导线。

为了进一步提高抗干扰能力，防止双绞线受外界电磁场的干扰，在某些网络通信中可使用屏蔽双绞线。屏蔽双绞线（Shielded Twisted Pair）由一个为屏蔽层所围绕的双绞线所组成，每根线覆有绝缘材料，这样导线相互隔离，屏蔽层则形成一个防止电磁辐射进入或逸出的屏障。

双绞线既可用于传输模拟信号也可用于传输数字信号。由于信号在双绞线上传输衰减很大，故对于模拟信号每隔5～6公里就需要设一个放大器；而对于数字信号，则每隔2～3公里要有一台中继器。

国际电气工业协会（EIA）为双绞线定义了五种质量等级，计算机局域网中最常用的是第三类和第五类双绞线电缆。第三类双绞线在过去一段时间曾经在局域网中有广泛应用，而第五类无屏蔽双绞线通过增加缠绕密度和使用高质量绝缘材料，极大地提高了传输媒体的性能，所以使用越来越广泛。在安装上，用户设备通过 RJ-45 网络连接器接口或 RJ-11 的电话连接器端口与双绞线相连。

双绞线可用作点与点之间的连接及多点间的连接，其常用于与工作站与集线器或交换机之间的连接，并通过集线器或交换机与服务器相连。图 3-1 所示的连接方式称星形连接，此方式可靠性较高，并易于维护。

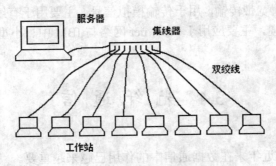

图 3-3 RJ-45 星形连接

3. 同轴电缆

同轴电缆（Coaxial Cable）内外共四层，如图 3-4 所示。

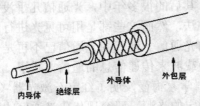

图 3-4 同轴电缆结构

以内向外，同轴电缆的一、三层由导体组成，第二层为屏蔽绝缘层，最外层为保护套层。同轴电缆和有线电视所用的电缆一样，具有比双绞线有更好的抗干扰作用。

同轴电缆的屏蔽层形成了一个可弯曲的金属圆柱围绕着内层导线，从而形成了防止电磁辐射的屏障。这一屏障以两种方式隔离内层导线：既防止了外来电磁能量引起的干扰，又阻止了内层导线中的信号辐射能量干扰其他导线。因为屏蔽层在各个方向上围绕导线，因此屏蔽是十分有效的。同轴电缆可与其他电缆平行放置或盘在角落。屏蔽始终起作用。

常用的同轴电缆分 50 欧姆与 70 欧姆两种。50 欧姆同轴电缆用于基带传输，传输数字信号；细缆主要用于局域网的总线连接，如图 3-5 所示，速率可达 10Mbps。使用 BNC 与

T形连接件时，末端必须装有终结器以消除信号反射。

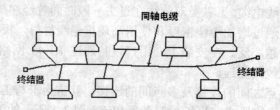

图 3-5 同轴电缆总线型连接

75 欧姆同轴电缆属宽带传输，用于传输模拟信号，主要用于有线电视信号的传送。另外还有 93 欧姆同轴电缆，主要应用于 ARC net 网络与 IBM 中、小型机的通信中。

3.4 光纤通信

光纤属硬介质，其近年来在数据通信中的作用已越来越重要。

3.4.1 光通信概述

人类很早就认识到用光可以传递信息。比如三千多年前我国就有了用光传递远距离信息的设施——烽火台；但是，其后的很多年中，光通信几乎没有什么发展，虽然有了用灯光闪烁、旗语等传递信息的方法，然而这些都是用可见光进行的视觉通信，属原始的光通信方式，当然不能作为现代的光通信。现代的光通信已不再是使用可见光进行的视觉上的信息交流，而是采用光波作为载波来传递信息的通信方式了。

1960 年 7 月 8 日，美国科学家梅曼发明了红宝石激光器（LASER），从此人们便可获得性质和电磁波相似而频率稳定的光源，研究现代化光通信的时代也从此开始。这种激光器产生的光与普通的灯光不一样，它是受物质原子结构本质决定的光，频率稳定，约为 100 太赫。这种光的频率比已经广泛应用的微波（频率约为 10 兆赫）的频率高 1 万倍。因此，用这种光来传送信息从理论上来说，通信的容量可以比微波通信的容量也大 1 万倍！随着 1970 年世界上第一根低损耗的石英光纤诞生，光纤用于通信有了现实的可能。1977 年，世界上第一条光纤通信系统在美国芝加哥市投入商用，速率为 45 Mbps。

进入实用阶段以后，光纤通信的应用发展极为迅速，应用的光纤通信系统已经多次更新换代。20 世纪 70 年代的光纤通信系统主要是用多模光纤，应用光纤的短波长（850 纳米）波段；20 世纪 80 年代以后逐渐改用长波长（1310 纳米），光纤逐渐采用单模光纤；到 20 世纪 90 年代初，通信容量扩大了 50 倍，达到 2.5 Gbps。以后，光纤传输波长又从 1310 纳米转向更长的 1550 纳米波长,并且开始使用光纤放大器、波分复用(WDM)技术等新技术,通信容量和中继距离继续成倍增长,从而广泛地应用于市内电话中继和长途通信干线,逐步成为通信线路的骨干。1976 年,美国在亚特兰大用含有 144 根光纤的光缆建成了第一条光纤通信实验系统。1988 年,第一条横跨大西洋的海底通信光缆敷设成功,成为欧美两大洲之间的骨干通信线路。

到了 20 世纪 90 年代,光纤的传输速率已经达到了每秒 T 比特级;目前,实验室中光纤的传输速率已达近 10 Tbps。T 数量级为 10 的 12 次方,1 Tbps 的速率意味着我们可以用一对只有头发丝 1/10 粗细的光纤在 1 秒钟之内将 300 年的泰晤士报传送到世界上的任何一个角落,或者同时传送 10 万路电视节目,又或者同时通 1200 万路电话。试想如果像电缆那样把十几根或上百根光纤组成光缆(即空间复用),再使用波分复用技术,其通信容量就会大得惊人。

同时,光纤还具有体积和重量上的优势,相同话路的光缆要比电缆轻 90%~95%,且直径不到电缆的 1/5。如连通 21 000 话路的 900 对双绞线,其直径为 3 英寸,重量为 8 吨/公里;而通讯量为其 10 倍的光缆,直径仅 0.5 英寸,重量仅约 200 公斤/公里。

光纤通信系统是由光发送机、光接收机、光纤(或光缆)和各种耦合器件等组成的信息传输系统。光发送机的核心器件是半导体激光器,它用来产生携带信息的光载波,将电信号变换成光信号,然后在光纤中传输。光接收机的核心器件是光检测器,它用于将光信号变换成电信号。光纤通信系统可以根据系统所使用的激光光波的波长、携带信息的形式、传输光纤、信号的调制方式、光接收方式的不同以及光纤中传送的是单波长通道还是多波长通道的信号分成各种光纤通信系统。

3.4.2 光纤的结构和分类

1. 光纤的结构

光纤为什么会像金属导线那样能够传输信号呢?这就首先需要了解光纤到底是什么东西。光纤为光导纤维的简称,直径大约为 0.1 mm。它透明、纤细,虽比头发丝还细,但却具有把光封闭在其中并沿轴向进行传播的导波结构。光纤通信就是利用光纤的这种结构而发展起来的以光波为载频、光导纤维为传输介质的一种传输方式。

光纤由折射较高的纤芯和折射率较低的包层组成,为了保护光纤,包层外还往往覆盖一层塑料加以保护,如图 3-6 所示。

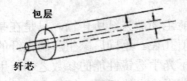

图 3-6 光纤的结构

光纤纤芯的芯径一般为 50 μm 或 62.5 μm，包层直径一般为 125 μm。纤芯区域完成光信号的传输；包层则是将光封闭在纤芯内，并保护纤芯，增加光纤的机械强度。通信光纤的纤芯和包层的主体材料可以是石英玻璃等材料，但因两区域中元素掺杂情况不同，故而折射率也不同。纤芯的折射率一般是 1.463～1.467（根据光纤的种类而异），包层的折射率是 1.45～1.46 左右。也就是说，纤芯的折射率比包层的折射率稍微大一些。这就满足了全反射的一个条件。当纤芯内的光线入射到纤芯与包层的交界面时，只要其入射角大于临界角，就会在纤芯内发生全反射，光就会全部由交界面偏向中心。当碰到对面交界面时，又全反射回来，如图 3-7（a）所示。光纤中的光就是这样在纤芯与包层的交界面上不断地来回全反射来传向远方，而不会漏射到包层外去。

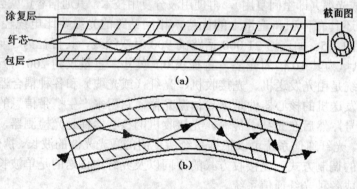

图 3-7 光纤中光的传播

当光纤弯曲时，光线是否还能沿光纤传播呢？回答是肯定的，因为任何通信线路都不可能完全笔直。当光纤拐弯时，如图 3-7（b）所示，只要弯曲不十分厉害，光也不会折射到包层中去，仍然会全反射回来，只是来回反射的次数增多了。弯曲给光纤带来的光能损耗是很小的，例如把 1 km 光纤绕在直径约 10 cm 的圆筒上，所增加的光能损耗只有万分之几，几乎可以忽略不计。

当光线以某一角度射入纤维端面时，入射光线与纤维轴心线之间有一夹角，称为纤维端面入射角。光线折射进入纤芯之后，继续入射到纤芯与包层之间的交界面上。当射入纤芯和包层交界面的光线的角度合适时，就可以产生全反射；否则光线就可能进入包层。所以，进入光纤中的光必须以一定的角度范围入射，如果超过此范围，则会有一部分光线进入包层，从而产生错误。

入射到光纤端面的光并不能全部被光纤所传输，只是在某个角度范围内的入射光才可以。这个角度就称为光纤的数值孔径。不同厂家生产的光纤的数值孔径不同。

在光学中，数值孔径是表示光学透镜性能的参数之一。用放大镜把太阳光汇聚起来能点燃纸张就是一个典型例子。若平行光线照射在透镜上，并经过透镜聚焦于焦点处时，假设从焦点到透镜边缘的仰角为 θ，则其正弦值称为该透镜的数值孔径，如图 3-8 所示，记

作 $NA=\sin\theta$。

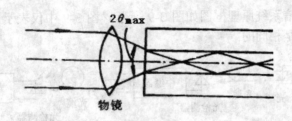

图 3-8　光纤的数值孔径

在光纤中，把受光角的一半（θ_{max}）的正弦定义为光纤的数值孔径，即：
$$NA=\sin\theta_{max}$$

光纤的数值孔径大小与纤芯折射率，及纤芯—包层相对折射率差有关。从物理上看，光纤的数值孔径表示光纤接收入射光的能力。NA 越大，则光纤接收光的能力也越强。从增加进入光纤的光功率的观点来看，NA 越大越好，因为光纤的数值孔径越大，对于光纤的对接越有利；但是如果 NA 太大时，也会影响光纤的带宽。因此，在光纤通信系统中，对光纤的数值孔径有一定的要求，通常为了最有效地把光射入到光纤中去，应采用其数值孔径与光纤数值孔径相同的透镜进行集光。

2．光纤的分类

按光在光纤中的传输模式可将光纤分为：多模光纤（Multi Mode Fiber）和单模光纤（Single Mode Fiber）。

（1）多模光纤。多模光纤的纤芯直径为 50～62.5 μm，包层外直径 125 μm。光纤的工作波长有短波长 0.85 μm、长波长 1.31 μm 和 1.55 μm 等。光纤损耗一般是随波长的加长而减小，0.85 μm 的损耗为 2.5 dB/km，1.31 μm 的损耗为 0.35 dB/km，1.55 μm 的损耗为 0.20 dB/km，这是光纤的最低损耗，波长 1.65 μm 以上的损耗趋向加大。

多模光纤的中心玻璃芯较粗（50 μm 或 62.5 μm），可传多种模式的光。但其模间色散较大，这就限制了传输数字信号的频率，而且模间色散随距离的增加会更加严重，例如 600 MB/km 的光纤在 2 km 时则只有 300 MB 的带宽。因此，多模光纤可在传输距离较近的场合中使用，如在几公里的范围内。

（2）单模光纤。单模光纤的纤芯直径约为 8.3 μm，包层外直径 125 μm。自 20 世纪 80 年代起，实际使用中倾向于采用单模光纤。单模光纤的中心玻璃芯很细（芯径一般为 9 μm 或 10 μm），只能传一种模式的光。因此，其模间色散很小，适用于远程通讯。单模光纤对光源的谱宽和稳定性有较高的要求，即谱宽要窄，稳定性要好。单模光纤的光源要使用昂贵的半导体激光器，而不使用一般的发光二极管。单模光纤的损耗很小，在 2.5 Gbps 的高速率下，传输数 10 公里而不需要采用中继器。

3.4.3 光纤通信原理

点到点的光纤通信系统原理框图如图 3-9 所示。图 3-9 中仅表示了一个方向的传输，反方向的传输结构也是相同的。

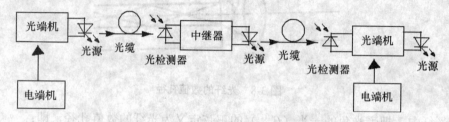

图 3-9 点到点的光纤通信系统原理框图

1. 光发送部分

光发送部分主要由光源、驱动器和调制器组成。光源是发送部分的关键器件，光纤通信系统要求光源有一定的输出光功率，尽可能小的谱线宽度，并且工作稳定、可靠，寿命长（一般要求在 10 万小时以上）。

由光源发出的光波在调制器中受到电信号的调制，成为已调光波。调制方式有两种。一种调制方式是半导体光源的直接强度调制（IM），即用电信号对光源（如发光二极管 LED 或激光二极管 LD）的注入电流进行调制，使其输出光波的强度随调制信号而变化，从而实现直接强度调制。此种调制方式不要求单独的调制器，光源和调制器成为一体，即光波的产生和调制在同一半导体激光器或发光二极管内完成。直接调制的设备简单，成本低，容易实现，是目前实用光纤通信系统广泛使用的调制方式。对直接调制的限制因素主要是调制速度。

另一种调制方式是间接调制，或称外调制，此种调制的主要特点是光源和调制器分开。间接调制方式有多种，如电光调制、声光调制和磁光调制，目前技术上较为成熟的是电光调制。电光调制利用的是晶体的电光效应（即晶体在外加电场的作用下其折射率发生改变），当光源产生的光波通过用光电晶体，如常用的铌酸锂（$LiNbO_3$）晶体等制成的电光调制器时，电信号加在电光调制器上改变晶体的折射率，使之对光波进行调制。电光调制可以实现强度调制、相位调制或偏振调制。间接调制的优点是调制速度高，调制对光源的工作不产生影响；缺点是设备较为复杂，仅在要求很高的调制特性的情况下使用，例如，在大容量、长距离的光纤通信系统中使用。

2. 光传输部分

光传输部分主要由光纤（或光缆）和中继器组成。在短距离通信系统中，一般不需要中继器。从发送部分输出的已调光波经耦合器进入光纤。光纤是光纤通信系统的主要组成部分，其特性好坏将对光纤通信系统产生很大的影响。光纤的种类有很多，从光纤传输的模式来分，有多模光纤、单模光纤和双模光纤等。从光纤的折射率分布来分，有阶跃型光纤、渐变型光纤、偏振保持光纤（保偏光纤）、三角形光纤和 W 形光纤等。为了增加光纤通信系统的通信距离和通信容量，对光纤传输特性总的要求是：有尽可能低的损耗和尽可能小的色散。

由于光纤的损耗和带宽限制了光波的传输距离，当光纤通信线路很长时，要求每隔一定的距离就要加入一个中继器，它与有线通信的增音机的作用相同。但应该指出，由于光纤损耗很低，光纤通信的中继距离要比有线通信，甚至微波通信大得多。目前，2.4 Gbps 单模光纤长波长通信系统的中继距离可达 153 km，已超过微波中继距离好几倍，这就可以减少光纤通信线路中的中继器数目，从而提高光纤通信的可靠性和经济效益。

随着高速光纤通信系统的出现，由于光纤放大器的使用克服了光纤的损耗对系统性能（如中继距离）的影响，因而影响光纤通信系统传输性能的因素（即光纤的色散和非线性特性）成了限制系统性能的主要因素。为了克服光纤色散的影响，目前已有相应的解决方案（如色散补偿光纤等），新一代的光纤通信系统（如光弧子通信系统）也已实验成功。

3. 光接收部分

光电检测（波）器是光接收的主要部件，从光纤中传输来的已调光波信号入射到光电检波器的光敏面上，光电检波器将光信号解调成电信号，然后进行电放大处理，还原成原来的信息。因为光纤输出的光信号很微弱，所以，为了有效地将光信号转换为电信号，要求光电检波器有高的响应度、低噪声和快的响应速度。

目前，实用光纤通信系统使用的半导体光电检波器有：光电二极管（PIN）和雪崩光电二极管（APD）。前者是无增益的，后者是有增益的。正在研究的一种新型光电晶体管光电检波器（如量子阱器件）既有较大的增益，又有较小的噪声，现已有试制性产品，预计不久将在实用光纤通信系统中应用。

光纤通信系统有两种接收方式。一种是直接检波（Direct Detection，简称 DD），即单独使用光电检波器直接将光信号变换为电信号。该接收方式的优点是设备简单、经济，是当前实用光纤通信系统普遍采用的接收方式。另一种是外差检测（波）方式（Coherent Direction，简称 CD），即光接收机产生一个本地振荡光波，与光纤输出的光波信号在光混频器中差拍产生中频信号，再经光电检波器变换为中频电信号。此种方式称为相干光通信，能较大幅度提高光接收机的灵敏度，但设备比较复杂，对光源的频率稳定度和光谱宽度要求很高，目前还处于实验阶段。但大量的理论和实际工作已充分证明，相干光通信是一种很有发展前途的光纤通信系统，随着光纤和光电器件制造技术的进一步提高，将显示出它更大的优越性。

光纤通信系统中的质量指标有很多，归纳起来主要有以下几个方面：

（1）有效性，指信号的传输速度；

(2) 可靠性，指信号传输的质量；
(3) 适应性，指环境使用条件；
(4) 标准性，指元件的标准性、互换性；
(5) 经济性，指成本是否低；
(6) 保密性，是否便于加密；
(7) 使用维修，是否方便。

3.4.4　光纤通信基本模型

由上所述可知，最基本的光纤通信系统由数据源、光发送端、光学信道和光接收机组成。其中数据源包括所有的信号源，它们是话音、图像、数据等业务经过信源编码所得到的信号；光发送机和调制器则负责将信号转变成适合于在光纤上传输的光信号。光学信道包括最基本的光纤，还有中继放大器等；而光学接收机则接收光信号，并从中提取信息，然后转变成电信号，最后得到对应的话音、图像、数据等信息。完成光电转变的设备称为光端机。光纤通信基本模型图如图3-10所示。

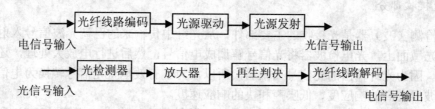

图3-10　光端机原理图

3.4.5　光纤通信器件

1. 激光器

在光纤通信中，所用的光源有三种：半导体激光器、半导体发光二极管和非半导体激光器。在实际的光纤通信系统中，通常选用前两种光源。至于非半导体激光器，如气体激光器、固体激光器等，虽然它们是最早制成的相干光源，但由于其体积太大，不适宜与体积小的光纤配合使用，所以只用于一些特殊场所。

(1) 半导体激光器。

半导体激光器即为激光二极管，记作LD。它是前苏联科学家Н.Г.巴索夫于1960年发明的。半导体激光器的结构通常由P层、N层和形成双异质结的有源层构成。

半导体激光器的发光是利用光的受激辐射原理。处于粒子数反转分布状态的大多数电子在受到外来入射光子激励时，会同步发射光子，受激辐射的光子和入射光子不仅波长相同，而且相位、方向也相同。这样由弱的入射光激励而得到了强的发射光，起到了光放大作用。

但是仅仅有光放大功能还不能形成光振荡。正如电子电路中的振荡器那样，只有放大功能是不能产生电振荡的，因此还必须设计正反馈电路，使电路中所损失的功率由放大的功率得以补偿。同样，在激光器中也是借用电子电路的反馈概念，把放大了的光反馈一部分回来进一步放大，从而产生振荡，发出激光。这种用于实现光的放大反馈的仪器称为光学谐振腔。

半导体激光器的优点是：尺寸小，耦合效率高，响应速度快，波长和尺寸与光纤尺寸适配，可直接调制，相干性好。

（2）半导体发光二极管。

半导体发光二极管和半导体激光器类似，也是一个 PN 结，也是利用外电源向 PN 结注入电子来发光的。半导体发光二极管记作 LED，是由 P 型半导体形成的 P 层和 N 型半导体形成的 N 层，以及中间的由双异质结构成的有源层组成。有源层是发光区，其厚度为 $0.1 \sim 0.2 \, \mu m$ 左右。

半导体发光二极管的结构公差没有激光器那么严格，而且无谐振腔，所以其发出的光不是激光，而是荧光。LED 是外加正向电压工作的器件。在正向偏压作用下，N 区的电子将向正方向扩散，进入有源层，P 区的空穴也将向负方向扩散，进入有源层。进入有源层的电子和空穴由于异质结势垒的作用而被封闭在有源层内，从而形成了粒子数反转分布。这些在有源层内粒子数反转分布的电子，经跃迁与空穴复合时，将产生自发辐射光。

半导体发光二极管的结构简单，体积小，工作电流小，使用方便，成本低，所以在光电系统中的应用极为普遍。

（3）光耦合器与光复用器。

光耦合是对同一波长的光功率进行分路或合路。通过光耦合器，可以将两路光信号合成到一路上，两路光信号经耦合器后变成了一路输出。同时，光耦合器还可以对光进行分路。光复用器可以把不同波长的信号复合注入一根光纤中；相反的，解复用器则把复合的多波长信号解复用，把不同波长的信号分离出来。

2. 光纤连接器和衰减器

光纤连接器是一种用于连接光纤的器件，它在光纤通信系统和测量仪表中具有不可或缺的地位。不同于光纤固定接头，光纤连接器可以拆卸，使用灵活，所以又称为光纤活动连接器或者光纤活动接头。对光纤连接器的要求包括：体积小、接入损耗小、可重复拆卸、可靠性高、寿命长、价格便宜等。

光纤连接器有多达几十种，并且新品种还在不断出现。目前使用较多的光纤连接器为精密陶瓷插芯和陶瓷管构成的连接器（如 FC、SC、ST 等），此外，更小的陶瓷芯小型连接器（如 LC、MU 等），以及带状光纤连接器为主的多芯连接器（如 MTP 等）也使用较多。光纤连接器不能单独使用，它必须与其他同类型的连接器互配，才能形成光通路的连接。如，将光纤粘固在高精度的陶瓷插针孔内，然后使两插针在外力的作用下，通过适配器套筒的定位，实现光纤之间的对接，如图3-11所示。

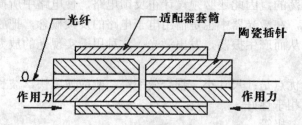

图3-11 光纤连接器的基本结构

保证对接的两根光纤纤芯接触时成一条直线是确保连接器优良的连接质量的关键，它主要取决于光纤本身的物理性能和连接器插针的制造精度，以及连接器的装配加工精度。同时，光纤的光学性能指标和插针端面的抛光质量对于连接器的光学性能和使用可靠性也有着直接的影响。

光衰减器是用于对光功率进行衰减的器件，它主要用于光纤系统的指标测量、短距离通信系统的信号衰减以及系统试验等场合。光衰减器要求重量轻、体积小、精度高、稳定性好、使用方便等。它可以分为固定式、分级可变式、连续可调式几种。图3-12与图3-13分别是连续可调式衰减器的工作原理和外形示意图。

可调式光衰减器一般用于光学测量中。在测量光接收机的灵敏度时，通常把它置于光接收机的输入端，用来调整接收光功率的大小。使用光衰减器时，要保持环境清洁干燥，不用时要盖好保护帽；移动时要轻拿轻放，严禁碰撞。

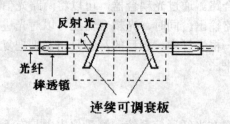

图3-12 连续可调衰减器的工作原理图

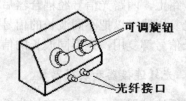

图3-13 连续可调衰减器外形图

3. 光检测器

光信号经过光纤传输到达接收端后，在接收端有一个接收光信号的元件。由于目前对光的认识还没有达到对电的认识的程度，所以并不能通过对光信号的直接还原而获得原来的信号。在此之间还存在着一个将光信号转变成电信号，然后再由电子线路进行放大的过程，最后再由电信号还原成原来的信号。这一接收转换元件称作光检测器，或者光电检测器，或是光电检波器或者光电二极管，简称检测器。

常见的光检测器包括：PN 光电二极管、PIN 光电二极管和雪崩光电二极管（APD）。光纤通信系统对光检测器的要求包括以下几点。

（1）灵敏度高：灵敏度高表示检测器把光功率转变为电流的效率高。在实际的光接收机中，光纤传来的信号及其微弱，有时只有 1 nW 左右。为了得到较大的信号电流，人们希望检测器的灵敏度尽可能的高。

（2）响应速度快：指射入光信号后，马上就有电信号输出；光信号一停，电信号也停止输出，不要延迟。这样才能重现入射信号。实际上电信号完全不延迟是不可能的，但是应该限制在一个范围之内。随着光纤通信系统的传输速率的不断提高，超高速的传输对光电检测器的响应速度的要求也越来越高，对其制造技术亦提出了更高的要求。

（3）噪声小：为了提高光纤传输系统的性能，要求系统各个组成部分的噪声应足够小，尤其是对于光电检测器更为严格，因为它是在极其微弱的信号条件下工作，又处于光接收机的最前端，如果在光电变换过程中引入的噪声过大，就会使信号噪声比降低，影响原信号的重现。

（4）稳定可靠：要求检测器的主要性能尽可能不受或者少受外界温度变化和环境变化的影响，以提高系统的稳定性和可靠性。

3.4.6 光通信特点

现代光通信是利用激光源产生的光波来携带信息，并在光纤信道上进行传输的通信方式。由于激光频率很高，极大地提高了通信容量，因此引起了通信工作者的广泛重视，使激光很快在通信领域得到了应用。光波的频率比目前电通信使用的频率都高，因而其通信容量最高。通信系统的通信容量与系统的带宽成正比。与电通信相比，光通信具有如下的优点。

（1）通信容量大。由于光纤的可用带宽较大，一般在 10 GHz 以上，因此光纤通信系统具有较大的通信容量。而金属电缆存在的分布电容和分布电感实际起到了低通滤波器的作用，因而限制了电缆的传输频率、带宽以及信息承载能力。现代光纤通信系统能够将传输速率为几十吉比特/秒以上的信息传输上百英里，10 Gbps 的光通信系统已商用化，允许数百万条话音和数据信道同时在一根光缆中传输；实验室里，速率达 10 Tbps 的系统也已研制成功。光纤通信巨大的信息传输能力使其成为信息传输的主体。

（2）传输距离长。光缆的传输损耗比电缆低，因而可传输更长的距离。光纤通信系统仅需要少量的中继器，光缆与金属电缆的造价基本相同，少量的中继器使光纤系统的总成本比相应的金属电缆通信系统要低。

（3）抗电磁干扰。光纤通信系统避免了电缆由于相互靠近而引起的电磁干扰。金属电缆发生干扰的主要原因就是相互间电磁场的影响。由于光纤的材料是玻璃或塑料，都不导电,因而不会产生磁场,也就不存在相互之间的电磁干扰。

(4) 抗噪声干扰。光纤不导电的特性还避免了光缆受到闪电、电机、荧光灯及其他电器源的电磁干扰（EMI）,外部的电噪声也不影响光频的传输能力。此外,光缆不辐射射频（RF）能量的特性也使它不会干扰其他通信系统,这在军事上的运用是非常理想的,而其他种类的通信系统在核武器的影响（电磁脉冲干扰）下则会遭到毁灭性的破坏。

(5) 适应环境。光纤对恶劣环境有较强的抵抗能力。它比金属电缆更能适应温度的变化,腐蚀性的液体或气体对其影响也较小。

(6) 重量轻,安全且易敷设。光缆的安装和维护比较安全、简单,这是因为：首先,玻璃或塑料都不导电,没有电流通过或电压的干扰；其次,它可以在易挥发的液体和气体周围使用而不必担心会引起爆炸或起火；最后,它比相应的金属电缆体积小、重量轻,更便于机械工作,而且占用的存储空间小,运输也方便。

(7) 保密性好。由于光纤不向外辐射能量,很难用金属感应器对光缆进行窃听,因此它比常用的铜缆保密性强。这也是光纤系统对军事应用具有吸引力的又一方面。

(8) 寿命长。尽管还没有得到证实,但可以断言,光纤系统远比金属设施的使用寿命长,因为光缆具有更强的适应环境变化和抗腐蚀的能力。

3.5 传输介质比较

目前使用较多的有形传输介质为双绞线、同轴电缆和光缆。其中双绞线主要用于电话系统,它存在于每个家庭和企业,两根双绞线就组成一条通讯线；而在局域网中的双绞线与电话线不同,它是定制的专用通信线,主要用于星形连接。同轴电缆主要以总线的形式用于有线电视和计算机设备的连接。同轴电缆一般比双绞线带宽,但形状较粗。光缆使用光纤传送数据,光缆较轻,适合大规模、远距离传输数据。

软介质主要有无线电传送和微波传送两种。无线电波是不定向的,微波是定向的。从使用的天线能够看出二者的不同：无线电天线不必放在特定的位置,而微波天线必须定点才能进行视线传送。微波传送可由地面微波接收站和绕地球赤道的同步轨道上的卫星微波接收站进行传送。移动电话机采用蜂窝式无线电传输系统。由于它实际是一个无线电台,所以使用扫描器都能够听到这些电话机的通话。

选择介质时,费用、速度、出错率和安全性是重要的考虑因素。局部短距离通信一般采用双绞线和同轴电缆,光缆与无线传送安装设备较复杂并且费用较昂贵。

光缆传送数据的速度最快,而且光纤传输数据的出错率很低,所以光缆是最安全的传输介质,并且很难被窃取数据。而微波传送须加密才能保证其安全性。微波传送数据的速度也仅在 45～50 Mbps 之间，并容易受天气干扰的影响。导线（双绞线和同轴电缆）传输容易受雷电和其他电源影响。有形传输介质之间的比较参见表 3-2。

表 3-2 有形介质比较

介质种类		传输速率 / Mbps	传输距离 / m	接口
双绞线		1～10	50～100	RJ—45
同轴电缆	细缆	1～10	50～300	BNC
	粗缆	1～10	500～1000	AUI
光纤		100～3000	10～1000	光电接口

【课后习题】

1．采用 5 类双绞线星型连接的两个节点间最长的距离是多少？
2．带宽为 20 Hz，信噪比为 30 分贝，按香农公式，极限传输速率为多少？
3．简述光纤的种类与特点。
4．简述蓝牙与红外线传输的不同特点。
5．简述光通信的特点。

第 4 章 信号调制与解调

4.1 编码技术

数字信号是一系列离散的、非连续的电压脉冲,每一脉冲称为一个信号码元。通过将二进制数据的每一数据比特进行编码后,成为信号码元后再进行发送。除了其他因素之外,编码也是决定通信性能的十分重要因素之一。编码是数据比特对信号码元的一种映射,可从以下几个方面来评估编码的性能。

(1) 信号同步能力。传输中需要确定每一比特位的开始和结束。但是要做到收、发间的同步并不容易,早期有些数据通信系统中甚至要求在收、发间另外设时钟线。有些编码信号(如 Manchester 编码)本身就含有时钟信息,从而可以避免另外传送时钟信息的问题。

(2) 信号误码检测能力。在数据传输中误码随时可能产生,有些编码无检测错误的能力,而有些编码能够提供基本的误码检测能力,这样能提高数据传输的正确性。

(3) 信号的抗干扰和抗噪声能力。在数据传输中误码随时可能遇到各种干扰,不同的编码在相同的噪声条件下表现出不同的抗干扰能力,有些编码在出现噪声情况下呈现比较优良的性能。

(4) 复杂性。有些编码性能优良,虽然可取,但实现十分复杂而且相应设施价格昂贵,所以实现的难易程度也十分重要。

以下我们将分别对几类常用的数字信号编码方式加以介绍和比较。

4.1.1 非归零码

非归零码(Non Return to Zero,简称 NRZ)的特点是在一个比特的整个期间内,其电压电平保持不变,无电平转移(即电平不回到零)。非归零码易实现,其最简单的形式便是 NRZ-L,如图 4-1 所示。

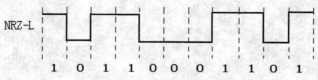

图 4-1 NRZ-L 非归零码示意图

一般来说,数字处理终端及其他设备产生或解释数字数据所用的编码就是 NRZ-L。如果传输要采用另一类编码,典型的做法是由传输系统从 NRZ-L 信号产生新的所需要的编码。NRZ-M 称为非归零-传号编码,信号为"1"时,在码元开始有电平转移;信号为"0"时,无电平转移,如图 4-2 所示。

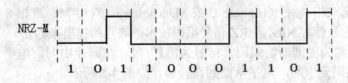

图 4-2 NRZ-M 非归零码示意图

NRZ-S 称为非归零-空号编码,与 NRZ-M 相反,其编码是信号为"0"时,在码元开始有电平转移;信号为"1"时,无电平转移,如图 4-3 所示。

图 4-3 NRZ-S 非归零码示意图

NRZ-M 和 NRZ-S 是 NRZ 信号的变形。NRZ-M 和 NRZ-S 都是差分编码,在对这类信号进行编译码时是比较相邻信号码元的极性而不是信号码元的绝对值。在存在噪声的情况下,检测电平的变化比将其大小与某一门限比较更可靠。

NRZ 码容易实现、处理,能有效地利用带宽,NRZ 信号的主要局限性是缺乏同步能力,对 NRZ-L 或 NRZ-S 来说,当传送一长串连续的"1"时,其输出就成为恒定电压。仅靠信号本身就无法校正收、发间的任何时钟漂移。

4.1.2 归零码

与 NRZ 相比,归零码(Return to Zero,简称 RZ)的编码方式为:在信号为"1"时前半码元有脉冲,而在信号为"0"时则无脉冲,所以称为归零码,如图 4-4 所示。

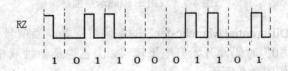

图 4-4 RZ 归零码示意图

然而，RZ 要占据更大的带宽，且连续"0"时无同步能力。RZ 的实现和处理简单，因此只用于一些基本的发送和记录设备中，现在，大多数应用已不采用这种编码技术。

4.1.3 双相编码

双相编码包括双相-电平（Biphase-L 或 Manchester）、双相-M、双相-S 及差分曼彻斯特几种编码方式，它是针对 NRZ 及 RZ 信号编码技术的缺点而提出来的。

双相-电平又称为曼彻斯特编码，信号为"1"时，在码元中间，电平从高到低转移；信号为"0"时，在码元中间，电平从低到高转移，如图 4-5 所示。

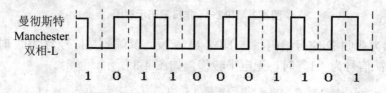

图 4-5　曼彻斯特编码示意图

双相-M 又称为双相-传号编码，在码元开始时总有电平转移，同时在信号为"1"时的码元中间有电平转移；在信号为"0"时的码元中间无电平转移，如图 4-6 所示。

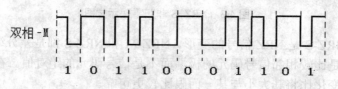

图 4-6　双相-M 编码示意图

双相-S 也称为双相-空号编码，它在码元开始时总有电平转移，与双相-M 不同之处是在信号为"1"时无电平转移，而在信号为"0"时码元中间有电平转移，如图 4-7 所示。

图 4-7　双相-S 编码示意图

差分曼彻斯特（Differential Manchester）的编码过程是，当信号为"1"时码元开始无电平转移，在信号为"0"时码元开始有电平转移。因它也是一种双相归零码，所以码元中间总有电平的转移，如图 4-8 所示。

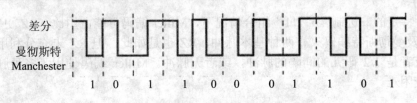

图 4-8 差分曼彻斯特编码示意图

双相编码具有如下两个优点。

（1）同步：所有双相码在每一比特时间内至少有一次电平转移，有时可能有高达两次电平转移。由于在每一比特时间内存在有可预期的电平转移，接收机便可依此电平转移而同步。对 Manchester 编码和差分 Manchester 编码而言，在比特间隔的中间总有一次电平转移；对双相-M 和双相-S 而言，在任一比特的开始总有一次电平转移。由于这个原因，双相码又称为自带时钟码。

（2）差错检测：如果在定义应该有电平转移的时刻却无电平转移，就可判为检测到差错。从双相编码的各图可见，双相码的总能量分布在 0.5～1 比特率之间，因此其占用带宽还是比较窄的。除了 Manchester 编码外，其余双相码均属差分码。

此外，双相码的最大调制率为 NRZ 的两倍，因此占用的带宽也比 NRZ 更宽。

由于以上特点，虽然 NRZ 仍广泛应用于数据通信系统中，但 Manchester 编码已获得了高速度的普及应用。双相码已成为数据传输普遍采用的一种编码技术，并且 Manchester 编码和差分 Manchester 编码已列于局域网标准之中。

4.1.4 延迟调制

延迟调制（Delay Modulation）又称为 Miller 编码。采用 Miller 编码时，每 2 比特时间至少有一次电平转移（二进制 101 情况下的前 2 比特时间只有一次电平转移），而且在每一比特中电平转移的次数不会超过 1。当信号为"1"时，码元中间有电平转移；当信号为"0"时，如后面跟的是"1"，无电平转移，如后面跟"0"，则在码元末尾有电平转移。因此 Miller 编码具有某种同步能力，且和双相码相比，其调制率低，带宽也更窄。如图 4-9 所示。

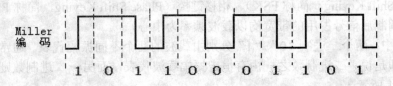

图 4-9 延迟调制编码示意图

从图 4-9 可知，Miller 编码的带宽明显小于双相或 NRZ 码。然而，图 4-9 并未反映全貌,在某种特定的二进制"0""1"组合情况下,Miller 编码可能占用比 NRZ 更宽的带宽。对于 NRZ 及曼彻斯特编码只有两种基本脉冲,RZ 也是如此,但 RZ 未充分利用信号的比特时间,或者是 1/2 码元的间隔的脉冲,或者无脉冲。Miller 编码使用了多种脉冲波形,使得判决较困难。

4.1.5 多电平二进制编码

多电平二进制编码(Multilevel Binary)使用了 2 个以上的电平。以双极性编码为例,如图 4-10 所示,双极性编码当信号为"1"时前半码元有脉冲,后续"1"则极性交替,信号"0"无脉冲。因为连续的"1"必须具有反极性的波形,因此双极性码提供了某种差错检测的能力,但它不具有同步的能力。

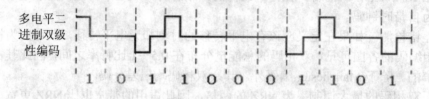

图 4-10 多电平编码示意图

4.2 信号的调制技术与解调

4.2.1 信号的调制技术

1. 数字信号的调制

一般将数字数据变换至模拟信号的技术称为一种调制技术。模拟信号的波形有三个参数:幅度、频率与相位,调制则是针对载波的这三个参数所进行的。因此,对数字数据来说,就存在三种调制技术,即:幅移键控(Amplitude Shift Keying,简称 ASK)、频移键控(Frequency Shift Keying,简称 FSK)、相移键控(Phase Shift Keying,简称 PSK)。

此三种调制后信号占用的带宽均以载波频率为中心。

在 ASK 中,两个二进制"0"、"1"分别由载波的两个不同振幅代表。通常两个振幅之一为零;亦即是说,二进制数之一由有恒定振幅载波代表,而另一二进制数则用无载波代表,如图 4-11 所示。

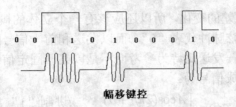

图 4-11 幅移键控示意图

调制后的合成信号为：

$$S(t) = \begin{cases} A\cos(2\pi ft + \theta) & \text{二进制 "1"} \\ 0 & \text{二进制 "0"} \end{cases}$$

式中，载波信号是 $A\cos(2\pi ft + \theta)$。由于 ASK 易受突然的增益变化的影响，而且是一种效率不高的调制技术，所以一般应用于 1200 bps 以下的传输。

在 FSK 中，二进制的两个值由靠近载波频率的两个不同频率的正弦波代表，如图 4-12 所示。

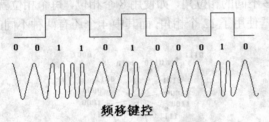

图 4-12 频移键控示意图

其调制后的合成信号为：

$$S(t) = \begin{cases} A\cos(2\pi f_1 t + \theta) & \text{二进制 "1"} \\ A\cos(2\pi f_2 t + \theta) & \text{二进制 "0"} \end{cases}$$

f_1 和 f_2 分别高于和低于载频值。FSK 的抗干扰能力比 ASK 好，它能够进行高于 1200 bps 的数字数据传输和 3～30 MHz 的高频无线电传输。

在 PSK 中，以载波的相位移来代表数据，如图 4-13 所示为双相系统的波形示意图。

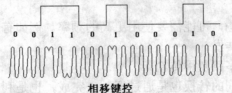

图 4-13 相移键控示意图

由于 PSK 是一个相位差的变化，所以还应该有一个立体的概念。在该系统中，以发送和前一信号脉冲同相的正弦脉冲代表"0"，而以发送和前一信号脉冲反相的正弦脉冲代表"1"。由于其相移是以前一发送比特为参考而不是以某一固定信号为参考，因此，也称为差分 PSK。其调制后的合成信号为：

$$S(t) = \begin{cases} A\cos(2\pi ft + \theta) & \text{二进制 "1"} \\ A\cos(2\pi ft + \theta_1) & \text{二进制 "0"} \end{cases}$$

相位是相对于前一比特间隔测量的。如果每个信号能代表 1 个以上的比特，则可以提高传输率。例如在正交相移键控（Quadrature Phase Shift Keying，简称 QPSK）中，以 90°的倍数相移来代替 PSK 中的 180°相移后，每一信号码元就能代表 2 比特了，此时调合信号为：

$$S(t) = \begin{cases} A\cos(2\pi ft + 45°) & \text{二进制 "11"} \\ A\cos(2\pi ft + 135°) & \text{二进制 "10"} \\ A\cos(2\pi ft + 225°) & \text{二进制 "00"} \\ A\cos(2\pi ft + 315°) & \text{二进制 "01"} \end{cases}$$

同理也可以使用更多不同的相位角，如使用 8 个相位，每个相位就可以代表 3 个比特。标准的 9600 bps 调制解调器使用了 12 个相角，而其中 4 个还有两种不同的振幅，如图 4-14 所示。

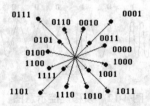

图 4-14 9600 bps 调制解调器振幅与相位调制示意图

由于振幅和相位总共有 16 种不同的状态，因此每一信号码元间调制信号可包含 4 比特，从而每一信号单元的变化可带 4 比特信息。

2. 模拟数据间的调制

为什么在许多场合还要将原本已是模拟的数据换成仍是模拟的信号呢？这样做的主要原因有二。

（1）为了更有效地传输，可能需要使用更高的频率。例如有些信道实际上不可能以原本的模拟信号相同的频率传发。

（2）利用频分来进行多路复用传输。

模拟数据、模拟信号间的转换也是通过调制来完成，也是利用以上所述的模拟信号波形的三个参数（幅度、频率与相位）进行调制。如普通话音的带宽是 300～3000 Hz，通过调制可在 60 kHz 载波上传输。

4.2.2 信号的解调技术

通过调制后的信号经传输后恢复原信号格式的过程称为解调。通过模拟电话线进行计算机间的通信，首先需把计算机输出的数字信号调制成模拟信号以便在电话线上传输，然后再进行解调成数字信号。解调分以下三个步骤进行，如需要将模拟信号数字化也采用相同的步骤。

（1）取样：取样后所得的是模拟信号的样本，以窄脉冲代表的样本的振幅正比于原始信号的瞬间值。取样需确定每秒钟取样的次数，取样次数越多，越能真实地反映原信号的特征。如果是低于 4000 Hz 模拟信号，每秒取 8000 个样本就足以表征此信号。

（2）量化：量化需确定采用多少个电平级数来表示所取的样本。取样越多，量化时所需的电平级数也越多。为了便于以后的编码，量化所定的电平数应是 2、4、8、16、32……即 2 的 n 次方数。

（3）编码：完成了以上两个过程，编码也就顺理成章了。编码过程就是将不同的电平级数对应于不同的比特串，数字信号也就形成了。

整个过程如图 4-15 所示。

图 4-15　模拟信号解调示图

4.3　调制解调器的类型

调制解调器（Modem）由单词 Modulate（调制）和 DEModulate（解调）组合而成。Modem 的功能是：在发送方从计算机取得需要传送的数据，将其转换成电话线能够接受的形式（即模拟信号），在接收方再将其转换成计算机能够识别的数字信号送给计算机。

调制解调器有多种分类方式，可根据调制方式、传输速率、性能的特点、连接方式及传输方式加以分类。

4.3.1　按调制方式分类

1. 频移键控 Modem

频移键控 Modem 使用两个独立的音频信号来分别表示逻辑"0"和逻辑"1"。模拟电路的物理特性规定了这些频率不能相互成整数倍。如早期的 Bell-103 调制解调器，其在发送和接收二进制逻辑（数字）时指定的频率可参见表 4-1。

表 4-1 Bell-103 调制解调器频率

方　向	信号逻辑	频　率 /Hz	备　注
发送	0	1070	发送空号（逻辑"0"）
	1	1270	发送传号（逻辑"1"）
接收	0	2025	接收空号（逻辑"0"）
	0	2225	接收传号（逻辑"1"）

2. 相移键控 Modem

CCIT V.27 标准所建议的调制解调器标准采用 8 个相位调制，其中一个相位角度可表达 3 个比特值，参见表 4-2。

表 4-2 相位角对应比特值

相位角/度	0	45	90	135	180	225	270	315
比特值	001	000	010	011	111	110	100	101

如 Bell 201c 型调制解调器采用把信号分别移相 8 个不同的相位角来表示 3 位编码的不同组合，这样，如果调制速率为 1600 波特，就可得到 4800 bps 的数据传输速率。

在全双工工作情况下，往往采用两个不同的频段分别进行发送或接收输送。

由于传输介质的特性，每个相移角度一般不能小于 30°，所以不可能把信号移相任意多个不同角度，以获取高数据传送速率。有的调制解调器为了提高速率，就采用了以上所述的相位幅度调制技术。如 V.29 建议的调制解调器标准采用 8 相 4 幅的调制方式。

4.3.2 按传输速率分类

调制解调器按照传输速度的不同，一般可以分为低速调制解调器、中速调制解调器、高速调制解调器三种类别。

低速调制解调器的传输速度低于 14 400 bps；中速调制解调器的传输速度在 14 400～56 000 bps 之间；高速调制解调器的传输速度超过 56 000 bps。

但是，随着 Modem 技术的发展，市场已出现传输速度在 56 kbps 以上的调制解调器，所以现在的低、中、高速调制解调器的标准都有相应的提高。

4.3.3 按调制解调器性能分类

1. Fax Modem

附加有 Fax（传真）功能的 Modem 是标准的 Modem 产品加上专门的传真软件，使用户不用传真机而直接通过自己的 PC 发送或接收传真。但是，用户也可以用一个标准的

Modem，再选择自己所喜爱的传真软件包，如 WinFax Lite、inFaxProVersion4.0、WinFax Pro for Win95、Microsoft at Work fax、Windows 95 Fax、Netcomm Voice FX 和 Cooee Version 1.2 等而达到同样的目的，当然，传真功能的实现还需扫描仪和打印机，Fax Modem 可以是传真机中的一个装备。

2. Voice Modem

Voice Modem 又称话音 Modem，其除了具有 Fax Modem 所具有的功能外，还可以作为一个电话应答机使用。通过使用适当的话音软件，话音 Modem 使 PC 能够回答打进来的电话、记录下话音信息，系统同时根据预先的设定通知用户已经收到信息。当用户的 PC 收到一些传真之后，它还可以自动地再将它们转发到用户事先指定的传真机上，就好像是一个称职的秘书。但是，这一切都以 PC 一直不关机为前提条件。

3. 传真交换 Modem

传真交换 Modem（Fax Switching Modems）可以自动检测对方的呼叫是一个语音电话还是数据或传真。如果它检测到一个数据或是传真呼叫，则首先关闭振铃声，然后将数据或传真接收到相应的软件中存储起来；如果检测到的是普通的电话信号，则允许铃声继续，或是让主人接电话，或是像话音 Modem 一样自动应答对方。

4. 数字式话音数据同步 Modem

这种 Modem 允许用户在向对方发送数据或传真的同时使用同一条线路进行自由的通话。它是 Modem 的一种新用途，可以方便地同时进行语音传送与数据交互传送。

4.3.4 按调制解调器连接方式分类

按连接方式的不同，可将调制解调器分为内置式 Modem 和外置式 Modem。无论是内置式 Modem 还是外置式 Modem，都必须将电话进线插入调制解调器的 Line 接口，而话机线插入 Phone 接口。在 Modem 不工作时电话工作不受影响。此外还有 Modem 箱。

1. 内置式 Modem

这种调制解调器制作成接口板形式，使之可以插入电脑机箱内主板的扩展槽内，故称为内置式 Modem。它有 8 位、16 位、32 位等性能不一的 Modem 卡。内置式 Modem 的特点是连接方便，无须配置电源，占地少。

2. 外置式 Modem

这类调制解调器安装于计算机外部，如 ADSL 调制解调器等，一般呈长方体形状，需外接电源。常用的工作电压是直流低电压，所以需配备变压器把 220V 电压转换成直流低电压。

外置式调制解调器的一个显著特点是能够随时了解 Modem 的工作状态。在其面板上有一排指示灯，能够清楚地表明 Modem 此时的工作状态。下面对一些常用指示信号进行说明。

（1）AA —— AUTOANSWER，表示自动应答。当具有自动应答能力的调制解调器被置成应答方式时，该指示灯就会亮起来。

（2）CR —— CARRIERREADY，表示载波检测。当调制解调器在呼叫期间检测到应答计算机发来的载波音频时，该灯就会亮起来。同时，调制解调器要向计算机发出一个载波检测信号。

（3）PWR —— POWER，电源指示灯。闪烁时说明电源正常。

（4）HS —— HIGHSPEED，表示高速。在该指示灯亮时表示调制解调器的波特率为 1200 bps 或更高的传输速率。

（5）MR —— MODEMREADY，当该指示灯亮时，表示调制解调器已准备好，可以接收和发送数据。

（6）OH —— OFFHOOK，表示摘机状态，即调制解调器正在使用电话线，相当于电话铃响时接电话者拿起电话听筒。当 Modem 拨号时，OH 指示灯闪烁表示正在拨号。

（7）RD —— RECEIVEDATA，表示接收数据。在计算机接收数据的每一位时，该指示灯会闪烁。

（8）SD —— SENDDATA，表示发送数据。在计算机发送数据的每一个位时，该指示灯会闪烁（联机输入数据的时候，请观察一下该指示灯，每按一个键，该灯都会闪烁一下）。

（9）TR —— TERMINALREADY，表示终端准备好。可以拨号接收呼叫。

除上述介绍的几种指示信号之外，有些调制解调器还提供了一些专用的指示灯，其功能可参见随机说明。

外置式调制解调器通过 Rj45 或 RS-232 C 串行口与计算机相连。Rj45 在第 3 章已作介绍，RS-232C 是由美国电子工业协会（Electronic Industry Association，简称 EIA）制定的一种串行物理接口标准，通过这个接口计算机可以与其他设备交换数据，例如接收传感设备送入的实时数据，与相邻计算机交换数据等。

RS-232C 规定使用一个 25 根插针的标准连接器，并对该连接器的尺寸及每个插针的排列位置等都有明确规定，其对应功能可参见表 4-3。

表 4-3　RS-232C 针号对应线路代号及功能

针号	线路代号	功　能	地	数据	控制	定时
1	AA	保护地	✓			
2	BA	发送数据		✓		

（续表）

针号	线路代号	功能	地	数据	控制	定时
3	BB	接收数据		✓		
4	CA	请求发送			✓	
5	CB	清除待发送			✓	
6	CC	数据设置准备好			✓	
7	AB	信号地	✓			
8	CF	载波检测			✓	
9		保留供测试用				
10		保留供测试用				
11		未定义				
12	SCF	辅助信道载波检测			✓	
13	SCB	辅助信道清除待发送			✓	
14	SBA	辅助信道发送数据		✓		
15	DB	发送器时钟				✓
16	SBB	辅助信道接收数据		✓		
17	DD	接收器时钟				✓
18		未定义				
19	SCA	辅助信道请求发送			✓	
20	CD	数据终端准备好			✓	
21	CG	信号质量检测			✓	
22	CE	振铃指示			✓	
23	CH/CI	数据信号速率选择			✓	
24	DA	发送器时钟				✓
25		未定义				

  表 4-3 中第一列表示各条连接线对应于连接器中的插针编号，第二列是 RS-232C 中使用的代号。其中，两根地线，AA 和 AB 是没有方向的。保护地连接到设备的机架上，是否使用此线应参照设备的使用规定，必要时要连接到外部大地。信号地 AB 则是为所有的信号提供一个公共的参考电平，这条线是一定要连接的。数据信号速率选择线若是从 DTE 到 DCE 则称为 CH，若是从 DCE 至 DTE 则称为 CI，在 RS-232C 中公用一个插针。RS-232C 与 CCITT 的 V.24 兼容，并符合国际标准的 ISO 2110 。

  RS-232C 被广泛使用，且为国际电话电报咨询委员会（CCITT）所采纳，定名为 V.24 予以发布。但 CCITT 将 RS-232C 中关于电气特性的描述作了一定的扩展，并放在另一个文件 V.28 中予以发布。严格地说，V.24 只是 RS-232C 的一个子集，它定义了连接器的形状规格和各信号线的功能、连接电缆的长度和允许的传输速度，但没有包含接口的电气特性的说明。然而在习惯上，对 R-232C 与 V.24 的使用不加区分。

  从表 4-3 的功能栏中可见 RS-232C 接口中实际包括有两条信道：主信道和辅助信道。辅助信道的速率要比主信道低得多，可以在连接的两设备之间传送一些辅助的控制信息，很少使用。即使对于主信道而言，也不是所有的线都一定要使用的，最常用的是 8 条线，如图 4-16

所示。

正因为如此，计算机厂商又推出了 9 针串行接口。如果两台机位于 30 m 以内，那么可通过电缆将计算机各自的 RS-232C 接口直接相连，再运行通信程序就能进行双机通信。电缆中至少有三对线要使用，其接线应使两电脑 RS-232C 接口的 2 与 3 脚交叉相连，7 脚直接相连。

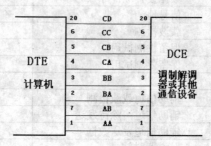

图 4-16 RS-232C 常用接口示图

3. Modem 箱

网络中心、信息服务中心或大中型机的主机房中，选用 Modem 箱是比较合适的。Modem 箱其实是一个为多个（如 12 个或 16 个）外接 Modem 供电的机箱，不过这些外接 Modem 都做成插卡的形式，插在 Modem 箱的各个槽位中。每块 Modem 卡一端通过电缆与主机的一个通信口相连，另一端接到一对电话线或专线上，因此这种 Modem 卡与机内 Modem 卡是不同的。Modem 箱除提供集中供电外，一般还提供液晶显示器和一些功能键，用以对其中的每块 Modem 进行状态的观测和参数的设置。

Modem 箱最大的好处在于它避免了大量 Modem 的堆放和对电源插座的占用，便于维护和管理。此外，Modem 箱一般都提供"热插拔"的功能，使任何一块 Modem 卡可以在带电工作的情况下随时拔出或插入，而不影响其他 Modem 卡的正常工作。

4.3.5 按调制解调器的传输方式分类

按传输方式的不同，可将调制解调器分为异步传输 Modem 和同步传输 Modem。异步传输和同步传输指的是计算机组织传输数据采用的两种不同的格式。

1. 异步传输 Modem

异步（Asynchronous）传输 Modem 以字符为单位组织数据，每个字符一般由 8 个二进制位组成。其中第一位称为起始位，作为一个字符开始的标志；接下来的部分是该字符的有效部分；可根据需要选取多个二进制位；有效字符位之后是停止位，用来标志字符的结束；最后一位是奇偶校验位，用来检查传输中的错误。

2. 同步传输 Modem

同步（Synchronous）传输 Modem 不是以字符为单位组织数据，而是将一定数量的二进制数据位（如 256 位）按某种格式组装成帧（Frame）。每个帧由帧头（32 位）、数据（256 位）和帧尾（24 位）三部分组成。帧头通常包括帧的起始标志（一个特别格式的字符）、地址和一些控制信息，帧尾则由 16 位 CRC 校验码和帧结束标志组成。

同步传输可利用帧尾的 CRC 校验码进行检错，利用帧头的控制信息实现差错等控制。因此，其传输的可靠性比异步方式要高。而且，由于其传输的有效数据位与传输的总的二进制位数之比要比异步传输高，因而其传输效率较高。

在计算机或终端中，实现异步或同步数据格式的组装通常是由硬件的电路来实现的。微机的两个串行接口一般只提供异步格式的传输，因为在微机主机或随机的插卡上集成了异步传输的接口电路。如果要进行同步通信，如 X.25 网、IBM 主机与终端的通信，需要在微机中另插一块同步通信卡。

现在，利用 Modem 进行异步传输也能够较好地结合同步传输的优点。尽管在计算机与 Modem 之间采用异步格式传输，但 Modem 能将异步数据转换成同步格式的数据，从而实现了 Modem 与 Modem 之间的差错控制和流量控制。

4.4 调制解调器的通信协议

4.4.1 文件传输协议

计算机内部的并行数据在发送到调制解调器之前，必须要转换成串行数据，并给每个字节附加一个起始位和一个停止位，以便使收信系统能准确判断任一字节的开始和结束。早期的联机通信中，没有任何纠错能力的传输方式为 ASCII 码传送方式，亦称 ASCII 协议。在有些通信软件的文件传输协议的选择项中也常常有 ASCII 的选项。由于 ASCII 码的传输只是字节流的传送，因而在传输线路状态不佳时就会出现数据丢失、系统死机、通信中断等错误。

随着人们对数据传输质量的更高要求及对各种方便传送的需要，多种性能各异的具有检错能力的二进制文件传输协议便相继开发出来。二进制文件传输协议不像 ASCII 传输方式那样一个字节一个字节的依次传送，而是把许多个字节"打"成一定长度的"包"（Packet），并给每个"包"加上一些能够检错的字节进行传送。也有的人把这种传送叫"块"（Block）传送或是"帧"（Frame）传送。对方的计算机收到此"包"，必须进行"拆包"（Unpack）处理，才能还原正文内容。"包"的大小因协议不同而有差异，或是 128 个字节，或是 1 024 个字节，若尾包的文件字节很少，则采用空字符 NUL "补位"的办法把"包"填满。在文件传送过程中，只要收发的协议一致，系统就会在协议约定的状态下，完成控制信号、错误确认及标记等各种传输工作。尽管这些协议至今仍没有得到官方的认可，但其可靠的传输性能却受到使用者的青睐，得到了迅速推广，成为事实上的文件传输协议，并被广泛应用在包括 Internet 在内的各种联机系统中。

二进制文件传输协议有很多种，不可能详尽罗列，只能介绍几种目前较为流行的协议，供使用时参考。

1. XModem

XModem 又叫 Modem7 或 XModem/checsum（校验和），是较早出现并被广泛使用的二进制文件传输协议，有较强的检错能力。XModem "包"的大小为 128 字节，每个"包"都携带一个 8bit 的"校验和"字节供接收系统检测。若接收检测的结果与"校验和"一致，接收系统就会发出 ACK 的确认回答标志信号并请求传送下一个"包"的信息；若接收检测的结果与"校验和"不一致，接收系统则发出 NAK 否认回答标志信号，告诉发送系统传输出现错误，请求重传该"包"的内容，如此下去直到整个文件的传送结束，或者在一定的时间内纠错无效退出传送状态。

XModem 的传送可靠率能达到 96%，缺点是只能以 8 个数据位的格式传送文件，而且在流控状态时易造成系统异常。

2. XModem CRC

XModem CRC 是在 XModem 协议的基础上改进的版本。由于使用了 CRC（循环冗余校验），每个"包"便有了两个"校验和"的字节（16bit），检错能力有了明显增强，使安全系数提高到 99.6%以上。但因增加了检错字节而使文件的传送时间有所延长，这种延长在长文件传送时最明显。

值得一提的是，只有通信中的两个系统具备了 CRC 的条件才能进行循环冗余码校验，如果其中的一个系统不提供这种校验，另一系统就会自动转换成 XModem 协议的工作状态。此外，有些早期的通信软件不支持这样的操作，用户只能使用 XModem 协议。

3. WModem

WModem 是由 XModem 协议演变而来的协议，也可以把它叫做"窗口式 XModem"。WModem 的工作过程比较特别，虽然每个"包"的容量也是 128 个字节，但它不像 XModem 那样在每个"包"发送之后都能收到 ACK 或者 NAK 标志信号，而只在连续传递几个"包"之后才能收到 ACK 或者 NAK 标志信号。设计者形象地把被传送的第一个数据"包"与后来收到的标志信号之间的时间段称作窗口。正常状态时，WModem 可准确检测到 NAK 的出现，并能确定哪一个"包"在传送时出现错误需要重新传送。由于 WModem 的窗口数据吞吐量较大，须使用有较大内存缓冲区的系统才能可靠地接收，小内存的计算机是不能使用这个协议的。

第 4 章 信号调制与解调

4. YModem/XModem 1K

YModem 的工作方式与 XModem 几乎一样,不同点只是 XModem 的"包"有 128 个字节,而 YModem 的"包"有 1024 个字节,所以 YModem 又称为 XModem 1K。由于 YModem 的"包"比 XModem 的"包"大出许多,因此非常适合传送篇幅很长的大块文件。在线路状况良好的情况下,使用 YModem 协议将会有效地缩短传送时间;但如果线路状况不佳,则最好不要使用这个协议,因为频繁地重传那些被查出错误的大"包"肯定得不偿失。

5. YModem/Batch

上面介绍的几个二进制文件传输协议在每次使用时只能传送一个数据文件,如果数个文件要传送到同一个接收系统,就只能在第一个文件传送结束后,再进行下一个文件的传送。频繁的操作和额外占用的处理时间,无疑给使用者带来了很多的不便。YModem/Batch 协议可有效地解决这类难题。YModem/Batch 能把一个以上的文件(包括文件名、字节数量等信息)按照事先编排的顺序一次性地传送给对方,其作用很像 DOS 系统的 BAT 批处理命令。接收系统收到文件后,可按需要把每个文件存入指定的驱动器和路径中。

6. YModem-G

YModem-G 是一种本身不提供检错或纠错能力的流式传输协议,除非有 MNP(Microsoft Networking Protocol)硬件协议的支持,否则不能使用。如果有 MNP 硬件为其提供服务的话,YModem-G 就会成为一个相当不错的协议,因为 MNP 硬件具有较好的检错和纠错能力。YModem-G 的每"包"容量也是 1024 个字节,但每一个"包"在传送后并不理会是否有接收端 ACK 的响应,只是不停地将所有的"包"都发出去,检错和纠错工作完全由 MNP 系统完成。与 YModem-G 合作的最佳硬件协议是 MNP4。就传送速度而言,YModem-G 肯定要比前面介绍的几种协议的速度快得多。

7. Kermit

Kermit 是一个既灵活又方便且非常有使用价值的协议,用户群较大。同其他文件传送协议一样,Kermit 在传送文件时也是将数据打"包"并使用"校验和"。前面介绍的几种协议,不论是哪一种,只要一经选定,"包"的大小就会固定下来;而 Kermit "包"的大小则是随数据的整体结构和线路质量的变化而改变的。在理想的线路状态时"包"最大,大小为 1KB(1024 字节);线路质量下降时"包"就要随之变小,或是 512 字节,或是 256 字节,或是 128 字节。当线路出现瞬时中断时,Kermit 能迅速恢复数据同步传输,这一点是其他协议无法比拟的。大多数协议都是用 8 数据位方式传送字符的,Kermit 则可在需要时将 8 数据位转换为 7 数据位传送,这样的转换使 ASCII 字符集中的 28 个控制字节在传输中增加了可靠性。Kermit 还有批处理的功能,可以用通配符"*"代替文件名或扩展名传送数个文件，如在.TXT 之前使用"*"就可以传送所有扩展名为 TXT 的文件。另外，如果文件中有重复的字符出现，Kermit 会使用一种压缩处理技术，即重复字符只被传送一次，同时发送一组关键码告诉接收系统重复的次数和字符的位置，这样可以节省相当多的时间。

8. ZModem

ZModem 协议尽管是一个不太成熟的协议，但快速可靠的良好性能已使它受到越来越多人的喜爱。ZModem 对"包"的处理与 Kermit 相仿，"包"的大小也是取决于线路的质量好坏，并提供有效的 32bit 或 16bit 的 CRC 错误检测。ZModem 具有高级文件管理特点，允许一次传送多份文件和自动上下载文件，操作简单方便，且能在传送意外中断后，迅速重新恢复数据的传送。在常规情况下，ZModem 的传送可靠率能达到 99%。

除了上述几种二进制文件传输协议在网络中经常出现外，还有某些系统协议也在文件传输中发挥着作用，如 CompuServe 的 B 协议和 B+协议以及 America Online 等等。此外，某些具有独自的文件传输能力和纠错技术的专有文件传输协议在个别系统中被使用，这种协议只能在特定的软硬件坏境下才能起作用，而不能在公共免费软件库、共享软件及商业通信中使用。

总而言之，二进制文件传输协议只要应用得当，就能收到良好的传送效果。这些协议的成品在大多数的通信软件包中均有提供，也可以通过 BBS 或从其他联机网络中下载得到。需要指出的是，由于版本的不同，收发两个系统间选定的同类协议的功能可能略有差异，是否能正常通信要取决于实验后的结果。目前使用最普遍的协议有 XModem、ZModem 和 Kermit 这三种。

4.4.2 数据压缩协议

为了提高数据传输速率，调制解调器增加了数据压缩功能。ITU 制定了 V.42bis 数据压缩协议，其最大压缩率为 4∶1。该协议必须和 V.42 协议配合使用。在 MNP 协议中，MNP5、MNP7 和 MNP9 都是数据压缩协议，其中 MNP5 使用最广泛，其最大压缩率为 2∶1，它必须和 MNP4 配合使用。

MNP5 是 Microcom 的一种压缩协议，它采用了两种压缩算法：霍夫曼编码（Huffman Code）和运行长度编码（Run-Length Code）。对于普通的 ASCII 码文本文件，MNP5 可以获得 2∶1 的压缩比，即压缩后的数据长度仅为原来的一半。MNP7 在 MNP5 的基础上更进了一步，增加了按"字符对"的出现频率进行类似于霍夫曼编码的压缩处理，使压缩比提高到 3∶1，但其处理延时也略有增加。

在通信时可以进行动态数据压缩，根据实际线路情况自动调节传输速率使其达到可能达到的最高速率。例如，某电话线路的传输速率只有 1 200bps，那么，这种 Modem 自动调节其传输速率为 1200 bps，然而实际上，数据处理量仍可以超过 1200 bps。例如它从速率为 9600 bps 的数据传输设备接收信息，再按 8∶1 对数据进行压缩并编码，使其能通过速率为 1200 bps 的电话线路进行传输，然后在接收方的 Modem 对数据进行还原，最后由速率为 9600 bps 的接收方数据传输设备所接收。

以上的压缩协议，只适用于异步数据传输，只有少数几家公司提供了对同步数据的压缩功能。

4.4.3 差错控制协议

随着压缩技术的引入，纠错处理也被引入 Modem。这是因为当 Modem 中采用了压缩和解压缩处理之后，对线路传输引起的差错变得十分敏感。线路中的一点微小的传输错误可能会导致数据解压处理的误识别，从而引发一长串的数据错误。MNP 协议便是一组流行于 Modem 中的压缩和纠错协议。

美国的 Microcom 公司先后推出的一系列压缩和纠错协议，称为 MNP（Microcom Network Protocol）协议。其中，MNP1～MNP4 和 MNP10 都是纠错协议，MNP5 和 MNP7 是压缩协议。

MNP1～MNP3 是 Microcom 公司早期采用的三种纠错协议，由于它们的纠错能力较差，且有降低传输效率的问题，现已很少使用。MNP4 是在前面三个纠错协议基础上的改进型，它是一种面向比特型的纠错协议。MNP4 将计算机送来的异步格式的数据转换成同步格式的帧，利用帧尾的 CRC 校验码来检查传输中的差错，采用重发处理实现纠错。MNP4 采用的"自适应帧长"技术进一步提高了传输的效率，成为一种广泛使用的 Modem 纠错协议。MNP10 的纠错能力更强，但传输效率不如 MNP4，适用于蜂窝电话网（大哥大）这类高噪声的传输信道。

智能 Modem 有很强的差错控制功能，以实现本地 Modem 与远程 Modem 之间无差错的数据传送。为了保证本地 Modem 与远程 Modem 之间能协同执行差错控制功能，必须制定相应的差错控制协议。例如：V.42 协议。它是由原国际电报电话咨询委员会 CCITT（现国际电信联盟 ITU）制定的，该协议中包含两个方案：①主方案是 LAP—M 链路访问协议；②备用方案是 MNP4 协议。

4.4.4 网络管理功能

高档的 Modem 还具有简单的网络管理功能，这是一般 Modem 所不具备的。具体网络管理包括如下内容：

（1）能接受网络的集中管理，通过一台网络管理终端，可对全网的 Modem 进行参数配置或状态报告；

(2) 线路质量检测功能，可以检测和报告当前线路中的噪声及信噪比的大小；

(3) 计算和报告传输性能，对当前所发送和接收的数据吞吐量、传输性能进行计算和报告。

除了性能的改进外，还出现了新的 Modem 种类，它们是 DSVD Modem 和电缆 Modem。DSVD Modem 指的是数字同步话音和数据技术，这种技术能同时支持语音和数据通信。当数据在线路上传输时，DSVD Modem 可以提供 28.8 kbps 的数据传输速率；若话音和数据通信同时进行，传输速率为 19.2 kbps，压缩数字话音的传输速率为 9.6 kbps。电缆 Modem 用于有线电视网，它使有线电视网除能提供原有的视频服务外，还能向用户提供 10～30 Mbps 的双向数字通路。这样，有线电视网用户就可利用电缆 Modem 上网浏览和收发电子邮件。

新型调制解调器尚无统一标准。因此，尽快完善新型 Modem 的统一标准是加快发展新型 Modem 的关键之一。

4.5 调制解调器的发展

早期的 Modem 只有最基本的功能——调制和解调功能，后来增加了自动拨号与应答功能。最新的 Modem 中增加了许多新的功能，例如增加了集成了数字化语音以及 FAX 的功能；将数据压缩技术引入 Modem，进一步提高了 Modem 的传输速度和传输效率；将纠错技术引入 Modem 则使得 Modem 的传输更加可靠。这些新功能的增加拓宽了 Modem 的应用领域。

进入 20 世纪 80 年代以后，由于微型计算机的广泛普及和计算机网络的发展，人们对于远程数据通信的速度要求变得越来越高，对调制解调技术的研究也更加深入。于是，CCITT 在 20 世纪 80 年代初颁布了一个采用复合调制技术 16-QAM（即 12 个相位角和 4 个调幅相的正交调制）的 Modem 协议标准 V.22 bis，实现了 2400 bps 的传输速度。

此后，TCM 调制技术的发明又使 Modem 的速度有了更大的飞跃。CCITT 在继 80 年代末颁布的 V.32（采用 32-TCM 技术，速度达 9 600 bps）标准之后，1992 年又颁布了目前最为流行的 V.32bis 标准，它采用 128-TCM 调制，可实现 14400 bps 的传输速度。V.32 bis 还采用了自动升、降速技术，即可以根据线路的质量后退至 12000 bps、9600 bps、7200 bps 和 4800 bps 等 4 个速度档进行工作，在线路质量变好时又自动逐级升速。

此外，近年来研究人员了为提高 Modem 传输数据的速度，除了在改进调制解调技术上取得一系列进展之外，也在其他方面也取得了明显的成效，主要是将"数据压缩"技术引入 Modem。由于计算机传输的信息中通常都有大量的重复性内容，使用数据压缩技术后，可以使传输的有效数据大大减少。传输过程中，先不将计算机发出的数据直接在 Modem 中调制发送，而先对它进行压缩处理之后再送到调制部分发送，以此提高 Modem 的传输效率。也就是说，当 Modem 以某个固定的线路速度在电话线上传输二进制数据时，计算机可以用比它更高的速度向 Modem 发送数据，在这种情况下，实际传输速率可以高于线路的传输速度。

例如，Modem 的线路传输速度为 9600 bps，并采用了压缩比为 4∶1 的数据压缩技术，那么，计算机便可以以 4×9600 bps＝38 400 bps 的速度向 Modem 发送数据。这就是 9600 bps 的 Modem 可以提供 38 400 bps 最高传输速度的原因。

4.5.1 V.90 数据传输标准

V.90 是 ITU（国际电信联盟）制定的一个数据传输标准，通过使用诸如 V.42bis 等压缩方案，使调制解调器在标准公用电话交换网（PSTN）上以 56 kbps 的速率接收数据。

如今，在电信网内部都已改建成数字网络，它们支持很高的传输率，而拨号上网连接的速率都很低，这其实是家里电话与电信局之间的连接所决定的。绝大多数城市电信网中只有这部分是模拟网络，普通声音信号为了能够在数字电信网上传送，模拟信息必须被转换成二进制数据。传送的模拟波形以 8000 次/秒的频率采样，每次采样时其幅度被记录为一个 PCM（Pulse Code Modulation）码，采样系统使用 256 个离散的 8 位 PCM 码。由于模拟波形是连续的，而二进制数据是离散的，所以经过 PSTN 传送并在另一端重组的数字信号只是原始模拟波形的近似，原波形与重建量化波形之间的差别称为量化噪声。量化噪声把通信信道带宽限制在 35 kbps 以内，通过人为地把声音频谱限制在人类话音的频率范围内来降低每个呼叫所需的带宽，从而可以增加同时通话的数目，但同时限制了 Modem 的速度。不过，量化噪声只影响模/数转换部分，并不影响数/模转换，因此如果接入这部分也换成数字网络，就会省去模/数转化，那么接入的速率将有十分巨大的提高。但真要实施这一方案的话，耗费的资金与人工也是十分巨大的，况且 PSTN 主要用于传输语音信号，V.90 Modem 所做的就是在不改变现有的布线和设备的情况下，对网络接入提速。

原来的 V.34 是为两端都通过模拟线路连接到 PSTN 的情况而优化的。尽管网络中的大部分线路都是数字的，V.34 仍然将整个网络当作模拟线路来对待，它假设连接的两端都受到由模数转换器（ADC）带来的量化噪声的影响。但多数 ISP 是通过数字链路连接到 PSTN 上，所以 V.34 并不能够最充分地利用可用的带宽，而 V.90 技术正是利用了这个关键所在：如果 V.90 服务器端与 PSTN 间没有模/数转换，同时如果这个数字式发送器只使用电话网中数字部分可用的 255 个离散信号电平，则这个数字信号将精确地到达客户端 Modem 的接收器，没有任何信息在转换过程中丢失。服务器端的信令在编码过程中只使用电话网数字部分中所使用的 256 个 PCM 码。换句话说，就是在这个转换过程中不存在模拟信号转换成离散数值 PCM 码所造成的量化噪声。这些 PCM 码被转换成相应的离散模拟电压，并通过模拟线路传送到客户端调制解调器，客户端调制解调器把接收到的模拟信号重新转换成离散的网络 PCM 码，并解码出发送器所发送的信息。因为在数/模转换过程中没有任何信息丢失，所以 V.90 客户端 Modem 的下行（接收）通道可以达到很高的传输速度。对于 V.90 客户端 Modem 的上行（发送）通道必须要经过电信局一个模/数转换，从而仍然受限于 V.34 传输速度。

V.90 Modem 在拨号接入时首先对线路进行检测，以判断下行通道中是否存在模/数转换。如果 V.90 Modem 检测到存在模/数转换，它就以 V.34 方式进行连接。当远端 Modem 不支持 V.90 协议时，V.90 模拟 Modem 也尝试建立一个 V.34 连接。连接之后，V.90 Modem 将鉴别 256 个可能的电压值，并将其还原为 8 000 PCM 码/秒，理论上说下载速度为 64 kbps（8000×8bits）。

USB 技术的出现，给电脑的外围设备提供更快的速度和更简单的连接方法。SHARK 公司率先推出了 USB 接口的 56K 的 Modem，体积仅比火柴盒略大的 Modem 给传统的串口 Modem 带来了挑战，它只需接在主机的 USB 接口就可以使用。

4.5.2 ADSL 调制解调器

ADSL 是 Asymmetrical Digital Subscriber Loop（非对称数字用户回路）的缩写，它使用世界上用得最多的普通电话线作为传输介质，能够提供高达 8 Mbps 的高速下载速率和 1 Mbps 的上传速率，而其传输距离为 3～5 km。

ADSL 能够支持广泛的宽带应用服务，例如高速 Internet 访问、电视会议、虚拟私有网络以及音视频多媒体应用。由于上网与打电话是分离的，所以上网时不占用电话信号。

安装 ADSL 必须使用专用的调制解调器，即 ADSL Modem，其外形比普通的 Modem 略微大一些。ADSL 有如下的特点：

（1）无须改造线路，只需要在现有的电话线上安装一个 ADSL 调制解调器即可；

（2）速度较快，理论上可达 8 Mbps 的高速下载速率和 1 Mbps 的上传速率；虽然实际上达不到这个速度，但比起普通 Modem 上网还是快了许多；

（3）安装简单，只需配置好网卡，简单地连线，安装相应的拨号软件即可完成安装；

（4）利用现有的电话线路，所以对电话线路的要求较高，当电话线路受干扰时，数据传输速度就会降低；

（5）用户与电信局机房的距离超过 3 公里以上，必须使用中继设备，这样 ADSL 在某些地区可能不能使用。

4.5.3 Cable Modem

现在几乎家家户户都安装了有线电视。有线电视是采用同轴电缆，总线结构。Cable Modem 头端系统（Cable Modem Termination System，简称 CMTS）通过网络中心联入互联网。所以有线电视用户，只要再安装一台 Cable Modem，准备好计算机和网卡，就可以通过有线电视网实现计算机上网。

使用 Cable Modem 通过有线电视上网，不用拨号，不占电话线，上网同时也不影响收看电视（需要 Cable Modem 和电视机有各自独立的有线电视接口），并且网络连接稳定，其下行速率可达 30 Mbps，上行速率 320～10 240 kbps。但需指出的是：Cable Modem 网络结构是总线型的，一旦上网用户增多，其使用效果就自然会降低，实际使用过程的速率与 ADSL 相差不大。

近年来 CATV 网正在由同轴电缆向光纤/同轴电缆混合（HFC）发展。所谓 HFC 网就是 CATV 主干线采用光纤、小区支干线和进户线仍用同轴电缆的方式。HFC 网带宽可达 750 MHz，开发 HFC 综合业务传输网，既能传输电视节目，又能传输计算机数据，并且可方便地开展多种视频、音频、语音业务。HFC 方式是国际上许多国家认可的发展方向，其发展趋势是光纤结点的覆盖区域越来越小，从每个光结点覆盖 2500 户→1000 户→500 户，在将来光纤设备成本进一步降低、技术进一步成熟后，发展到光纤到户也是完全可能的。同时，在 HFC 网的整个发展过程中，并不是将旧网废弃重建，而是在原来的基础上不断延长光纤长度，增加光接收点的个数，因此有良好的持续发展前景。

【课后习题】

1. 归零码主要解决了数据传输中的什么问题？
2. 若发送 10001100，采用差分曼彻斯特编码，画出其编码示意图。
3. 采用调相进行调制，为了提高传输速率，相位角能否无限地减少？
4. 简述家中宽带上网所使用的调制解调器的种类与特点。

第 5 章 多路复用与差错控制

5.1 多路复用器概述

为了提高传输通道的利用率，将多路信号沿同一信道进行多路互不干扰的传输，称为多路复用。最初提出多路复用技术是基于经济上的考虑，因为它为两个或多个用户共享公用信道或电路提供了一种机制。可以用一个简单的例子来解释多路复用。假设你有几封信要寄出，可以一次只带一封寄出，然后再回家取第二封寄出，然后再取第三封……当然一般人是不会这样做的，为什么不一次把所有的信都一起寄出去？反正它们都是要送到邮局的。这也就是多路复用的目的：利用一种资源（类似例子中去邮局寄信）一次装载多个信息进行输送。

在点—点通信方式中，两点间的通信线路是专用的，其利用率很低，一种提高线路利用率的卓有成效的办法就是使多个数据混合于同一条通信线中传送。为此在通信系统中引入了多路复用器。从功能上说，多路复用器是实现由多路到一路（集中）和由一路到多路（分配）功能的设备，故也可称为多路转换器，如图 5-1 所示。

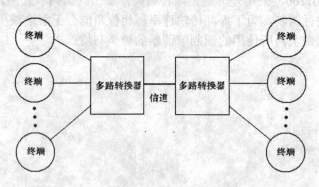

图 5-1 多路转换器

从信道的复用方式来看，它是采用静态的信道分配方法，即各终端以事先规定好的固定频带或时间的方式来共享公用传输线。因此，多路复用方法主要可以分为两类。

（1）频分多路复用（Frequency Division Multiplexing，简称 FDM）：各终端以事先规定好的固定频带共享信道。

（2）时分多路复用（Time Division Multiplexing，简称 TDM）：终端按事先规定好的固

定时间片来共享信道。

FDM 的典型例子是载波电话，TDM 的典型例子是脉码调制（Pulse Modulation，简称 PCM）多路电话。

5.2 频分多路复用

所谓频分多路复用就是将用于传输信道的总带宽划分成若干个子频带（或称子信道），每一个子信道传输一路信号。频分多路复用要求总频率宽度大于各个子信道频率之和，同时为了保证各子信道中所传输的信号互不干扰，应在各子信道之间设立隔离带。频分多路复用技术的特点是所有子信道传输的信号以并行的方式工作，每一路信号传输时可不考虑传输时延，因而频分多路复用技术取得了非常广泛的应用。

若传输线的全带宽 F 被划分为 N 个信道，则每条信道的带宽为 F/N。应注意各条信道实际传输信息所使用的带宽要比 F/N 窄，以避免相互干扰。频分多路复用器含有若干个并行信道。其中每条信道都拥有自己的低通滤波器、调制解调器和带通滤波器。低通滤波器的作用是平滑数据脉冲的陡峭边沿；调制解调器的作用是把终端发来的数字信号变换为调频信号，即把数字信号"1"变换为 $f+f_1$ 频率的信号，而数字"0"信号则被变换成频率为 $f-f_1$ 的信号。对于带通滤波器，由于它只允许指定频率范围的信号通过，因此，在各条信道上的带通滤波器都应拥有自己的通频带，以防止信道间的相互干扰。CCITT R.39 对如何将话音信道分成若干 FDM 子信道做出了相关规定,频分信号道数与波特对应值参见表5-1。

表 5-1 频分信号道数与波特对应表

信号道	75 波特	150 波特	600 波特
1	420	480	1080
2	540	720	2520
3	660	960	
4	780	1200	
5	900	1440	
6	1020	1680	
7	1140	1920	
8	1260	2160	
9	1380	2400	
10	1500	2640	
11	1620	2880	
12	1740	3120	
13	1860		

（续表）

信号道	75 波特	150 波特	600 波特
14	1980		
15	2100		
16	2220		
17	2340		
18	2460		
19	2580		
20	2700		
21	2820		
22	2940		
23	3060		
24	3180		

如表 5-1 所示，在 75 波特（由于是二进制 FSK，因此也等于 75 bps），为了避免干扰，信道间需要 120 Hz 的间隔。在此速率的两个音调与中心频率的偏离为±30 Hz。例如对信道 1，传号频率为 420＋30＝450 Hz，而空号频率则为 420－30＝390 Hz。在一条话音频带中可以容纳 24 个 75 bps 信道，或容纳 12 个 150 bps 信道。对于 600 bps，则只能够容纳 2 个信道。

频分多路复用器的主要特点是：

（1）适用于传输模拟信道，故多用于电话系统；

（2）所有的信道并行工作，故每一路的数据传输都没有时延；

（3）设备费用低。

其主要缺点是：

（1）当终端数目较多时，由于分配给每条信道的带宽都较窄，故对带通滤波器的要求较严格；

（2）最大传输速率较低。

多年来，FDM 一直是电话传输的主要依托，从带宽角度讲它比数字系统更有效。但 FDM 存在噪声和话音信号一起被放大等不可克服的缺点，导致它逐渐为时分复用 TDM 系统所取代。FDM 使用迅速萎缩的另一个原因，也是最重要的原因是长途通信模拟式的载波发送设备正由数字设备取代。这种转变的结果是话音形式的变化，即在一个电信局将话音转换为数字形式，并以数字形式传输到另一个电信局，然后将其变回原来的模拟形式，最后将其送到与该电信局相连的目的电话处。

最近发展的一种频分复用——正交频分复用（Orthogonal Frequency Division Multiplexing，简称 OFDM）实际是一种多载波数字调制技术。OFDM 全部载波频率有相等的频率间隔，它们是一个基本振荡频率的整数倍；正交指各个载波的信号频谱是正交的。

OFDM 系统比 FDM 系统要求的带宽要小得多。由于 OFDM 使用无干扰正交载波技术，单个载波间无须保护频带,这就使得可用频谱的使用效率更高。另外,OFDM 技术可动态分配在子信道中的数据,为获得最大的数据吞吐量,多载波调制器可以智能地分配更多的数据到噪声相对较小的子信道上。

OFDM 技术可广泛应用于广播式的音频和视频领域以及民用通信系统中,主要的应用包括:非对称的数字用户环线(ADSL)、数字视频广播(DVB)、高清晰度电视(HDTV)、无线局域网(WLAN)和第 4 代(4G)移动通信系统等。

5.3 时分多路复用

顾名思义,时分多路复用就是将提供给整个信道传输信息的时间划分成若干时间片(简称时隙),并将这些时隙分配给每一个信号源使用,每一路信号在自己的时隙内独占信道进行数据传输。时分多路复用技术的特点是时隙事先规划分配好且固定不变,所以有时也叫同步时分复用。其优点是时隙分配固定,便于调节控制,适于数字信息的传输;缺点是当某信号源没有数据传输时,它所对应的信道会出现空闲,而其他繁忙的信道无法占用这个空闲的信道,因此会降低线路的利用率。时分多路复用技术与频分多路复用技术一样,有着非常广泛的应用。

TDM 是采用时间作为数据多路复用的基准。为了理解 TDM 的工作过程及有关它的一些限制条件,首先应了解来自终端或个人计算机的数据是如何被多路复用和分解的。图 5-2 表示来自远端的 3 个终端设备的数据如何进行多路复用并传给另一地方的主机。为了简化起见,我们假设终端 1 传送的字符序列为"BA",终端 2 传送的为"DC",终端 3 传送的为"FE"。位于远端的 TDM 扫描与终端相连的每个端口,检测是否有数据,第 1 遍扫描中,把"A"、"C"、"E"作为多路复用器 3 个端口的输入。TDM 接收来自各端口的数据,并将它们组成 1 个多路复用帧。这样,第 1 帧所包含的字符序列为"ECA",第 2 帧为"FDB"。实际上,TDM 帧中还包含有数据前缀的同步字符以及一遍或多遍扫描的数据。

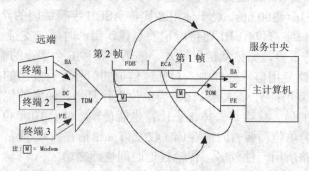

图 5-2 时分多路复用示图

在接收端的 TDM 处，用每帧中数据的位置来保证数据被正确多路分解。在图 5-2 中，"A"是第 1 帧的第 1 个位置，它告诉 TDM 这个字节信息应输出到多路复用器的第 1 个端口。类似地，第 1 帧的字符"C"是处于第 2 个位置，"E"处于第 3 个位置，它们通知中央站点的多路复用器分别将这两个字符输出到第 2 和第 3 个端口。紧接着，第 2 帧的数据来到，"B"处于第 2 帧的第 1 个位置，"D"和"F"分别处于第 2 和第 3 个位置，因此中央站点的多路复用器将它们分别输出到端口 1、2 和 3。所以说，TDM 多路分解的过程取决于每帧中数据的位置。

为了理解 TDM 过程的一些限制，需要考虑终端设备的实际工作情况。一些终端的操作员可能正在阅读某本手册，以决定如何改正程序中的错误，或如何对某个特定请求的数据输入做出响应，另一些操作员可能正在埋头输入数据或接收信息，还有一些操作员可能正在休息或思考怎样使用他们正在访问的应用程序。因此，任一时刻都有可能出现其中一个或几个终端无数据传送或无数据接收的情况。由于 TDM 多路分解是通过每帧中数据的位置而进行的，若某些终端无数据传送操作，则会导致数据被错误地解释。为了避免这种情况，当 TDM 扫描某个端口而此端口又无数据传送等操作时，TDM 就在每帧中插入空字符。在接收端的多路复用器处，空字符维持了正确多路分解所需的位置，但接收端的多路复用器并不将其输出至相应的端口设备，而是直接丢弃它。

总之，在 TDM 实施过程中，将复合信道每帧的时间分成 N 个时隙，然后将时隙以固定的方式分配给各子信道端口。图 5-3 示意了 FDM 和 TDM 间的区别。

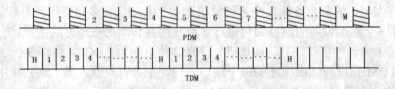

图 5-3　FDM 与 TDM 比较

例如，一个 16 路 TDM 配置，通信速率为 4800 bps，每一帧有 16 个时隙，因此每时隙就能支持 4800÷16＝300 bps。对于使用 8 比特 ASCII 字符编码的异步终端来说，加上起始和终止比特后，每字符包含 10 比特。也就是说，每一时隙能支持 300 比特/字符÷10 比特/字符＝30 字符/秒，如果从键盘输入，能适合每秒 6 个字符的输入终端。

在 TDM 的多路复用信号处理中，对低速信道的信号进行复用的办法有两种：一种是以字符为单位进行复用；另一种是以比特为单位进行复用。两者的优缺点如下：

（1）字符复用的最大优点是去掉起止比特也能传输。对于 10 单位字符，可提高效率约 20%。但是以字符为单位需要暂时的存储（收发信都包括在内），通常每低速信道约需存储 4 个字符，所以电路所用元件较多，传输延迟时间也随之增大。

（2）比特复用和字符复用相反，其传输效率比较低，但信号的延迟时间却较短（如用户电报的交换信号等），也比较容易传输。这是它的优点。

一般字符复用方式 TDM 主要用在专用线上，比特复用方式 TDM 主要用在包括各种线路的公用通信上。

5.3.1 同步时分多路复用器

同步时分多路复用器（Synchronous Time Division Multiplexing，简称 STDM）把多路器轮转一周的时间，分成若干时间片，所有终端都分别对应一固定的时间片，依次分时共享一条公用传输线。在每个时间片内可传送一位或一个字节，甚至传送一个数据块，相应的，时分多路复用器就有按位交替、按字节交替和按块交替等多种方式。接收方的接收过程刚好与发送过程相反。

按位交替的 STDM 的优点是设备简单而且时延小；按字节交替的 STDM 则要求必须为每个终端设置一个字符缓冲寄存器；类似地，STDM 按块交替时必须为每一终端设置一容量更大的缓冲寄存器，以能容纳在本终端自己所对应的时间片内输出的数据。显然，与按位交替方式相比，按块交换方式终端所连接的缓冲器的容量要更大，成本也更高，且产生时延也更长。

STDM 的优点如下：

（1）适用于传输数字信息，故多用来与数字型终端相匹配；

（2）有较高的传输速率，可达 4800 比特/秒，甚至 9600 比特/秒，因此，它用于连接速度较高的终端；

（3）数据按串行方式传送，各终端使用相同的传输频带。又由于它是分时使用同一信道，因而各终端可合用一个调制解调器。然而在 FDM 方式时，必须为每一信道设置一个调制解调器。

STDM 的缺点如下：

（1）数据的串行带来一定的时延；

（2）设备费用比 FDM 高。

5.3.2 异步时分多路复用器 ATDM

同步时分多路复用器是以静态方式把传输信道分配给每个终端。尽管某些终端在其对应时间片内并无信息发送，但多路复用器仍将这一时间片分配给它们，致使这些时间片内线路空闲。反之，有的终端虽有大量信息等待输出，但仍只能分得既定大小的时间片，从而迫使这些终端不得不降低发送速度。换言之，静态信道分配方式与终端需求无关。由此可见，若能使信道的分配与终端需求相结合，就一定能改善多路复用器的性能。基于这种想法，在对 STDM 加以改进后，便形成了异步时分多路复用器（Asynchronous Time Division

Multiplexing，简称 ATDM）。

虽然 STDM 与 ATDM 都是顺序地扫描所有的输入终端，但两者却有下述两点重要差别：

（1）STDM 方式是依次扫描各终端，并在每个终端停留相等的时间。ATDM 虽然也依次扫描各终端，但若被扫描的终端无信息发送，则 ATDM 不再在该处停留，而是立即去扫描下一个终端。只有当被扫描的终端有信息发送时，才在该处停留一个时间片。

（2）"存储-转发"传输方式的采用。由于 STDM 方式收、发的两端严格同步，使收、发的两端能一一对应，故在所发出信息中不必附有发送者的地址，即可经过 STDM 直接将信息传送到主机的确定位置中。而在 ATDM 方式时，收发双方已无法一一对应，因而必须为每个信息附上终端地址及其他信息，以便主机能识别发送者。其过程是：当 ATDM 收到终端发来的信息时，应为之附加上该终端的地址信息，并将它与收到的信息一起放入缓冲区，再根据顺序原则排队。

当线路空闲时，便取出该队列中的第一个缓冲区的信息，以某一固定的速率发往中心处理机。主机在收到该信息后，根据其中的终端地址信息，把数据信息放在确定位置，由上所述可以看出，ATDM 已由 STDM 的直接传送方式演变为"存储-转发"传播方式。

5.4 集中器

5.4.1 集中器概述

异步时分多路复用器虽已进一步改善了传输线的利用率，但还中有其局限性，主要表现在以下两点：

（1）ATDM 仍需为扫描每一个终端而花去一部分时间，并且需附加上地址等信息；在发送信息的终端数目不同时，其效率也受影响；

（2）每次每个终端仍然只能发送限定在时间片内的少量信息。

为了进一步改善线路利用率，应更严格地执行"信息的分配与终端需求联系起来"的原则，亦即应把静态分配信道方式改为动态分配信道方式。这是指仅当终端有信息要发送，且已提出请求时，才把传输线分配给它。这就消除了不必要的、对无信息终端也进行扫描的时间。此外，一旦把传输线分配给某终端后，便让它传输较长时间。这样，既提高了线路利用率，又方便了用户。集中器便是基于这种想法所产生的通信设备。

所谓集中，是指这样一种动态分配信道的办法，它基于终端对信道的请求，把较少数量的信道动态地分配给数目较多的终端。

集中器的工作过程是使各终端能同时发送信息，因此应在集中器中为每个终端设置一个缓冲区。图 5-4 给出了具有缓冲区和缓冲区队列的集中器示意图。

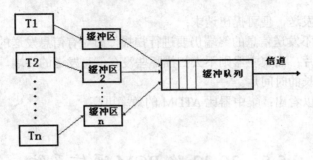

图 5-4 集中器示意图

通过集中器进行通信的过程可分为如下两个阶段。

（1）终端先把发送的信息送入自己的缓冲区，一旦装满，便向集中器的接收控制逻辑发出请求信号，再由控制逻辑将缓冲区中的信息送至第二缓冲区，并且随之附上该终端的地址及有关控制等信息，最后，按顺序原则，等待发送。

（2）若公用信道空闲，集中器中的发送控制逻辑便从发送队列的队首缓冲区中取出信息，用比终端的发送速度高得多的速度，把信息发往中心处理机，当该缓冲区中信息发完后，发送控制逻辑又检查发送队列是否已空，若不空，则取出新的队首缓冲区信息发送，直到发送队列空时才停止发送。

可见，集中器是把各终端发送来的若干个信息流，变为一个中速或高速信息流后再发送出去，即它同时也起着速度变换的作用。在通信系统中采用这种集中器后，既保证了各终端能连续不断地发送信息，又促进了信道的充分利用。

5.4.2 集中器与 ATDM 的比较

集中器与 ATDM 有许多相似之处。首先，两者都是把公用信道的分配与终端需求相联系，以此来提高公用信道的利用率；其次，在实现方法上，两者同样都是采用"存储-转发"的传输方式。因此两者所付出的代价大致相同，主要表现在以下几点：

（1）由 STDM 的直接传送改为"存储-转发"方式后，给信息的传输带来了时延；

（2）在集中器或 ATDM 中，必须设置足够数量的缓冲区来接收终端发来的信息，从而增加了设备的成本；

（3）必须为每个信息附上终端地址及其他必要的控制信息，即增加了传输信息量，从而降低了传输线路的有效利用率；

（4）必须增加相应的控制逻辑来对缓冲区队列进行有效的管理及其他有关控制。

在传输过程中，ATDM 与集中器的主要差别在于：

（1）在采用 ATDM 的通信系统中，终端处于完全被动的状态，只有在获得 ATDM 的询问后（扫描后），才能发送已准备好的信息；而在使用集中器的系统中，终端处于主动地位，只要它有信息发送，便可提出请求；

（2）ATDM 对不发送信息的终端仍要进行扫描，而对有信息发送的终端，也只分配一个固定大小的时间片；而集中器则不去扫描那些没有信息发送的终端，而只为有信息发送方的终端分配一较长的时间片。

从上述比较可以看出：集中器比 ATDM 的效率更高。

5.5 30/32 路 PCM 通信系统

电信局将电话用户所传来的声音（模拟信号）经过抽样、量化和编码以后得到了数字信号，这一过程称为脉冲编码调制（PCM），该信号也称为 PCM 码，经过传输线路送到对端。在接收端将收到的 PCM 码还原成原来的模拟话音信号。

根据时分多路复用的原理和各种传输媒介的特点，在数字通信中，常将多路信号组合在一起进行处理，称为群。电信系统中将多路源信号码组合成适合不同速率传输的群路信号，以便在各种传输条件不同的介质中传输。国际电报电话咨询委员会（CCITT）为了便于各国通信业务的发展，推荐了两类群路速率系列和数字复接等级，并建议组成以 24 路或 30/32 路为基础的群。我国采用与欧洲各国相一致的组群制式，即以 30/32 路为基础群，简称基群或一次群。基群可独立使用，也可组成更多路数的高次群以与市话电缆、数字微波、光缆等传输信道连接。

将同一话路抽样两次的时间间隔或所有话路都抽样一次的时间称为帧长，用 TS（Time Slot）表示。每个话路在一帧中所占的时间称为时隙。帧长、时隙、码位的位置关系时间图就是帧结构。

例如为了传输频带为 300～3400 Hz 的话音信号，取样频率为 8 kHz，取样周期 $TS=$ 125 μs，即帧长为 125 μs。在 30/32 路 PCM 系统中要依次传送 32 路消息的码组，故将每帧划分为 32 个时隙，每个时隙的宽度为 3.9 μs，如图 5-4 所示。每一路的码组（代表一个样值脉冲）都只在一帧中占用一个时隙。如果每一路话都采用字长为 8 的码组，则每位码元的宽度时间不得大于 0.49 μs。

30/32 路 PCM 基群的帧结构示意图如图 5-5 所示。根据 CCITT 的建议，该帧结构包括如下内容：

（1）每帧路时隙数为 32，编号为 0～31，分别以 TS0、TS1、TS2……TS31 表示；

（2）每个路时隙的比特数为 8，编号为 1～8；

（3）TS1～TS15 和 TS17～TS31 共 30 个时隙供通话用，编号为 1～30；

（4）TS0 的 8 bit 用作帧同步码、监视码；

（5）TS16 用于传输信令码。

第 5 章 多路复用与差错控制

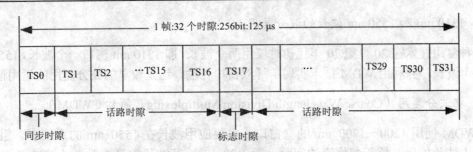

图 5-5　32 路 PCM 示图

可见,30/32 路 PCM 通信系统中,每帧传送 32 路时隙,每路时隙传送字长为 8 的一组码组,因此,每帧传送 $32\times 8=256$ bit；同时,每帧时间为 125 μs,则 30/32 路数字通信系统的总码率为 $256/(125\times 10^{-6})=2048$ kbps,即每秒可传送 2 048 000 个二进制码。

为了控制整个通信系统有条不紊的工作,30/32 路 PCM 基群端机还需要有一套严格的定时与同步系统。在发送端,定时系统控制话路按照一定时间顺序抽样,每一个样值又按一定的时间顺序编 n 位码,最后将不同话路编码间同步码、监视码和对端告警码(对告码)、话路信令码按一定的时间顺序结合成综合性数字码流进行发送。在接收端,也要靠定时系统来实现完全相反的变换,同时为保证收、发端协调一致的工作,还需同步系统。

在 PCM 通信系统中,要求收端主时钟频率与发端主时钟频率完全一致,即时钟同步,因此收端主时钟是从对端信码流中提取出来的。

同步包括位同步、帧同步和复帧同步。位同步也称时钟同步,其含义是收、发双方时钟频率必须同频同相,这样接收端才能正确接收和判决。为了实现时钟同步,收信端的主时钟是从发端送来的信码流中提取出来的,因此要求传输码型中应含有发送端的时钟频率成分。帧同步是为了保证收、发双方各对应的话路在时间上保持一致。复帧同步是保证各路信令的正确传送。帧同步和复帧同步的实现方法很相似,都是在发送端固定的时间位置上插入特定的码组,即同步码组,在接收端加以正确识别。

5.6　波 分 复 用

光通信是使用光来运载信号进行传输的方式。在光通信的领域中,一般按波长而不是按频率来定名。所以,波分复用(Wavelength Division Multiplexing,简称 WDM)也可以算是一种频分复用。WDM 就是在单根光纤上承载多个波长(信道)系统,将 1 根光纤转换为多条"虚拟"纤,每根虚拟光纤独立工作在不同波长上,这样就大大地提高了光纤传输的容量。所以 WDM 系统技术成为当前光纤通信网络扩容的最主要手段之一。波分复用技术作为一种系统概念,通常有以下三种复用方式。

1. 1310 nm 和 1550 nm 波长的波分复用

这种复用技术在 20 世纪 70 年代初时仅用两个波长，即 1310 nm 窗口一个波长，1550 nm 窗口一个波长，并利用 WDM 技术实现单纤双窗口传输，这是较早的波分复用的运用情况。

2. 粗波分复用（Coarse Wavelength Division Multiplexing，简称 CWDM）

CWDM 使用 1200～1700 nm 的宽窗口，主要应用波长在 1550 nm 的系统中。粗波分复用（大波长间隔）器相邻信道的间距一般≥20 nm，其波长数目一般为 4 波或 8 波，最多 16 波。当复用的信道数为 16 或者更少时，由于 CWDM 系统采用的 DFB 激光器不需要采用冷却降温，所以在成本、功耗等方面，CWDM 系统要比 DWDM 系统更有优势，因而也就越来越广泛地被采用。CWDM 无须成本昂贵的密集波分解复用器和"光放" EDFA，只需采用相对成本较低的多通道激光收发器作为中继，所以成本大大下降。如今，已有能够提供具有 2～8 个波长的 CWDM 系统，从而适合在地理范围、数据业务流量适中的地区使用。

3. 密集波分复用（Dense Wavelength Division Multiplexing，简称 DWDM）

密集波分复用技术（DWDM）可以承载 8～160 个波长，而随着 DWDM 技术的发展，其分波波数的上限值还在不断增长，间隔一般≤1.6 nm，主要应用于长距离传输系统。在所有的 DWDM 系统中都需要色散补偿技术，该技术用于克服多波长系统中的非线性失真——四波混频现象。在 16 波 DWDM 系统中，一般采用常规色散补偿光纤来进行补偿，而在 40 波 DWDM 系统中，则需采用色散斜率补偿光纤补偿。DWDM 能够在单根光纤中把不同的波长同时进行组合和传输，一根光纤转换为多根虚拟光纤。目前，采用 DWDM 技术，单根光纤可以传输的数据流量高达 400 Gbps，如在每根光纤中加入更多信道，传输速度达到每秒太位也是有可能的。

5.7 码分复用

码分复用（Code Division Multiplexing，简称 CDM）是靠不同的编码来区分各路初始信号的一种复用方式，主要和各种多址技术结合而产生各种接入技术，包括无线接入和有线接入。在多址蜂窝系统中是以信道来区分通信对象的，一个信道只容纳 1 个用户进行通话，多个同时通话的用户，互相以信道来区分，这就是多址。移动通信系统是一个多信道同时工作的系统，具有广播和大面积覆盖的特点。在移动通信环境的电波覆盖区内，建立用户之间的无线信道连接，就是无线多址接入方式，属于多址接入技术。联通 CDMA 就是码分复用的一种方式，此外还有频分多址（FDMA）、时分多址（TDMA）和同步码分多址（SCDMA）等码分复用方式。

1. FDMA

FDMA 频分多址采用调频的多址技术，业务信道在不同的频段分配给不同的用户。FDMA 适合大量连续非突发性数据的接入，而单纯采用 FDMA 作为多址接入的方式采用不多。当前中国移动所使用的 GSM 移动电话网就是采用 FDMA 和 TDMA 两种方式相结合的技术。

2. TDMA

TDMA 时分多址采用了时分的多址技术，将信道在不同的时间段分配给不同的用户。TDMA 的优点是频谱利用率高，适合支持多个突发性或低速率数据用户的接入。有线电视 HFC 网中的 CM 与 CMTS 的通信中也采用了时分多址的接入方式（基于 DOCSIS 1.0 或 1.1 和 Eruo DOCSIS 1.0 或 1.1）。

3. CDMA

CDMA 码分多址是采用数字技术的分支——扩频通信技术形成的一种新的无线通信技术，它是在 FDM 和 TDM 基础上发展而成的。FDM 的特点是信道不独占，而时间资源共享，每一子信道使用的频带互不重叠；TDM 的特点是独占时隙，而信道资源共享，每一个子信道使用的时隙不重叠；CDMA 的特点是所有子信道在同一时间可以使用整个信道进行数据传输，它在信道与时间资源上均为共享，因此，信道的效率高，系统的容量大。CDMA 的技术原理是基于扩频技术，即将需传送的具有一定信号带宽的信息数据用一个带宽远大于信号带宽的高速伪随机码（PN）进行调制，使原数据信号的带宽被扩展，再经载波调制并发送出去；接收端使用完全相同的伪随机码，与接收的带宽信号作相关处理，把宽带信号换成原信息数据的窄带信号即解扩，以实现信息通信。CDMA 码分多址技术适合当前移动通信网所要求的大容量、高质量、综合业务、软切换等，正被越来越多的用户所采用。

4. SCDMA

SCDMA 即同步码分多址（Synchrnous Code Division Multiplexing Access），指伪随机码之间是同步正交的，既可以无线接入也可以有线接入，应用较广泛。HFC 网中的 CM 与 CMTS 的通信中就用到了该项技术，如电缆电视的宽带接入就是结合 ATDM（高级时分多址）和 SCDMA 上行信道通信（基于 DOCSIS 2.0 或 Eruo DOCSIS 2.0）。

中国第 3 代移动通信系统也采用同步码分多址技术，代表所有用户的伪随机码在到达基站时均为同步的。由于伪随机码之间的同步正交性，就可以较为有效地消除码间干扰；同时，系统容量方面也得到极大的改善，其容量是其他第 3 代移动通信标准的 4～5 倍。

5.8 多点线路

多点线路系统工作在"主—从"方式状态下,即系统只能有一个主站,而多个从站共享一条线路与主站通信。无论是总线通信还是星形通信,归根结底只由一根通信线连接服务器,所以这也是一种多路复用。主站控制线路的工作,从站的传输完全受主站控制;主站采用探询(Polling)与选择(Selecting)的方式与从站交换数据。

探询是指主站按某一顺序去询问从站是否有数据发给主站。如果被询问到的从站有数据要发就立即发送;若没有数据要发也要告诉主站,主站就询问下一个从站。

选择是指如果主站有数据要发给某从站就询问该站能否接收数据,若从站能接收就发一个肯定应答,主站就发送数据给该站;若从站忙就拒绝应答,表示暂时不能接收数据。显然,为了能让主站区分每个从站,各个从站必须有自己的地址编号。

实现传输媒体共享的另一类方式是争用技术,该技术在局域网通信中大量采用。无论是以总线连接还是以星形或环形连接而成的局域网,各工作站最终均通过同一信道与服务器相连。该信道需要负责总路线上所有设备之间的全部数据传送。如果两个或更多的设备在同一时间向信道上发送各自的数据,就会在信道上造成数据重叠,从而可能出现差错,这种现象称为冲突。

5.8.1 CSMA

为了避免冲突,源站点在发送信息之前,首先侦听信道是否有空闲,如果侦听到信道上有载波信号,则推迟发送,直至信道空闲时才进行发送。此方式称为载波侦听多路访问(Carrier Sense Multiple Access,简称 CSMA)技术,其中有以下几种算法。

1. 非坚持协议 CSMA

(1) 如果信道空闲就传输;
(2) 如果信道忙则等待由随机产生的一重发延迟时间数,然后重复步骤(1)。

采用随机的重发延迟时间可以减少冲突的可能性。其缺点是当有几个站有分组需要发送时,在前一传输之后,仍很可能要使信道产生某些浪费的空闲时间。

2. 坚持协议 CSMA

(1) 如果信道空闲就传输;
(2) 如果信道忙则继续侦听,直至检测到信道空闲然后立即传输;
(3) 如果有冲突(在一段时间内未收到肯定的回复),则等待一随机量的时间然后重复步骤(1)。

如果有两个或更多的站在等待传输,则采用 1—坚持算法肯定会发生冲突。试图像非坚持算法那样减少冲突的同时又像 1—坚持算法那样减少空闲时间的一种折中方案是 P—坚持协议。

3. P—坚持协议 CSMA

（1）侦听信道。如果信道空闲，则以概率 P 传送，以概率 $(1-P)$ 延迟一个时间单位。该时间单位通常等于最大传播延迟的 2 倍；

（2）如果信道忙，则继续侦听直到信道空闲并重复步骤（1）；

（3）如果传输延迟了一个时间单位，则重复步骤（1）。

此方式主要是确定合适的 P 值。如果有 N 个站点需传送，而当前正在进行一次传输，待那次传输完成之后，将要传输站的期望数为 NP。如果 NP 大于 1 将必然会产生冲突，而 P 值选择太小，又会影响信道的利用率。

4. CSMA/CD

在 CSMA 中，当两个分组传输发生冲突时，在两个受损分组的传输期间，媒体一直不能使用。对于较长的分组，浪费的总容量非常之大。如果站点在其传输时间继续侦听媒体，则这一浪费可以减少。这就是对于 CSMA 改进后的 CSMA/CD（Carrier Sense Multiple Access with Collision Detection）技术，其算法如下：

（1）如果在传输中检测到冲突，立即停止发送分组，并发出一个短暂的阻塞信号，以便让所有的站知道发生了一次冲突；

（2）发出阻塞信号后，等待一段时间（此时间的长短是随机的），然后再次使用 CSMA 试图传输。

此时，浪费掉的带宽减少为用来检测冲突所花费的时间。问题是，此时间需要多长？让我们考虑相距尽可能远的两个站的这种最坏情况。对于基带系统，此时用于检测一个冲突的时间为传播延迟的两倍。所以对于基带 CSMA/CD，要求分组长度应该至少两倍于传播延迟，否则在检测出冲突之前传输已经完成，但实际上分组被冲突所破坏。如同 CSMA 一样，CSMA/CD 也可以用三种坚持算法。但被作为 IEEE 802 标准的是 P—坚持算法。另外 CSMA/CD 还采用了一种二进指数退避的技术；当再次发送遇到冲突时，站点将反复进行传输；只是失败后，随机延迟增加，一般至 16 次重复发送失败后将重新开始。学校机房、网吧中常用的局域网均采用 CSMD/CD 协议。

5.8.2 令牌环

令牌环（Token Ring）最初于 1969 年提出，亦称为 Newhall 环，是使用最为普遍的环访问技术，并被 IEEE 802 委员会定为标准的环访问方法。

1. 令牌环的特点

令牌环技术基于采用不断绕环循环的一个令牌分组。当所有站都无传输要求，即空闲时，令牌分组称为"空"令牌。如有站点希望传输必须等待，直到它检测到一个经过的"空"令牌。此时可以通过改写令牌分组的数据使令牌从"空"令牌"转变为"忙"令牌。然后该站紧接着"忙"令牌的后面，传输一个分组。此时在环上没有"空"令牌，因而其他希望传输的站必须等待。环上的分组将完成一个全过程并被发送站清除。当下列两个条件满足时，发送站将在环上加入一个新的闲令牌：

（1）该站已完成分组的传输；
（2）"忙"令牌已返回到该站。

采用令牌技术保证了一次只有一个站点可以传输。当发送站释放出一个新的"空"令牌时，处于环下游的并且有数据要发送的下一站，将能够捕获令牌并传输。

为解决发生差错的故障处理。可以指定一个站为主动令牌管理站。管理站通过采用某一超时机制来检测令牌丢失的情况，该超时值比最长的帧完全遍历该环所需要的时间还要长一些。如果在这一段时间中没有检测到令牌，就认为令牌已经丢失。为恢复令牌，管理站将清除环上的任何残余数据并发出一个"空"令牌。为了检测到一个持续循环的"忙"令牌，管理站在经过的任何一个"忙"令牌上置其管理比特为 1，如果管理站看到一个忙令牌的管理上比特已经置为 1，它就知道信道有某个发送站在发送完成后未能将令牌改写为"空"，管理站此时就将"忙"令牌改为"空"令牌。环上其他站都具有被动管理站的功能和作用，它们的主要工作是检测出主动管理站的故障并承担起主动管理站的职能。在当前主动管理站出现故障时，采用一种竞争算法来确定由哪个站来接替。

令牌环技术主要的优点是通信量可以调节，调节的方法可以是通过允许各站在其收到令牌时传输不同量的数据；或者是通过设定优先权，以使具有高优先权的站对于循环中的令牌具有优先要求的权利。

令牌环的主要缺点是需要令牌操作。一旦失去"空"令牌就会停止环的进一步使用，发生重复的令牌也可能瓦解环的操作。所以，必须选定一个站作为管理站，以保证在环上确定只有一个令牌，且在必要时加进一个"空"令牌。

令牌技术并非局限于在环网上运用，也可以将物理上的总线型结构看作一个逻辑环。令牌按各站在逻辑环上的先后顺序传递，同样得到令牌才可以发送。各站从前一站接受令牌，将数据发送或将"空"令牌传给下一站点。各站都记录有相邻站的地址。总线型网络采用令牌技术就不存在如 CSMA/CD 那样的冲突，和一般令牌环网一样，站点得到令牌后才可传送数据。

2. CSMA/CD 和令牌环的比较

CSMA/CD 方式的特点主要是完全平等，并且算法简单，当负载小于其容量的 40%时，该方式是相当有效的。CSMA/CD 早在实验室中以 2.96 Mbps 的速率做了近六年的试验运行，以证明它是有效可用的。

CSMA/CD 方式的缺点包括以下几点：

（1）它的访问是随机性的而不是确定性的，因此难以用于任何实时环境中（包括交互式声音通信）；

（2）由于 CSMA/CD 与信号传播延时有关，所以当媒体的长度增加或传送速率提高时，最小帧长度也相应加长；

（3）最严重的问题是如何实现"发送时侦听"技术，这需要一个有限的动态范围；

（4）阻抗匹配问题，因为它使用的是 50 Ω 电缆，不同于标准的 75 Ω CATV 电缆。

在令牌访问方法中，媒体上的站（结点）形成一个逻辑环。该逻辑环本身可以呈现出多种不同的物理拓扑形式，其中包括物理的环形、总线型、树形或星形网络。其控制靠令牌按规定的顺序从一个站传到另一个站来实现，令牌实际上是一个特殊的信息帧，表示允许一个站发送信息（这个帧可以与从属站共享）。当一个站得到令牌时，就可进行发送，发送的最大时间由网络管理器（监控结点）决定，超过该时间后就不可再开始发送新的帧了（可在同一个发送窗口内发送多个帧）。当一个站结束发送或没有要发送的东西时，它就把令牌按序传递给下一个站。

各站的顺序取决于所用网络的管理功能是分布式的还是集中式的。在分布式网络里，站的顺序是任意的，为了减少令牌传递的传播延时，应该把各站安排在最理想的位置。

令牌访问的方式是确定性的，因而可用于数据或声音传送，以及任何实时应用场合；它的有效媒体通信容量约超过总容量的 90%；其效率与媒体上的站数和媒体的长度几乎无关。

表 5-2 列出了 CSMA/CD 和令牌传送两种方式的比较。

表 5-2　CSMA/CD 和令牌传送方式比较

	CSMA/CD 方式	令牌传送方式
通信媒体	同轴电缆，双绞线	同轴电缆，双绞线，光纤
信号长度	有限	有限
扩展性	有限	较大
灵活性	较大	较小
硬件实现难度	高	低
成本	较高	较低
连接方式	并联	串联
负载	多个	单个
报文传输平均延时	变化不定	结点一定，则趋于定值
对故障的敏感性	对传输线的故障敏感	对接口的故障敏感
低层实现难度	高	低

5.8.3 时隙环

时隙环(Slotted Ring)由 Pierce 首先提出,故也称为 Pierce 环,并在英国的剑桥大学首先实现。在时隙环中,一些长度固定的时隙在环上连续循环,如图 5-6 所示。

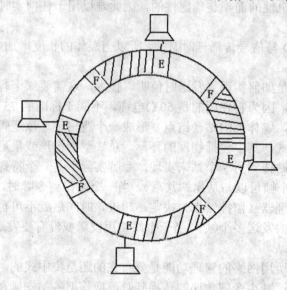

图 5-6 时隙环示意图

每一个时隙包括一个先导比特以说明该时隙是空还是满。图 5-6 中 F 表示满,E 表示空。所有的时隙开始时都标为空;希望传输数据的站将等待直到一个空时隙到达时,站点将该时隙标为满,并在该时隙中插入一个数据分组;该站在这一时隙返回之前不能传送另外的分组。时隙也可以包含响应比特,响应比特可以由地址所指的站在运行中设置,以指示收到、忙或拒收。全部时隙在完成了完整的全程循环之后,再次由其源发站标为空,每个站都明确环上的时隙总数,因而能在时隙经过时弄清楚相应时隙的满/空比特。一旦空的时隙经过,该站就可以再次传输。

在剑桥环中,每个时隙包括一个源点地址字节、一个终点地址字节和两个数据字节及五个控制比特,总长为 37 比特。

时隙环的优点是简单可靠,主要缺点是浪费带宽。因为通常一个时隙中包含的冗余内容比数据更多,如在剑桥环网中;其次,一个站在环的每一全程时间中只可能送出一个分组,如果仅有一个或少数几个站点有分组在传输,则许多时隙将进行空循环。

5.8.4 寄存器插入环

寄存器插入环(Register Insertion)这一技术由俄亥俄州立大学的研究人员首先研究成

功,其名称来自于环上各节点相连的移位寄存器,大小等于最大分组长度的移位寄存器用来临时保存循环经过节点的分组。此外,节点具有缓冲器的作用,以存储本地产生的分组。

寄存器插入环可以参考图 5-7 来解释,图中给出一个节点上的寄存器和缓冲器。首先考虑节点没有数据发送,而只是处理循环经过其位置的数据分组的情况。当环空闲时,输入指针指向移位寄存器的最右端,表示它是空的。当一个分组沿环到达时,它被逐个比特地插进移位寄存器中,对于每一比特输入指针左移一位。分组以地址字段开头;一旦整个地址字段进入寄存器,该站就可以确定自己是否为接收站;如果不是,该分组将被转发,随着每一新比特从左边进入,其右边移出一个比特,而输入指针固定不变。分组的最后一个比特到达后,该站继续将比特移出右边直到整个分组移完。如果在这一段时间没有新的分组到达,输入指针将回到其初始位置。否则,随着第一个比特移出,第二个分组开始在寄存器中积累。

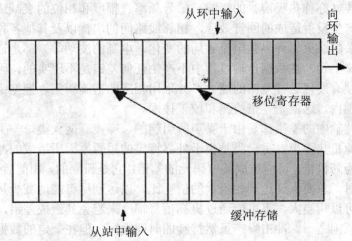

图 5-7 寄存器插入环示意图

如果到来的分组是指向所讨论的节点的,则有两种选择。方法一是:它可以从移位寄存器中抹掉地址比特并把分组的其余部分导向它自身,因而将分组从环中清除掉;另一种选择是:它可以像以前一样地重发该数据,而同时把它们抄给本站。

如果该站有数据需要传送,则可将要传输的分组放入输出缓冲器中。如果链路空闲且移位寄存器为空,则该分组可以立即传送到移位寄存器。如果该分组含 N 比特数据,小于最大帧的比特数,则此时在移位寄存器上如果至少有 N 个比特是空的,这 N 个比特就并行传送到移位寄存器上空的部分(与满的部分相接);输入指针作相应的调整。

寄存器插入技术的主要优点是它在各种方法中利用率为最高。只要在其位置上环是空闲的,则任何时候都可以传送。所以,在任一时刻环上可以有多个分组。

此种方式的主要不足之处在于清除机制比较复杂。允许环上有多个分组,就要求在除去一个分组之前识别其地址,无论是由发送站清除还是由接收站清除。如果分组地址受到破坏,就可能产生无限的循环。一般解决的方法是在地址数据中使用差错检验码来防止出错。

5.9 差错控制

5.9.1 产生差错的原因

信号无论是在有形信道还是无形信道中传输,在传输过程中,由于外界的干扰及信道自身的原因,都会造成接收端收到的二进制数位(或称码元)和发送端实际发送的二进制数位不一致,由"0"变为"1"或由"1"变为"0",这就是差错。由于线路本身电气特性而造成的随机噪声(亦称热噪声)的影响,信号频率、幅度和相位的衰减或畸变的影响,电信号在线路上产生反射造成的回音效应,相邻线路间的串扰以及其他各种外界因素(如大气中闪电、开关的跳火、外界强电流磁场的变化、电源的波动等)都是造成信号失真的原因。在某种意义上说,在数据传输过程中不产生任何差错是不现实的,因此在一个实用的通信系统中必须有发现这种差错的能力,并采用相应的措施纠正。把差错控制在所能允许尽可能小的范围内,这就是差错检测和校正技术。

概括地说,传输中的差错都是由噪声所引起的。噪声有两大类,一类是信道所固有的、持续存在的随机热噪声;另一类是由外界特定的短暂原因所造成的冲击噪声。热噪声引起的差错称为随机错,可能造成某位码元的差错;它是孤立的,和前后码元没有关系。在物理信道设计时,总要保证达到相当大的信噪比,以达到尽可能地减少热噪声的影响。冲击噪声的幅度可以相当大,不可能通过提高信号幅度来避免其造成差错,它也是传输中产生差错的重要原因之一。冲击噪声虽然持续的时间很短,但在一定的数据速率条件下,仍然会影响到一串码元。例如,一个冲击噪声(如一次电火花)持续时间为 100 ms,但对于 4800 bps 的数据速率来说,就可能对连续 48 位数据造成影响,使它们发生差错。这种差错呈突发状,称为突发错。从突发错误发生的第一个码元到有错的最后一个码元间所有码元的个数,称为该突发错误的突发长度。评定一个信道传输质量的重要参数就是误码率 P,其计算公式如下:

$$P = \frac{差错码元数}{接收到总码元数}$$

通常用 10^{-n} 来标志信道的误码率 P。例如,在一条话频通信线路中,其数据以通信速率为 2400 bps 时传输数据,假设误码率为 10^{-5},则意味着平均十万位中有一位出错。在数据通信中,若不加差错控制措施而直接用这样的信道来传输数据,一般来说是不能允许的。

5.9.2 差错控制方法

若接收方单单只收到的一个"1",是无法辨别其是否正确与错误的。至今所采用的差错判别方法是把足够的冗余信息加到所要发送的数据块中一起发出去,使得接收者能够根据所收到的数据来推算信息是否存在差错。

要发送的数据,我们称为信息位。在向信道发送信息位之前,应先按照某种关系加上一定的冗余位(这个过程称为差错控制编码过程),再一同发送。接收端收到码字后查看信息位和冗余位,并检查它们之间的关系(校验过程),以发现传输过程中是否有差错发生。

衡量编码性能好坏的重要参数之一是编码效率 R,它是码字中信息位所占的比例。若码子中信息位为 k 位,编码时外加冗余位为 r 位,则编码后得到的码字长为 $n=k+r$ 位,n 为发送码长度。

$$R = \frac{k}{n} = \frac{k}{k+r}$$

显然,编码效率越高,即 R 值越大,则信道中用来传送信息码元的有效利用率就越高。数据通信中,利用编码方法来进行差错控制的方式基本上有两类,即检错码和纠错码,前者是指能自动发现差错的编码,后者是指不仅能发现差错而且能自动纠正差错的编码。

检错码又称为自动请求重发(Automatic Repeat Request,简称 ARQ)。在 ARR 方式中,接收端检测出有差错时,就通知发送端重发,直到接收到正确的码字为止。采用这种方法需有双向信道,这样才能将差错通知发送方;同时发送方要有数据缓冲区,存放已发出去的数据,以便出现差错时可重新发送。

纠错码又称前向纠错(Forward Error Correction,简称 FEC)。在 FEC 方式中,接收端不但能发现差错,而且能确定二进制错码元的位置,从而立刻就可以加以纠正。采用这种方法可以不需要反向信道来传递请求重发的信息,发送端也不需要存放以备重发的数据的缓冲区。虽然 FEC 有上述优点,但是一般来说其要比检错码使用更多的冗余位,也就是说编码效率较低,而且纠错过程也比检错过程复杂。纠错码常在实时通信或单向信道时采用。

还有一类差错控制的方式是将上述两种方式结合起来使用,即当码字中的差错个数在纠正能力以内时,直接进行纠正;当码字中的差错个数超出纠正能力时,则检出差错并令其重发来纠正差错。这种方法现在较少使用。

5.9.3 常用的检错码和纠错码

1. 奇偶校验码

奇偶校验码是通过增加冗余位来使得码字某些位中"1"的个数保持为奇数或偶数的编码方法,是一种检错码,在通信中使用时又可分为垂直奇偶校验、水平奇偶校验和水平垂直奇偶校验等几种。

（1）垂直奇偶校验。

垂直奇偶校验是将整个发送的信息块分为一定位长的若干段，每段后面按"1"的个数为奇数或偶数的规律加上一位奇偶位，这样根据采用的奇偶校验位是奇数还是偶数，可推算出一个字符所包含二进制"1"数目是奇数还是偶数。接收端通过计算收到的字符的奇偶校验位，并确定该字符是否发生传输差错。发送的信息格式如图 5-8 所示。

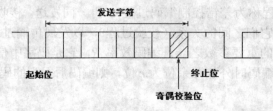

图 5-8　奇偶校验示图

当每个字符只采用一个奇偶校验位时，则只能发现单个比特错（偶然错误）；如果有两个或两个以上比特发生差错，奇偶校验位就可能检验不出来。

异步传输控制电路和面向字符的同步传输控制电路均采用了奇偶校验技术，其中包括如下两个功能：在字符传输前自动对每个字符计算并插入相应的奇偶校验位；在接收端，对收到的每个字符重新计算奇偶校验位，当测出差错时，发出指示信号。

采用集成电路来实现上述两个功能是相当简单的。它由一组异或门组成，如图 5-9 所示。异或门即模二加法器，其真值表参见表 5-3，其字符运算过程为：最低两个有效位输入第一个异或门，其输出同下一个有效位再输入到下一个异或门，以此类推；最后一个异或门输出的就是所需的奇偶校验位。在发送字符前，将此奇偶校验位装入发送寄存器。同样在接收端，重新计算的奇偶校验位与收到的奇偶校验位进行比较，如不相同，则表示出现传输差错。

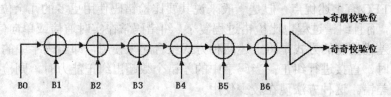

图 5-9　奇偶校验控制电路

表 5-3　模二加法真值表

位 1	位 2	模二加⊕
0	0	0
0	1	1
1	0	1
1	1	1

（2）水平奇偶校验。

水平奇偶校验与垂直奇偶校验原理相同，在此不重复介绍。

（3）水平垂直奇偶校验。

将所要传送的电文以字符形式按顺序排成一个方阵，如图 5-10 所示。图中 $b_1 \sim b_7$ 是信息位，b_8 是字符奇偶校验位；在每一个字符的最后加上一个校验位 b_8，对这一个字符进行奇偶数校验；方阵中每一行由不同字符相同位置的码元组成，在每一行的最后也加一个校验位对这一行进行奇偶校验；由行校验位形成的字符称组校验符，用 BCC 表示，它对字符组进行校验。这样，每一个字符的每一码元要受到纵、横两次校验。把这种编好的码按字符顺序发送信道上去，组校验字符 BCC 跟在电文结束符 ETX 的后面一同送出。接收时，恢复成与发端相同的方阵。如果在传送的过程中，字符产生奇数个码元错，则都能发现，例如有一个长度为 $b=8$（码元）的突发错出现，用此种方法也能发现。差错发现后通过反馈重发予以纠正。

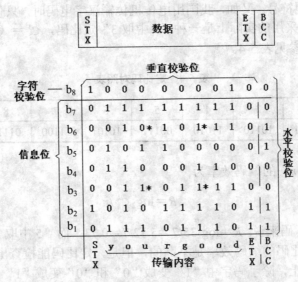

图 5-10　水平垂直奇偶校验示意图

分析可见，水平垂直码不仅能检测奇数个独立差错，而且能检查部分突发差错。水平垂直校验码的编、译码设备简单，故在实际上用得很多；它能检出所有 3 位及 3 位以下的错误，所有奇数位错，以及检查出一列或一行中的多位错，突发长度小于所发送列行宽度的错以及很大一部分偶数位错。应该指出，如果在传输过程中发生如图中带*号所示的方形或矩形的差错，采用水平垂直校验码这种方法时不能发现。

水平垂直校验码不仅可以检错，还可以用来纠正部分差错，比如在发送的某一行或某一列中有奇数位错时，就能确定错码的位置就在该行和该列的交叉处，从而可以进行纠错。

图 5-10 中，STX 为起始标志，ETX 为结束标志，BCC 为组校验字符。

如果所传输的信息段为 $p\times q$，则水平垂直奇偶校验的编码效率可用下式计算。

$$R=\frac{pq}{(p+1)(q+1)}$$

2. 定比码

定比码是指每个码字中均含有相同数目的"1"，码字长一定，"1"的数目一定后，所含"0"的数目也就必然相同。正由于每个码字中"1"的个数与"0"的个数之比保持恒定，所以也称为恒比码。若 n 位码字中，"1"的个数恒定为 m，还可称为"n 中取 m"码。这种码在检测时，只要计算接收码字中"1"的数目，就能知道是否有差错。

在国际无线电报通信中广泛采用的就是"7 中取 3"定比码。这种码字长为 7 位，规定总有 3 个"1"。因此，共有 $C_7^3=(7\times6\times5)/(3\times2\times1)=35$ 种码字，可用来分别代表 26 个英文字母和其他符号。又如，我国用电传机传输汉字电码时，只使用阿拉伯数字的组合来代表汉字，这时采用的实际上是一种"5 中取 3"定比码，$C_5^3=(5\times4\times3)/(3\times2\times1)=10$ 种码字，参见表 5-4。

表 5-4 定比码对照表

数字	1	2	3	4	5	6	7	8	9	0
电码	01011	11001	10110	11010	00111	10101	11100	01110	10011	01101

定比码"n 中取 m"的编码效率为

$$R=\log_2 C_n^m/n$$

对于"7 中取 3"码来说，$R=\log_2 35/7=5.12/7=0.73$；而"5 中取 3"码的编码效率为 0.66。一般来说，定比码的编码效率是不高的，但是，定比码能检查出全部奇数位错以及部分偶数位错。实际上，除了码字中"1"变成"0"和"0"变成"1"成对出现的差错外，所有其他差错都能被定比码检测出来，其检错能力还是很强的。定比码比较简单，可以用来传输电传机或其他键盘设备产生的字母和符号。若产生的是随机二进制数字序列，就不适合采用定比码。

3. 正反码

正反码是一种简单的能够纠正差错的编码，其中冗余位的个数与信息位个数相同。冗余位与信息位或者完全相同或者完全相反，由信息位中"1"的个数来决定。例如电报通信中常用的五单位电码编成正反码的规则如下：$k=5, r=k+r=10$；当信息位中有奇数个"1"时，冗余位就是信息位的简单重复；当信息位中有偶数"1"时，冗余位是信息位的反码。

具体说来，若信息位为 01011，则码字为 0101101011；若信息位为 10010，则码字为 1001001101。

接收端的校验方法为：先将接收码字中信息位和冗余位按位模二加，得到一个 k 位的合成码组，例如对于码长为 10 的正反码来说，即得到一个 5 位合成码组；若接收码字中信息位中有奇数个"1"，则就取合成码组为校验码组；若接收码字中信息位中有偶数个"1"，则取合成码组的反码作为校验码组；然后根据校验码组来判断和纠正差错，判断规则参见表 5-5。

表 5-5 正反码对照表

校验码组	差 错 情 况
全"0"	无差错
4个"1"、1个"0"	信息位中有一位错，位置对应于校验码组中"0"的位置
4个"0"、1个"1"	冗余位中的一位错，位置对应于校验码组中"1"的位置
其他状况	差错在两位或两位以上

例如发送的码字为 0101101011，传输中无差错，则合成码为 01011 模二加 01011 得到 00000，由于接收到的码字中的信息位中有 3 个"1"，故 00000 就是校验码组，根据表 5-5 得知无差错。若传输中发生了一位差错，接收到的码为 1101101011，则合成码组为 11011 模二加 01011 得到 10000，由于其中信息位中有 4 个"1"，故检验码组为 01111。根据表 5-5 得知信息位中第一位错，即可将收到的码纠正。若在传输中发生了两位错，接收端收到 1101111011，则合成码组为 11011 模二加 11011，得到 00000，而此时校验码组为 11111，从而可判断出为两位或两位以上错。

正反码的编码效率较低，只有 1/2。但其差错控制能力还是比较强，如上述长度为 10 的正反码，能检测出全部两位差错和大部分两位以上的差错，并且还具有纠正一位差错的能力。由于正反码的编码效率较低，因此仅用于信息位较短的场合。

4. 海明码

海明码是由 R.Hamming 在 1950 年首次提出的，它也是一种可以纠正一位差错的编码，但它的编码效率要比正反码高得多，而且当信息位足够长时，其编码效率更高。

为了说明如何构造海明码，先回顾一下简单的奇偶校验码的情况。若信息位为 $k=n-1$ 位，加上一位校验位，构成一个 n 位的码字。校验位也称为校正因子。在奇偶校给定情况下一个校正因子取值为"1"或"0"，分别代表无错或有错，而一般不能指出差错所在的位置。如果增加冗余位，就能区分更多的情况。两个码字中的不同位数称为海明距离（Hamming Distance）。若要检测出 d 个错，便需要距离为 $d+1$ 的码；若要纠正 d 位错，就需要 $2d+1$ 的距离。作为一个纠错码的简单例子，如只有 4 个有效码字的编码：

```
        0000000000        0000011111
        1111100000        1111111111
```

这组码的距离为 5，则意味着可以校正两位错。如果有一个码字 0000000111 到达，接收端便可以确定原来的码字一定是 0000011111；但如果有三位错，例如将 0000000000 变成 0000000111，则错误得不到纠正。

如信息位为 k 位，增加 r 位冗余位，则构成 $n=k+r$ 位码字。若希望用 r 个监督关系式产生的 r 个校正因子来检验有无错或在码字中哪一位出现差错，则要求满足：

$$2^r \geq n+1$$

即：

$$2^r \geq k+r+1$$

海明码实现的方法是把冗余码插入发送码之中，插入的位置是以 2 为底的各位数字，如 1，2，4，8，16……，其余如 3，5，6，7，9……是数据位。从以上规律可以推算出，所发送的数据越长，加入的冗余码比例越少。冗余位的取值可以通过模二加而得，例如：所发送的信息数据是 1011011，所要加入的冗余码位置在发送码中的位置为 1、2、4、8 位，即 _ _ 1 _ 011 _ 011 中的 _ 位，根据码中"1"的位置，进行模二加，插入的冗余码应为 1100，所以发送码应该为 11100110011，其海明码冗余码生成表参见表 5-6。

表 5-6 海明码冗余码生成表

	2^0	2^1	2^2	2^3	2 的次方位
	1	1			发送码中第 3 位
		1	1		发送码中第 6 位
	1		1		发送码中第 7 位
				1	发送码中第 10 位
+	1	1		1	发送码中第 11 位
—					
模二加法值	1	1	0	0	

同样，在接收端收到数据后进行校验时，也按上述方法进行。如果模二加后全为 0，则表示无差错；如果出现"1"，则可以根据"1"出现的位置，算出哪一位在传输时出现了差错，从而可以进行纠正。

上述海明码的原始信息码 7 位，实际发送码 11 位，编码效率为 7/11。因为海明码是根据原始数据码中的 2 的次方位来加检验码的，如 1、2、4、8、16……不难看出原始信息码位数越多，编码效率就越高。

海明码只能纠正一位错，若用在纠正传输中出现突发性差错时可以采用下述方法。将 k 个连续的码字排成一个矩阵，每行长一个码字，如表 5-7 所示。通常发送的码字从左到右每次发送一个，为了校正突发错，发送数据时每次发送的顺序是一列一列进行，从最左边的列开始,一帧到达后接收端再重新构成矩阵;如果发生突发错长度≤k 的突发错误,那么在 k 个码字中最多有一位差错,这样正好由海明码能纠正。

表 5-7 是 7 位 ASCII 字符使用海明码编码的 11 位码字,数据在第 3、5、6、7、9、10 和 11 位置上。

表 5-7 ASCII 字符与海明码

字母	ASCII	海明编码
H	1001000	↓00110010000
a	1100001	10111001001
m	1101101	11101010101
m	1101101	11101010101
i	1101001	01101011001
n	1101110	01101010110
g	1100111	11111001111
c	1100011	11111000011
o	1101111	10101011111
d	1100100	11111001100
e	1100101	00111000101

海明码是一种纠错码,可以将收到的数据中不正确的码进行自动改正,这在实时控制的场合是十分有用的。

5. CRC 码

虽然海明码的编码效率比正反码高,但比起奇偶校验码却要低得多。一般来说纠错码的编码效率总不及检错码的编码效率。因而在通信中用得较多的还是检错码和 ARQ 方式。奇偶校验码作为一种检错码虽然简单,但是漏检率太高。在计算机网络和数据通信中用得最广泛的检错码是一种漏检率低得多也便于实现的循环冗余码(Cyclic Redundancy Code,简称 CRC)。

CRC 码又称为多项式码。这是因为任何一个由二进制数位串组成的代码都可以和一个只含有 0 和 1 两个系数的多项式建立一一对应的关系。例如,代码 1011011 对应的多项式为 $x^6+x^4+x^3+x+1$,而多项式 $x^5+x^4+x^2+x$ 代码为 110110。并且 CRC 码在发送端编码和接收端校验时都可以利用事先约定的生成多项式 $G(x)$ 来得到。如要发送 K 位信息,可以对应于一个 $K-1$ 次的多项式 $K(x)$,需增加的 r 位冗余位对应于一个 $(r-1)$ 次多项式 $R(x)$。由 k 位信息位后面加上 r 位冗余位后组成 $n=k+r$ 位码字,则对应于一个 $(n-1)$

次多项式 $T(x)=x^r \cdot K(x)+R(x)$ 例如,

$$\text{信息位 } 1010001 \rightarrow K(x)=x^6+x^4+1$$
$$\text{冗余位 } 1101 \rightarrow R(x)=x^3+x^2+1$$

因此,码字 $10100011101 \rightarrow T(x)=x^4 \cdot K(x)+R(x)=x^{10}+x^6+x^4+x^3+x^2+1$。

由信息位产生冗余位的编码化就是已知 $K(x)$ 求 $R(x)$ 的过程,在 CRC 码中可以通过找一个特定的 r 次多项式 $G(x)$ 来实现。用 $G(x)$ 去除 $x^r \cdot K(x)$ 得到的余式就是 $R(x)$。不过要注意,这里指的加法都是指模二加,或者说是模 2 加法,严格说应写成 $\oplus$,只是在不会引起混淆的场合下,我们就简记为"+"了。因而除法也是模 2 除法,除法过程中用到的减法也是模 2 减法,实际上它和模 2 加法是完全一样的,都是异或运算。

例如:

```
  10110011            10110011
+ 11010010          - 11010010
  --------            --------
  01100001            01100001
```

为了得到所加的冗余码,在进行多项式除法时,只要对其相应系数相除就可以了。仍以上述中的 $K(x)=x^6+x^4+1$ 为例,即信息位对应为 1010001。设若取 r 为 4,将 $G(x)$ 定为 x^4+x^2+x+1,其对应的代码为 10111,则 $G(x)$ 的最高次方数为 x^4,故将 $K(x)$ 与 x^4 相乘即 $1010001 \times 1000 = 10100010000$,然后与 $G(x)$ 相除求余式 $R(x)$,具体如下:

```
        10100010000 ÷ 1011
         10111
         -----
          11010
          10111
          -----
           11010
           10111
           -----
            11010
            10111
            -----
             11010
             10111
             -----
              1101
```

最后的余数 1101 就是所要求的冗余位,发送码为 10100011101,收到后还是用相同的除法来求余式,若余式为零则认为传输无差错;而如果余式不为零则说明传输有差错,请求重发。这里最后的余数 1101 就是冗余位。对应于 $R(x)$ 即为 x^3+x^2+1。

我们设在信道上发送的多项式码字为 $T(x)$,$T(x)$ 由信息位 $x^r K(x)$ 与 $R(x)$ 组成。若传输无差错,则接收到的码字也对应于此多项式,将接收到的多项式码字除以 $G(x)$,即 $T(x)/G(x)$ 余数应为零,也就是说 $T(x)$ 能被 $G(x)$ 整除。如果在传输中出现了差错,比如说上例中码字 10100011101,由于受到了干扰,在接收端变成了 10100011011,这相当于在码字上面再模二加上了差错多项式 $E(x)$，对应码字 00000000110。接收端收到的不再是 $T(x)$，而是 $T(x)+E(x)$。在检验时成为：
$$(T(x)+E(x))/G(x) = T(x)/G(x)+E(x)/G(x)$$
因为 $T(x)/G(x) = 0$，所以：
$$(T(x)+E(x))/G(x) = 0+E(x)/G(x) = E(x)/G(x)$$

若 $E(x)/G(x)$ 不等于 0，则差错就可被检测出来；若 $E(x)/G(x)$ 等于 0，则差错就不能检测出来，也就是说发生了漏检。漏检的概率如何呢？这就需要分析一下 CRC 码的以下特性。

(1) 若 $G(x)$ 含有 $(x+1)$ 的因子，则能检测出所有的奇数位错。

用反证法。已知 $G(x) = (x+1) \cdot G'(x)$，$E(x)/G(x) = 0$
则 $E(x) = G(x) \cdot Q(x) = (x+1) \cdot G'(x) \cdot Q(x)$

这里 $E(x)$ 是奇数位错的差错模式多项式，必含有奇数个项。由于奇数个 1 模二加仍为 1，所以 $E(1)=1$。

另一方面，用 1 代入上式有：
$$E(1) = (1+1) \cdot G'(1) \cdot Q(1) = 0 \cdot G'(1) \cdot Q(1) = 0$$
互相矛盾，所以，$E(x)/G(x)$ 必然不等于 0，即此种差错是可检测出来的。

(2) 若 $G(x)$ 中不含有 x 的因子，或者换句话说，$G(x)$ 中含有常数项 1，那么能检测出所有突发长度 $\leq r$ 的突发错。

证明：对于这种差错：
$$E(x) = x^i+\cdots+x^j = x^j(x^{i-j}+\cdots+1)$$

其中 $i-j \leq r-1$。由于 $G(x)$ 是 r 次多项式（最高项系数为 1），且不含 x 的因子，那么它肯定不可能整除小于 r 次的多项式 $x^{i-j}+\cdots+1$，也不能整除 $E(x)$。即 $E(x)/G(x) \neq 0$，或者说此种差错也是可检测的。

(3) 若 $G(x)$ 中不含有 x 的因子，而且对任何 $0<e\leq n-1$ 的 e，除不尽 x^e+1，所以可以检测出所有的双错。

证明：双错模式对应的差错多项式为：
$$E(x) = x^i+\cdots+x^j = x^j(x^{i-j}+\cdots+1)$$

这里 $0<i-j \leq n-1$，根据已知条件显然 $E(x)/G(x)$ 不等于 0。

若定义一个多项式 $G(x)$ 的周期 e 为使 $G(x)$ 能除尽 $x+1$ 的最小正整数，那么本性质的条件可改述为 $G(x)$ 中不含有 x 的因子，而且周期 $e \geq n$。

(4) 若 $G(x)$ 中不含有 x 因子，则对突发长度为 $r+1$ 的突发错误的漏检率为 $2^{-(r-1)}$。

证明：突发长度为 $r+1$ 的突发错误对应的差错多项式为
$$E(x) = x^i+\cdots+x^j = x^j(x^{i-j}+\cdots+1) = x^j(x^r+\cdots+1)$$

这里 $x^r+\cdots+1$ 是 r 次多项式，$G(x)$ 也是 r 次多项式，能除尽它的唯一可能是 $x^r+\cdots+1$ 就等于 $G(x)$。只有在这种情况下，$E(x)/G(x)=0$，差错检测不出来，多项式 $x^r+\cdots+1$ 中

间有 $r-1$ 项，每项系数都可以是 0 或 1，即有 2^{r-1} 种不同的突发长度为 $r+1$ 的突发错误，检测不出的只有一种，故漏检率为 $1/2^{r-1} = 2^{-(r-1)}$。

（5）若 $G(x)$ 中不含有 x 的因子，求证对突发长度大于 $r+1$ 的突发错误的漏检率。

证明：此时差错多项式为：
$$E(x) = x^i + \cdots + x^j = x^j(x^{i-j} + \cdots + 1)$$
$$= x^j(x^{b-1} + \cdots + 1)$$

检测不出差错时必有：
$$x^{b-1} + \cdots + 1 = G(x) \cdot Q(x)$$

$G(x)$ 为 r 次多项式，且最高项（x^r）和常数项的系数都是 1，故 $Q(x)$ 必为 $(b-1)-r = b-r-1$ 次多项式。
$$Q(x) = x^{b-r-1} + \cdots + 1$$

共有 $2^{(b-r-1)-1} = 2^{b-r-2}$ 种不同的可能性，这是差错检测不出的情况。一般说来 $x^{b-1} + \cdots + 1$ 共有 2^{b-2} 种不同的突发长度为 b 的错误模式。所以，漏检率为：
$$2^{b-r-2}/2^{b-2} = 2^{-r}$$

综合这些性质，可得出如下的结论：若适当选取 $G(x)$，使其含有 $(x+1)$ 因子；常数项不为 0，且周期大于等于 n，那么，由此 $G(x)$ 作为生成多项式产生的 CRC 码可检测出所有的双错、奇数位错和突发长度小于等于 r 的突发错以及 $(1-2^{-(r-1)})$ 的突发长度为 $r+1$ 的突发错和 $(1-2^{-r})$ 的突发长度大于 $r+1$ 的突发错误。若具体取 $r=16$，则能检测出所有双错、奇数位错、突发长度小于等于 16 的突发错以及 99.997% 的突发长度为 17 的突发错和 99.998% 的突发长度大于等于 18 的突发错。

事实上，人们已经找到了许多周期足够大的标准生成多项式。例如：
$$\text{CRC}-12 = x^{12} + x^{11} + x^3 + x^2 + x + 1$$
$$\text{CRC}-16 = x^{16} + x^{15} + x^2 + 1$$
$$\text{CRC}-\text{CCITT} = x^{16} + x^{12} + x^5 + 1$$

还有，九道磁带机 CRC 校验常用的 $x^9 + x^6 + x^5 + x^4 + x^3 + 1$ 等。

最后指出一点，除以 $G(x)$ 的运算易于用移位寄存器和模二加器来实现，所以 CRC 码是当今比较成熟、采用十分普遍的检错码。

5.9.4 ARQ 方案

在现实生活中大多采用检错码，这就是说，如果传输过程中一旦检测出差错，则必须请求重新传输。在数据通令的许多场合采用的是自动重发请求，即 ARQ 方案。它只需发回很少的控制信息，即可确认所发帧的正确接收。ARQ 有若干种方案，如图 5-11 所示，无论哪一种方案均涉及缓冲器容量的分配和传输效率。

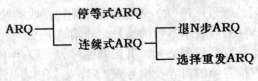

图 5-11　ARQ 方案

1. 停等式 ARQ

停等式 ARQ 是指发送站发出一帧信息后，就等待接收站的确认。当确认已正确接收之后，再继续发送，如图 5-12 所示。

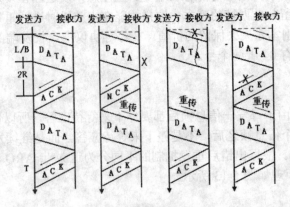

图 5-12　停等重发式 ARQ

这是一种最简单的 ARQ 方案，但要实际使用，还需解决下面两个问题。

（1）丢帧之后的系统恢复。在某种偶然性的干扰下，可能会破坏信息帧的完整性，使接收端无法确认是否收到一帧信息，因而也就不会发出响应帧。另一种情况是接收端已正确收到信息帧，也发了响应帧，但它在传输过程中因破坏而丢失了。以上两种情况均会引起发送端无休止地等待下去，系统陷入死锁状态。摆脱这种状态的有效办法是在发送端设置一个计时器，每发完一个帧即启动计时器。规定的时限内收到了响应帧，则将计时器复位；若计时器超过时限仍未收到响应帧，则认为已发信息帧丢失，主动将副本重发一次，如此即可恢复到正常工作状态。

（2）防止重复帧。如前所述，如果接收端发送的 NAK（否认）响应帧丢失了，那么发送端超时后重发一次原来的帧，这是正确的。若接收端发送的 ACK（确认）响应帧丢失了，发方仍重发原来帧，接收端就会收到两个相同的信息帧，此称为重帧现象。解决这个问题的办法是对信息帧进行编号。这样接收端便可根据编号知道收到的是否是重帧，若是重帧则将其丢弃并发 ACK 即可。

为了实现给信息帧编号，在发送端和接收端分别设一状态变量 $V(S)$ 和 $V(R)$。$V(S)$

表示发送端将要发送的帧的编号；$V(R)$ 表示接收端期待接收的帧的编号；同时，在所发送的信息帧中给定编号 $N(S)$，表示本帧的帧号。开始时 $V(S)=V(R)=0$。正常情况下，发送程序从主机取来数据后装配成帧，并给帧编号 $N(S)=V(S)$，然后发出该帧，该帧到达收端后，接收方校验帧的内容及编号 $N(S)$，若帧内容无错且 $N(S)$ 与期待接收的帧号 $V(R)$ 相等，则将数据送主机 B，并将 $V(R)+1$，同时发出应答 ACK 帧。发送端收到应答帧（ACK）后，将 $V(S)+1$，即将准备发送的下一帧号加 1，然后从主机取来数据装配成帧后再发送出去。如果收方收到的帧号 $N(S)$ 与 $V(R)$ 不等，或帧的内容出错，则收端拒收，且期待帧号 $V(R)$ 不变，数据也不送主机，也不发应答。发送端在超时后便重发原来的数据帧，帧号与内容均不变。应注意，发送端在发送完毕一帧数据时，必须在其缓冲区中保留此数据帧的副本，这样才能在出差错时进行重发。只有在收到对方发确认帧 ACK 时，副本才失去保留的价值。在停等协议中，收发端的帧号加 1 是按模 2 加法进行的。即实际有 0、1 两个号。

2. 退 N 步 ARQ

对停等式 ARQ，由于每发一信息帧后都要停下来等待应答，所以信道利用率很低。解决的办法是在发完一个信息帧之后，不是停下来等待应答，而是继续发送下一个数据帧。故称之为连续式 ARQ。根据出错后重发机制的不同分为退 N 步 ARQ 和选择重传 ARQ 两种。退 N 步 ARQ 的原理如图 5-13 所示。

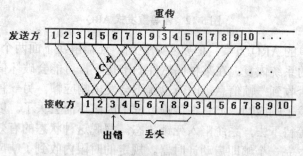

图 5-13 退 N 步重传 ARQ

设 $N=7$，当第一个帧发出后，不等待其应答信号的到达便立即发出第二个、第三个一直到第 N 个帧，但要求每一个帧的应答信号在第 N 个帧尚未结束发送之前到达。若第一个帧的应答信号是 ACK，则继续发送第 $N+1$ 个帧；若应答信号是 NAK，则在第 N 个帧发完后，从错的那一帧开始重发，后面的已发的帧即便是已正确发送也要重发。也就是说，当发送端收到要重发的信号后，重发前 N 帧。

若第一帧的应答在第 N 帧发完以前尚未到达，这表明信道往返时延较大，可以加大帧的长度或增加 N 的值。

这种方法发送端至少有存放 N 帧信息的缓存，以便重发，而接收端只要求能存放一帧的存储器。

退 N 步 ARQ 效率比起停等式 ARQ 要高得多，但是，它有一个缺点：在重发的 N 个帧中，大部分在第一次发送时就是正确的，再次发送浪费了信道。尤其是当 N 较大时，退 N 步 AKQ 效率会大大下降，所以在较高级的通信规程中才采用它。

为什么要退回 N 步呢？这是因为接收端只能存放一帧信息，若正确就把它上交主机；若错误就抛弃，重新接收该帧和以后各帧。如果接收端能够放 N 帧信息，则可以提高效率，这就是选择重传 ARQ。

3. 选择重传 ARQ

在退 N 步 ARQ 的基础上，当一个帧有错时，设法只发有错的这一帧，其余 $(N-1)$ 个正确帧先接收存储起来，发端不再随有错帧一并重发，省下的时间用来传送新的帧，这样即使信道质量稍差（易出错）仍可有较高的传输效率，如图 5-14 所示。

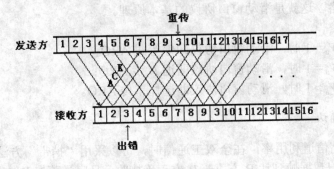

图 5-14 选择重传 ARQ

显然，选择重传 ARQ 的接收端必须有足够的存储空间，以便等待有错帧经重发后获得更正，然后接收端必须把接收到的帧重新排序后送给用户。由此可见，选择重传 ARQ 方式的接收端可以接收乱序帧，而退 N 步 ARQ 方式的接收端只能接收顺序帧。

5.9.5 滑动窗口协议

给帧编号后，使得连续式 ARQ 得以实现，但这样一来，编号越来越大，以至无穷，而在数据和应答帧中，编号会占去很多信道容量，因此实际上行不通。为了解决这个问题，从停等式 ARQ 协议中可以得到启发。在这个协议中，无论发送多少帧，使用 1 bit 来编号就足够了。在连续发送的情况下，也可采用同样的原理，即利用模数运算，让编号循环地被使用。这样只要很少几个比特就足够了。但是在这种情况下，要在收发端进行适当的控制，为了阐明这个原理，需引入滑动窗口（Sliding Window）概念。

假定帧号用 3 个比特进行编号，即 0～7 号。设定发送窗口为 3，这就表明允许发端发送出 3 个数据帧而不必考虑对应的应答。发送端发完了 3 个帧时（0 号至 2 号帧），发送窗口已填满，必须停止发送，进入等待状态。假定不久 0 号帧的确认收到了，那么发送窗口就沿顺时针方向旋转一个号，使窗口后沿再次与一个被确认的帧号相邻。这时发送端就可以发送一个 3 号帧，因为 3 号帧的位置已在新的窗口之内了。设又有 2 个帧（1，2）的确认帧到达发送端，于是发送窗口又可顺时针旋转 2 个号，而继续可以发送的帧号是 4 号和 5 号。需要注意的是，为了减少开销，接收端并不需要每接收一正确的信息帧就发一次确认帧，而是可以收到几个正确的数据帧后发送一次确认帧，并在帧中用 $N(R)$ 通知发送下一次期望接收的顺序号，这就表示该帧及该以前所有的帧均已正确地接收到了。

同时也可以规定接收窗口 W_a，只有当接收的帧号落在接收窗口内时才允许将该帧收下。引入"窗口"概念后，可以只用有限的位数来表示帧的序号，并且发送窗口和接收窗口在帧序号上滑动。接收端每收到一个帧，校验正确并且序号落在接收窗口就向前推进一格，并发出应答，而发送端只能发送帧号落在发送窗口内的帧，收到确认应答后也将发送窗口向前推进一格。这就是滑动窗口协议的基本原理。

由此可见：

当 $W=1$ 且 $W_a=1$ 时，滑动窗口协议即停等式 ARQ；

当 $W \geq 1$ 且 $W_a=1$ 时，滑动窗口协议即退 N 步 ARQ；

当 $W>1$ 且 $W_a>1$ 时，滑动窗口协议即选择重传 ARQ。

1. "捎带"确认

为进一步提高信道利用率，在全双工通信时，可以采用"捎带"方法返回应答帧。

当 A 方发送一数据帧到达 B 方，若 B 方正确接收，且序号落在 B 方的接收窗口内，B 方并不马上发送一个单独的 ACK 给 A 方，而是等待。等到 B 方主机有数据要发给 A 方时，将这个 ACK 信息附在从 B 方发往 A 的数据帧上一起发到 A 方，这就是"捎带"的含义。在 B 方等待本地主机的数据期间，A 方可以连续发几帧数据帧到 B 方，并且都是正确地被 B 方接收。这时 B 方可以做到 K 帧（$K<W$）才给出一次 ACK，以告知 A 至第 $(k-1)$ 为止的各帧都正确接收，B 方期待 A 方第 K 帧数据的到达。

当 B 方主机一直无信息要发往 A 方时，则当收妥的帧数大到某一定值或 B 方从收到 A 方第一帧开始的时间超过某一定值时，B 方单独发一个 ACK 帧给 A 方，避免 A 方无效等待，如果 B 方收到 A 方发来的帧有错，则需马上回 NAK 应答。

窗口协议不仅起差错控制的作用，而且也可用于进行流量控制。因为发送窗口限制了发送端的发送速率。

2. 滑动窗口大小

滑动窗口的大小是在设计中应主要考虑的因素。窗口越大，在接收端的响应返回之前可以发送的帧越多。但是，窗口大就意味着接收端必须分配更多的资源和更大的缓冲空间来应付输入的数据。以下将着重介绍用于帧编号的位数与窗口大小的关系，它们与收到错误帧后的处理方法有关。

以退 N 步 ARQ 协议为例。该协议按发送窗口大小连续发送各帧。如有错，则对出错帧及其后各帧，不管正确与否，全部重发。由于出错帧后的所有帧也全部丢弃，所以不发应答，对所有帧都按顺序接收，收方只有一个缓冲区，接收窗口为 1，采用逐帧应答方式。

设序号采用 N 比特编码，如 $N=3$，则序号为 1，2，…，7，$m=7$。

若选择发送窗口宽度 $W=m$。如果接收方正确接收到第一帧数据，并且给出每帧应答，同时把接收到的帧上交；而发送方也收到全部应答，并开始发送下一组帧，这是正确的情况，没有问题。

但如果 ACK（0）中途丢失，发送站因超时重发旧的 0 号帧。而接收端认为是收到第二循环的 0 号帧，因为它对第一循环的各帧已给出确认应答，同样，若 ACK（1），ACK（2）…ACK（$m-1$）中任一个丢失，发送端均要重新传送相应的帧，从而造成接收方收到作为新帧处理的重复帧。

如果取 $W=m-1$，则发送站发出 0，$m-2$ 各帧，接收站收到这些帧后，期望收到的下一有效帧号是 $m-1$。即使 ACK 丢失，重发帧中无 $m-1$ 这个编号，就不会出现混淆。如果 $W<m-1$，则更不会出现混淆。

所以，对退 N 步 ARQ 工作方式，最大发送窗口宽度为

$$W_{\max}=2^n-1=m-1$$

【课后习题】

1. 比较 STDM 与 ATDM 的特点，分别说明两种多路复用所适用的场合。
2. 简述码分复用与一般多路复用的实质区别。
3. 总线型多点通信采用哪些方法可以避免冲突，各有什么特点？
4. 举例说明差错控制中纠错码与检错码所适用的场合。
5. 定比码与正反码分别是属于一种什么类型的检验码，其编码效率分别为多少？
6. 采用生成多项式 $G(x)=x^4+x^3+x+1$，从线路上收到的比特序列为 11010110111000。问收到的比特序列是否正确？如果正确，则原始比特序列是怎样的？
7. 简述滑动窗口协议中设定窗口数大小的关系。

第6章 数据交换技术

在数据通信中,如果两个互联设备进行数据交换时,需要在它们之间建立一条通信信道,以便完成通信任务;最简单的方法是建立一个信道直接连接两个设备,一旦网络中的互联设备数目增加,信道线的数目也将成倍地增加,这显然是不切实际的。在实际的通信过程中,为了实现众多计算机之间的通信,较好的方法是在通信网络中设置交换中心(Switching Center),它用于连接大量终端,可同时为多对通信用户建立通信链路。建立通信链路的过程称为接续,通信完成后就拆除链路。

目前实现交换的方式主要有电路交换、报文交换、分组交换等。

6.1 电路交换

电路交换(Circuit Switching)方式类似于使用传统的电话机进行通话方式,交换机在主叫用户终端与被叫用户终端之间接续一条物理通道,这种以直接切换通信电路而进行数据交换的方法也称为直接交换方式。在开始通信之前,必须申请建立一条从发送端到接收端的物理通道,并且在双方通信期间始终占用该信道。

电路交换的特征是接续路径采用物理连接,在传输道路被接通后,与控制电路与信息传输内容无关,电路交换有以下的特点。

(1)信息传输延迟小,就给定的接续来说,传输延迟是固定不变的。

(2)信息编码方法、信息格式以及传输控制程序等都不受限制,即可在用户间提供"透明"的通道。

(3)电路交换首先要建立连接,所以需花费接续时间,如果信道忙,则可能花费较长的接续时间。

(4)建立连接后数据的传送则无须改变通信路径,而且数据也按顺序先发先到,省去了数据编号及地址码等冗余数据。

随着计算机网络的发展,电路交换不仅在电话中应用,在网络数据通信中也被大量采用,其过程与电话中的电路交换大致相同,主要有建立连接、数据传输与释放连接三个过程,通信中数据按序到达,所经路径相同。

电话系统中的电路交换主要的方式是交换电路网,组成方式主要有空分线路方式和时分线路方式。

6.1.1 空分电路交换

空分电路交换是传统电话系统中最常见的一种交换方式,交换设备的接续部分如同一矩阵开关,其中的一组横线可以连接到一组输入线上;一组纵线可连接到一组输出线上。用户间的接续是在相应的空间位置上的交叉点上进行的。例如,当图 6-1 的〇点接通时,入线群中的 1 和出线群中的 2 便接通了。对于空分电路交换又可分为单级接续、两级接续和多级接续。

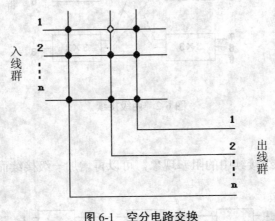

图 6-1 空分电路交换

1. 单级接续

单级接续是指主呼用户与被呼用户之间的通信线只经过一级接续部件,如图 6-1 所示。如果接续部件的输入线和输出线都是 n 条,便有 n^2 个交叉点,在每个交叉点处装有一个开关元件,用于接通相应的输入线与输出线。在单级接续的电路交换方式中,开关元件的数目与用户数的平方成正比,因此随着用户数的增加,接续部件将变得十分复杂。一般是把入线与出线进行分组。

2. 两级接续

当用户数较多时,为了节省设备,可采用两级接续。这是将输入线与输出线进行分组,每一组与一个矩阵开关相连接。图 6-2 描述了具有两级接续的电路交换设备,它由 6 个 3×3 的矩阵开关所组成。

该线路交换设备可接 9 个用户,所需的开关元件数为 2×3×3×3=54 个。但如果采用单级接续交换设备,则需 9^2=81 个开关元件,这样就减少了设备与成本。但两级接续有一个严重的缺点,例如在图 6-2 中,当入线群用户 1 与出线群用户 2 进行通信时,将使入线群用户 2,3 不再可能与出线群用户 1,3 通信。这种现象被称为"阻塞"。仅当一对用户之间的通信结束后,才允许另一用户对进行通信。

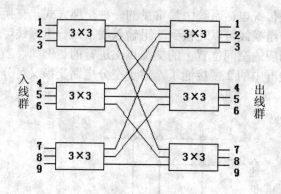

图 6-2 两级接续

3. 多级接续

为了避免出现在两级接续中的阻塞现象,可以再增加一级接续而形成三级接续,如图 6-3 所示。

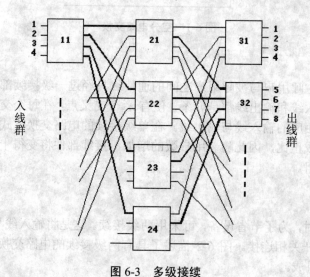

图 6-3 多级接续

此时入线群中的用户 1,2,3,4 与出线群中的用户 5,6,7,8 之间已经存在着多条通信线路,如图中粗线。只有当这 4 条通路全部被占用时,才会发生不能通信的情况。由此可见,三级接续时的阻塞率明显低于二级。

一般而言,级数愈多,则阻塞率愈小。如使用四级接续电路交换设备,其阻塞率的理论值已低于 10^{-3}。

6.1.2 时分电路交换

通常的模拟式交换器采用空分电路交换方式,而数字式交换机则采用时分电路交换方式,简称时分交换。目前有两种实现时分交换的接续器:T 形时分交换器和 S 形时分交换器。

1. T 形时分交换器

如图 6-4 所示为贝尔 4 号电子交换系统所采用的 T 形时分交换器。将 1/8000 秒(125μs)的话音取样间隙进一步细分为 128 个时隙,每个时隙长为 0.977μs 每一时隙传送 8 位取样。首先存入缓存器,然后在读出控制电路的控制下,来决定从哪个单元读出。由此可见,只要我们适当地控制读出控制电路,在不同的时隙中读出不同存储单元的内容,就可以达到在 120 路之中对任意两路进行交换的目的;其实质是时隙内容在时间位置上的交换。T 形时分交换器能连接的终端数目有限。为了增加 T 形交换器所能连接的终端数目,解决方法是将 T 形和 S 形两种交换器组合使用。

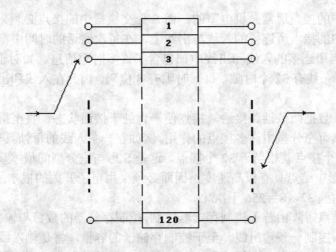

图 6-4 T 形时分交换器

2. S 形时分交换器

S 形时分交换器不能单独使用,必须和 T 形交换器相配合形成 T-S-T 型或 T-S-S-T 型等时分接续网。如果说 T 形时分交换器是"时隙交换"型的,那么 S 形时分交换器则是"空间交换"型的。图 6-5 中有四条入线 T_1、T_2、T_3、T_4 和四条出线 S_1、S_2、S_3、S_4 的 S 形时分交换器。在每条入线与每条出线之间均有一交叉接点。这些交叉接点形成一个 4×4 的矩阵。当接点接通时，相应的入线 T 与出线 S 便连通。

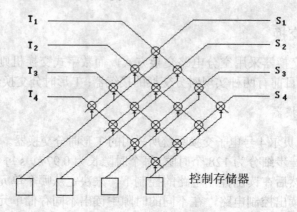

图 6-5　S 形时分交换器

应该指出，这些交叉接点与空分电路交换机（简称空分型）中的接点有本质上的区别，主要表现在以下几点。

（1）空分型中的接点通常是机电型的；而 S 形交换器中的接点必须采用电子开关。

（2）空分型中的接点所连接的入线与出线上，在每次通话的时间中都只有一个模拟信号；而 S 形中接点所连接的入线和出线中都包含了许多时隙信息。如对于 30/32 路的时分多路电话而言，每条线有 32 个时隙，每一时隙有 8 位码。因此在入线和出线上所传输的是数字信号。

（3）空分型一旦把两条话路接通，接点便一直处于接通状态，直至拆除该话路；而 S 形中的一个接点具有空分型中许多接点的作用，例如在一条入线的每帧具有 32 个时隙的情况下，S 形中的一个接点就相当于 32 个接点。这是 S 形与空分型间最本质的区别，而且也正是因为要求 S 形中结点具有极高速度，因而必须采用电子开关的根本原因。在 32 路时要求接点的速度达到 32×8＝256 千次/秒。

上述的交叉结点矩阵由若干控制存储器控制，控制存储器的数目与输出线的数目相同，即一个控制存储器控制一条输出线。至于控制存储器的容量，将是输入线时隙和输出线数目的函数，对于其输入线有 32 个时隙，输出线为 4 条的控制存储器，其容量应为 32×2 位，其中两位用于形成四种不同的组合，以控制输出线的四种状态。

图 6-5 所示的 4×4 交叉结点矩阵，只是说明其工作原理。而实际应用中的时分接续网则一般都要求能在几十个甚至几百个端脉冲间进行交换。倘若直接搬用上述的交叉矩阵方式来实现上百个端脉冲间的交换是不现实的。为了改善这种情况，可以像空分电路交换一样，将交换器做成多级形式。例如，每一条入线可用来表示 8 个端脉冲的 256 个时隙。这

样，对于 128 个端脉冲间的交换，只需 16 条入线和 16 条出线，相应的交叉结点矩阵也只有 16×16；但此时应该将线路的传输速率提高到每端 2048 kbps。

6.2 报 文 交 换

6.2.1 报文交换原理

对于报文交换方式，其信息的交换是以报文为单位。每当甲方要与乙方进行通信时，甲方需先把要发送的信息配上报头，其中包括目标地址、源地址等信息，并将形成的报文发送给交换器；交换器把收到的信息存入缓冲区并送输入队列排队等待处理(第一次排队)。其后，交换器再依次对输入队列中的报文做适当处理，然后根据报头中的目标地址，选择适当的输出链路。若该链路空闲，便启动该链路的发送进程将报文发往下一个交换器，这样通过多次转发直至报文到达指定目标。若该输出链路正忙，则将装有信息的缓冲区送至该链路的输出队列上排队（第二次排队）等候发送。可见，报文交换是基于存储—转发的传输方式，且传输过程中每经过一个交换器都可能要经过两次排队，从而给报文的传输造成一定的时延。

6.2.2 电路交换方式与报文交换方式比较

1. 信息形式

电路交换方式既适用于模拟信号，也适用于数字信号；而报文交换则只适用于数字信号。因此电话系统都采用电路交换方式，而计算机通信系统则既可用报文交换（包括分组交换）方式，也可用电路交换方式。

2. 连接建立时间

电路交换的平均连接建立时间较长，其中包括等待通信对方及相应通信线路空闲的时间；而在报文交换方式中，没有连接建立的时延，因为在交换器中通常都有足够的缓冲区来保存一份完整的报文。在对方或通信线路忙碌时，发送方发给对方的报文可暂存在缓冲区中等待对方接收，而无须由发送者等待。

3. 传输时延

在电路交换方式中，信息的传输时延非常小，大约为 1 ms/200 km；而对于报文交换方式而言，信息在进入交换器后，往往要经历两次排队过程，因此通常都存在一定的时延，网络中的信息流量愈多，可能造成的时延就愈大。

4. 传输可靠性

在报文交换方式中，设置有代码检验和信息重发设施，每当交换器收到一份报文时，都要对它进行检验，若发现有错便要求对方重发。此外，交换器还具有路径选择功能，这不仅可保证信息尽快地传输到目标，而且还可在一旦某条传输路径发生故障时，重新选择另一路径来传输信息，从而保证了报文传输的可靠性。

6.2.3 报文交换提供的服务

在报文方式中能提供多种服务。
（1）多目标传送服务：将同一份报文传送给多个地址的用户。
（2）优先级服务：对重要的、紧急的报文可实行优先传送服务，同时也可采取短报文优先传送策略。
（3）非实时通信：当目标用户未开机时，可由网络暂时保管由其他用户发给该用户的信息，一旦该用户开机，便把信息提交给用户。

综上所述，在计算机通信系统中采用报文交换方式显然比电路交换方式具有许多优势，当然传输时延较大这一缺陷也不容忽视。

6.3 分 组 交 换

6.3.1 分组交换原理

报文交换方式产生较大时延的主要原因，除了报文在交换器要进行两次排队外，还由于报文传输是按串行方式进行的。通常，报文本身就可能很长，在其传输过程中要先将报文存储起来；仅当报文的全部信息都已存入缓冲区后，才能对它们进行处理，再把它们转发给下一交换器或目标。由图 6-6 中可以看出，这些结点对报文的存储和转发都是按串行方式进行的。不难设想，为了加速报文的传输，可先将长报文分割成若干个固定长度的短分组，再按照类似流水线的方式进行传输，从而可使各个结点处于并行操作状态。显然，这样可大大缩短报文的传输时间。

在图 6-6 中，假如源结点先把报文分割成四个分组，每个分组中除了部分报文信息外，还加上一个分组头，其中填入有关控制信息。交换器每当接收到一个分组后，便可立即对它进行处理，再转发至下一个结点，而不必等全部报文都收到后再处理及转发，如果我们从某一时刻 t，去观察各结点的工作情况，便可发现：当第一结点正在存储分组 4 和发送分组 3 时，第二个结点正在存储分组 3 和发送分组 2；第三个结点正在存储分组 2 和发送分组 1；第四个结点则正在存储分组 1，这就是说，这四个结点已处于完全并行操作的工作状态。

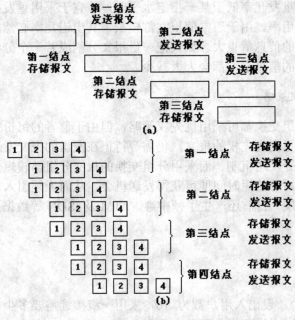

图 6-6 分组交换

6.3.2 分组交换方式的优点

1. 加速了信息在网络中的传输

因为采用了流水线传输方式，可使对下一个分组的存储操作与上一个分组的转发操作并行，从而减少了报文的传输时间。此外，还由于传输一个分组所需的缓冲区比传输一份完整报文所需的缓冲区少得多，其因缓冲不足而等待发送的几率及等待的时间也必然少得多；然而对报文方式而言，当一个结点中所余缓冲区不足以存储一份报文时，该报文只得暂停发送，反而加大了时延。

2. 简化了存储器的管理

分组交换技术的另一个优点便是大大简化了对存储器的管理。因为分组本身的长度固定，相应的缓冲区的大小也固定，因而在通信处理机中存储器的管理通常被简化为对缓冲区的管理，进而对存储器的分配和回收过程便可简便地由 Get Buff 过程及 Release Buff 过程来完成。

3. 减少了出错几率和重发信息量

应该说明，只有在重发几率低于某一指定水平时，才宜于采用重发技术，否则将大大降低通信线路的有效利用率。由于通常的报文都较长，其出错几率必然较多，因而重发的可能性就大，而且重发的信息量也大。如果把一份报文分割成若干个分组，则无论是出错的几率，还是每次重发的信息量，都会大大减少。

4. 适于采用优先权策略

虽然报文交换和分组交换都可采用优先权策略，但由于前者的每份报文都较长，致使在某报文发送期间具有更高优先权的报文，仍需等待正在发送的报文发送完毕。除非在报文传输方式中再引入剥夺发送机制。而采用分组交换的报文分组都较短，对于后到的、优先权更高的分组，也只需等待短时间便可获得发送机会，从而无须引入剥夺发送机制。

随着交换技术的发展，目前还产生了帧中继、ATM 及 ISDN 等数据交换技术，本书将在以后章节介绍。

【课后习题】

1. 空分电路交换中，设出入用户数为 16，采用一级接续需要多少个开关元件数？如果采用二级接续则可以减少设备投入百分之几？
2. 同上题，如果采用三级接续，是一级、二级接续开关元件的百分之几，接续效率比二级接续提高多少？
3. T 形时分交换器和 S 形时分交换器各有什么特点？
4. 从接续时间、传输顺序、传输路径、数据携带等方面叙述电路交换、报文交换与分组交换的异同。

第 7 章　排队模型及最短路径

7.1　排队模型概述

排队是我们经常遇到的一种现象，在商店买东西时，如果顾客很多，售货员忙不过来时，顾客便需要排队购买。从顾客开始排队到售货员开始接待他之前的时间为等待时间，售货员为某一顾客售货的时间为服务时间；两部分时间加起来为这次买东西所花的时间。由于顾客是随机到达的，对每个顾客服务时间也是随机的，研究这些概率事件的方法称为随机服务系统，其基础为数学的概率论。数据传输中也经常会遇到排队、时延等问题，所以掌握排队论的基础知识也是完全有必要的。

在各种排队系统中，随机性是它们的一个共同特性，而且起着根本性的作用。顾客的到达间隔时间与顾客所需的服务时间中，至少有一个具有随机性，否则就成了简单的问题了。排队论主要研究各种排队系统的概率规律，主要包括系统的队长(系统中的顾客数)、顾客的等待时间和逗留时间等的概率分布，推断所观测的排队系统的概率规律，从而应用相应的理论成果，进而统计推断和优化。

在计算机通信中一般均采用存储—转发的工作方式。中间结点不断巡视（扫描）各输入端点，或采用有输入时进行中断响应方式，将输入端的报文加以接收并存储，然后经过一定处理（例如在分组附加报头和控制信息等）后，选择一个适当的出线向下一网络结点发送。如果该出线当时繁忙，便需要排队等待，形成等待时间。当排在它前面的报文发送完毕之后，线路开始为它服务。用于发送一个报文的时间为服务时间。

一般说，接收报文及处理报文的时间较快，报文经过集中器的时延主要由等待线路的时间和线路服务时间组成。我们把这两部分时间之和叫做排队系统时延，简称排队时延。用 t_w、t_s 分别表示等待时间、服务时间。集中器可看成如图 7-1 所示的排队模型。

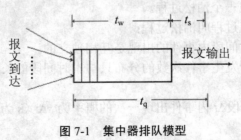

图 7-1　集中器排队模型

等待时间与服务时间之和为排队时延 t_q。为了分析排队系统的时延、队长等参数，必须知道报文到达的特性、用于队列的缓冲器容量、出线的数量、服务时间的特性以及排队规则等。在排队论中，为了完整地描述排队模型，常采用以下描述格式：

$$A/B/C/（:）D/E/F$$

A——顾客到达过程的特性。例如：如果是泊松到达过程，这一位置用符号 M 表示（M 表示为无记忆过程）；如果是爱尔兰到达过程，用符号 E 表示。

B——服务时间的分布函数。例如：如果是指数分布，这一位置用符号 M 表示；如果是适用于任意分布（通用的），用符号 G 表示。

C——服务员的数目。例如：当只有一路出线时，用 1 表示；当有多路出线时用 M 表示（这里的 M 是 Multiple 的意思）。

D——服务规则。例如，"先来先服务"，"按优先级服务"，等等。

E——排队系统容量，例如，"无限大缓冲器容量"或"有限缓冲器容量"。

F——信息源（顾客来源）的容量。例如，无限大容量或有限的容量。

有时只写出三个符号，后三个省略。例如 M/M/1，表示到达过程为泊松分布，服务时间为指数分布，服务员为一个（一条出线）。这时如果不另加说明，即意味着排队系统采用"先来先服务"规则，排队系统容量为无限大，顾客来源也是无限的。

排队理论对计算机通信与网络的分析与设计有着重要的作用，如传送报文的时延计算、集中器缓冲器容量的确定、链路容量分配、路径选择、流量控制等，均要用到排队理论作为分析工具。以下介绍基础的排队模型参数分析与计算方法。

7.2　M/M/1 排队模型

7.2.1　泊松过程

法国数学家泊松（Simeon-Denis Poisson，1781—1840）于 1837 年在《关于判断的概率之研究》一文中提出的一种描述随机现象的常用分布，在概率论中称为泊松分布。它是一种累计随机事件发生次数的最基本的独立增量过程；如随着时间增长累计某电话交换台收到的呼唤次数，就构成一个泊松过程。

满足以下条件的随机过程叫泊松过程：

（1）在不相重叠的时间段内事件的出现是互相独立的；

（2）任何时间段内所发生事件次数的分布只与本时间段的长度有关，与时间段何时开始无关；

（3）在任意小的时间段 Δt 内事件出现一次的概率为 $s\Delta t$（s 为一常数，它表示每单位时间内平均出现的次数）；

(4) 在 Δt 时间段内事件不出现的概率为 $(1-s\Delta t)$。即在 Δt 时间内为两点分布，要么出现一次，要么不出现，不存在出现一次以上的情况。

对于泊松过程，可求得在 $t>0$ 的一段时间内事件发生 n 次的概率为

$$P_n(t) = \frac{e^{-st}(st)^n}{n!}$$

公式的证明如下：

设在 $t+\Delta t$ 时间内事件发生 n 次的概率为 $P_n(t+\Delta t)$。因为 Δt 为一任意小的时间，根据泊松过程的定义，在 Δt 时间内只可能有事件出现一次和事件不出现两种情况，故 $P_n(t+\Delta t)$ 有两种可能组成：

(1) 在 t 时刻事件已出现 n 次且在 Δt 中不出现，其概率为 $P_n(t)(1-s\Delta t)$；
(2) 在 t 时刻事件出现 $(n-1)$ 次且在 Δt 中出现一次，其概率为 $P_{n-1}(t) \cdot s\Delta t$。

由此可得

$$P_n(t+\Delta t) = P_n(t)(1-s\Delta t) + P_{n-1}(t) \cdot s\Delta t$$

上式两端均除以 Δt 整理后可得

$$\frac{P_n(t+\Delta t)-P_n(t)}{\Delta t} + sP_n(t) = sP_{n-1}(t)$$

令 $\Delta t \to 0$ 上式可写为

$$\frac{dP_n(t)}{dt} + sP_n(t) = sP_{n-1}(t)$$

对于 $n=0$，为了保持 $(t+\Delta t)$ 时间内 $n=0$，Δt 时间中只能有一种可能，即事件不出现。故采用上述类似的过程可得

$$\frac{dP_0(t)}{dt} + sP_0(t) = 0$$

解上式并代入起始条件 $P_0(0)=1$，可得

$$P_0(t) = e^{-st}$$

在上式中，令 $n=1$，将 $P_0(t)$ 以上式结果代入，解所得的微分方程，便可求得 $P_n(t)$。

7.2.2 报文到达率及到达间隔时间

根据算式，若集中器报文到达过程为泊松分布，则 t 秒内到达 k 个报文的概率就是

$$P_k(T) = \frac{e^{-st}(st)^k}{k!} \qquad k=0,1,2,3\cdots$$

每秒的平均到达报文数，即平均报文到达率，可按上式求数学期望值得到

$$E(k) = \sum_{k=0}^{\infty} kP_k(T) = \sum_{k=0}^{\infty} k \frac{e^{-st}(st)^k}{k!} = sT$$

即
$$s = \frac{E(k)}{T}$$

可见，s 就是报文的平均到达率。这一参数在计算机网络设计中经常用到。

当报文到达过程为泊松分布时，两报文到达之间的间隔时间 r 为指数分布，如图 7-2 所示。

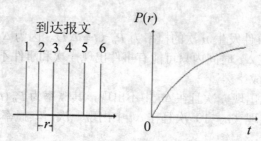

图 7-2　r 为指数分布的两报文到达的间隔时间

到达间隔时间 r 的概率为
$$P(r) = 1 - e^{-sr}$$

上式的来源根据泊松过程定义的第一条，在不相重叠的时间段内事件出现是互相独立的，因此报文到达时间隔为互不相关的独立随机变量。我们可以从任意报文到达后开始计算，根据上式得知在时间内无报文到达的概率可求得
$$P_0(r) = e^{-sr}$$

故经 r 的间有报文到达的概率为
$$P(r) = 1 - e^{-sr}$$

所以 r 的概率密度函数为
$$f(r) = \frac{dP(r)}{dr} = se^{-sr}$$

所以 r 的平均值为
$$E(r) = \int_0^\infty rf(r) \cdot dr = \int_0^\infty rse^{-sr} \cdot dr = \frac{1}{s}$$

平均报文到达间隔是平均报文到达率的倒数，这是合乎逻辑的。顺便指出，说一个随机过程为"泊松到达过程"或"到达间隔为指数分布"实际是一回事。

7.2.3　服务时间分布

对于集中器（或网络结点）来说，服务时间就是出线发送一个报文的时间。在出线发送速率一定的条件下，服务时间直接与报文的长度（例如每一报文的字符数）有关，服务时间概率分布与报文长度的概率分市是一致的。

设报文的平均长度为 $1/u$ 个字符（或其他数据单位），出线的发送速度为每秒 c 个字符（或其他数据单位），则在排队系统不空的情况（缓冲器总有报文要发的情况下），平均发送一个报文需要 $1/uc$ 秒，即平均每秒发送 uc 个报文。所以 uc 就是平均发送率。

如果报文长度为指数分布，发送时间（服务时间）也就是指数分布。比照前式，以平均发送率 uc 代替平均到达率 s，可得发送时间的概率密度函数为

$$f(t_s)=uce^{-uct_s}$$

按上式求数学期望值便得平均发送时间为

$$E(t_s)=\frac{1}{uc}$$

在实际排队系统中，s 一般小于 uc 因为后者代表线路发送能力，如果 s 不小于 uc，则队列会越来越长。

7.2.4 排队系统队长及时延

对于集中器的排队系统，在输入端不断有报文到达，同时在输出端（出线）不断有报文发送时，在随机过程中属于一种生灭过程。前面在讲报文到达过程时只考虑报文的到达，未考虑发送，属于纯出生过程。也是如果用类似的分析方法，并考虑到报文发送过程，便可求出排队长为 n 的概率。

对 M/M/1 型排队系统，因为发送时间为指数分布，即发送过程为泊松分布，因而在 $\Delta t \rightarrow 0$ 时，$uc \cdot \Delta t$ 为在 Δt 内发送一个报文的概率，而 $(1-uc \cdot \Delta t)$ 为在 Δt 内不发送报文的概率，因为在 Δt 时间内不存在发送一个以上报文的情况。

假设在 $(t+\Delta t)$ 时排队系统有 n 个报文（包括排队等待的和正在被发送的在内），则从 t 到 $(t+\Delta t)$ 时间内只存在以下几种可能：

（1）在 t 时有 $n+1$ 个报文，在 Δt 时间内发一个并且没有新的报文到达；

（2）在 t 时有 n 个报文，在 Δt 时间内无新报文到达也无报文发送，或新到一个报文的同时发送一个报文；

（3）在 t 时有 $n-1$ 个报文，在 Δt 时间内新到一个报文并且无报文发送。

若用 $P_n(t+\Delta t)$ 表示 $(t+\Delta t)$ 时排队系统有 n 个报文的概率，$P_n(t)$、$P_{n+1}(t)$ 及 $P_{n-1}(t)$ 分别表示 t 时有 n、$n+1$ 及 $n-1$ 个报文的概率，那么按照上述三条可写出以下公式：

$$P_n(t+\Delta t)=P_{n+1}(t)[uc \cdot \Delta t(1-s\Delta t)]+P_n(t)[(1-uc \cdot \Delta t)(1-s\Delta t)+uc \cdot \Delta t \cdot s\Delta t]+P_{n-1}(t)[s\Delta t(1-uc \cdot \Delta t)]$$

忽略含有 Δt^2 的各项，令 $\Delta t \rightarrow 0$，可得

$$\frac{dP_0(t)}{dt}+sP_0(t)=ucP_1(t)$$

对上式的微分差分方程求一般解是困难的，一般只求稳态情况下的解。所谓稳态就是

运行时间已相当长，系统已达到稳定状态，即

$$P_n(t) = P_n \quad \frac{dP_n(t)}{dt} = 0 \qquad (t \to \infty)$$

这时以上两式分别可写为

$$(uc+s)P_n = uc \cdot P_{n+1} + s \cdot P_{n-1} \qquad (n \geq 1)$$
$$s P_0(t) = uc \cdot P_1 \qquad (n = 0)$$

我们也可从概念上说明以上公式的意义，实际上代表排队系统处于队长为 n 时脱离开这一状态的概率。如果给公式两端分别乘以 Δt，那么 $(uc+s) \Delta t$ 便是到达或发送一个报文的概率，乘以 P_n 后便是处于 n 状态下发送或到达一个报文的概率，也就是脱离开时状态 n 的概率，同理，$\Delta t \cdot uc \cdot P_{n+1}$ 为由 $(n+1)$ 状态转入 n 状态的概率，$\Delta t \cdot P_{n-1}$ 为由 $(n-1)$ 状态转入到 n 状态的概率。所以上式右端代表由 $(n+1)$ 或 $(n-1)$ 状态转入 n 状态的概率。在统计平衡条件下，为了维持 n 状态不变，脱离 n 状态的概率与进入 n 状态的概率相等。这就是公式的含义，这种关系也就是"流量守恒"原理。上式 n 代表的则是维持 0 状态的平衡关系式。

上述公式可用图 7-3 的"状态迁移图"来表示，用这种图表示有时非常方便。

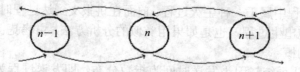

图 7-3 状态迁移图

若令 $p = \dfrac{s}{uc}$，由式可得

$$P_1 = p P_0$$

在式中令 $n = 1$，代入可得

$$P_2 = p^2 P_0$$

然后，取 $n = 2$，可得 $P_3 = p^3 P_0$ 等等。由此可以写出

$$P_n = p^n P_0$$

注意，在以上推导中未涉及缓冲器容量问题，上式对无限大缓冲器容量和缓冲器容量均适用。但是在求 P_0 时要涉及缓冲器容量。

对于无限大缓冲器容量可写出

$$\sum_{n=0}^{\infty} P_n = P_0(1 + p + p^2 + p^n) = 1$$

因 $p < 1$，由等比级数公式可得

$$P_0 = 1 - p$$

所以
$$P_n = (1-p)\ p^n$$

排队系统队长平均值为
$$E(q) = \sum_{n=0}^{\infty} nP_n = \sum_{n=0}^{\infty} n(1-p^n) = \frac{p}{1-p}$$

由上式可见，当 p 增大时，平均队长 $E(q)$ 增大很快。当 $p \to 0$ 时，$E(q) \to \infty$。

有了 $E(q)$ 之后，便可很容易求得排队系统的平均时延，当一个报文到达时，前面平均有 $E(q)$ 个报文在系统内，需要等待这个报文发送完毕后，才轮到发送它。根据以上二式，平均等待时间为
$$E(t_w) = E(q) \cdot E(t_s) = \frac{p}{uc(1-p)}$$

为了发送新轮到的报文还需要 $E(t_s)$ 时间，所以，一个报文平均花费的时延为
$$E(t_q) = E(t_w) + E(t_s) = \frac{1}{uc(1-p)} = \frac{1}{uc-s}$$

以上公式在网络设计中常常用到。

由以上两个公式可得以下关系
$$E(q) = \frac{p}{1-p} = \frac{s}{uc(1-p)} = s \cdot E(t_q)$$

排队系统的平均队长等于系统平均时延乘以平均到达率。这一结论对稳态情况是广泛适用的，它也适用于平均等待时间、平均等待队长（不包括处于发送状态的报文）与平均到达率之间。这一关系式叫 "Little 公式"。因此，等待队长可由等待时间求得为各参数之间的关系。根据这些关系，知道其中一个参数时便可求出其他三个参数。

7.2.5 其他排队模型

在实际网络中，报文发送时间（服务时间）的分布函数并不全是指数分布，有时报文发送时间为定长分布，或其他分布。因此，除了 M/M/1 排队模型外还有适用于各种服务时间分布函数的排队模型。如 M/G/1 就是到达过程为泊松分布（一个服务员），普遍适用于各种服务时间分布的排队模型。M/M/M 排队模型中最后的 M 表示多服务员等。

7.3 最短路径算法

数据通信过程中的使用到求最短路径算法，比较著名的有两个，即 Dijkstra 与

Bellman—Ford 算法，虽然这两种算法算式不一样，但是最后得出的结论是相同的，以下介绍其中的 Dijkstra 算法。如图 7-4 中有 S、B … V 共 8 个结点，Dijkstra 算法是带权图的最短路径问题，即求两个顶点间长度最短的路径；路径长度不是指路径上边数的总和，而是指路径上各边的权值总和。图中二结点间标明的值也就是权值，具体含义取决于边上权值所代表的意义，可以是最小时延或最小费用等。在实际运用中求最短路径是具有普遍的应用价值。

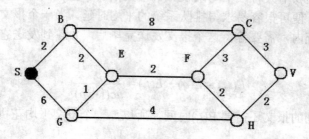

图 7-4 求最短路示意图

如求结点 S 至 V 的最短路径，Dijkstra 算法基本思想如下。

设 S 为最短距离已确定的顶点集（看做标记集），$V-S$ 是最短距离尚未确定的顶点集（看作空点集）。首先初始化：只有源点 s 的最短距离是已知的（$SD(s)=0$），故标记集 $S=\{s\}$；然后重复以下过程，按路径长度递增次序产生各顶点最短路径。

在当前空点集中选择一个最短距离最小的空点来扩充标记集，以保证算法按路径长度递增的次序产生各顶点的最短路径。

当空点集中仅剩下最短距离为 ∞ 的空点，或者所有空点已扩充到标记点集时，s 到所有顶点的最短路径就求出来了。

从源点 s 到终点 v 的最短路径简称为 v 的最短路径；s 到 v 的最短路径长度简称为 v 的最短距离，并记为 $SD(v)$。

在空点集中选择一个最短距离最小的空点 k 来扩充标记点集。

这样根据长度递增法产生最短路径的思想，当前最短距离最小的空点 k 的最短路径是：源点，标记点 1，标记点 2，…，标记点 n，空点 k；距离则为：

源点到标记点 n 最短距离 + <标记点 n，空点 k> 边长

可以设置一个向量 $D[0 \cdots (n-1)]$，对于每个空点 $v \in V-S$，用 $D[v]$ 记录从源点 s 到达 v 且除 v 外中间不经过任何空点（若有中间点，则必为标记点）的最短路径长度。若 k 是空点集中估计距离最小的顶点，则 k 的估计距离就是最短距离，即若 $D[k]=\min\{D[i] \ i \in V-S\}$，则 $D[k]=SD(k)$。

初始时，每个空点 v 的 $D[c]$ 值应为权 $w<s,v>$，且从 s 到 v 的路径上没有中间点，因为该路径仅含一条边 $<s,v>$。在空点集中选择一个最短距离最小的空点 k 来扩充标记集是

Dijkstra 算法的关键，k 扩充到标记点后，剩空点集的估计距离可能由于增加了新的标记点 k 而减小，此时必须调整相应空点的估计距离。对于任意的空点 j，若 k 由空变标记后使 $D[j]$ 变小，则必定是由于存在一条从 s 到 j 且包含新标记点 k 的更短路径：$P=<s,\cdots,k,j>$；且 $D[j]$ 减小的新路径 P 只可能是由于路径 $<s,\cdots,k>$ 和边 $<k,j>$ 组成。所以，当 length$(P) = D[k] + w<k,j>$ 小于 $D[j]$ 时，应该用 P 的长度来修改 $D[j]$ 的值。

具体最短路径的求解过程如图 7-5 中黑点不断延伸变化所示。

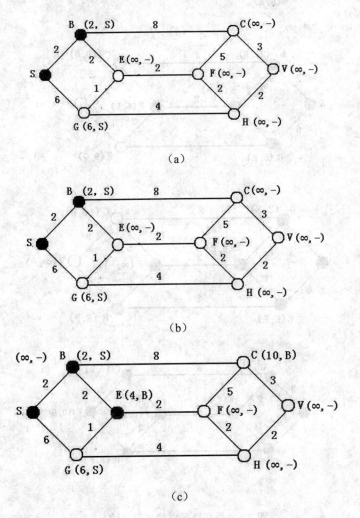

图 7-5 最短路径求解过程

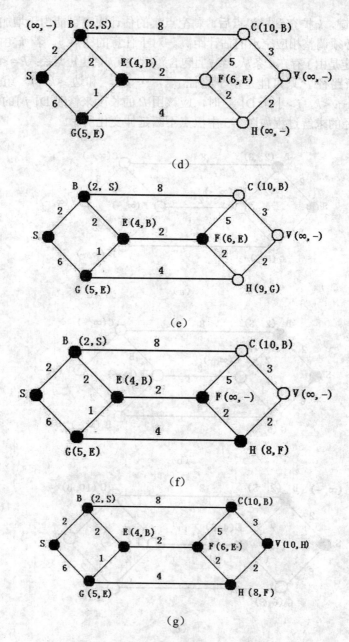

图 7-5 最短路径求解过程（续）

Dijkstra 算法是典型最短路算法之一，用于计算一个节点到其他所有节点的最短路径。主要特点是以起始点为中心向外层层扩展，直到扩展到终点为止。Dijkstra 算法能得出最短路径的最优解，但由于它遍历计算的节点很多，所以效率还是不高。

【课后习题】

1. 简述排队模型与数据通信的关系。
2. 简述 Dijkstra 最短路径的算法思想。
3. 使用 Dijkstra 法求下图的最短路径。

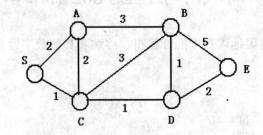

第 8 章 网络体系结构

8.1 局域网与 IEEE 802 标准体系

计算机局域网是将有限地理范围的计算机、终端和其他数字设备互连起来的数据通信网络。

1. 局域网的特点

局域网 LAN 具有以下特点：
（1）覆盖的地理范围有限；
（2）数据传输速率高，目前最高可达 1000 Mbps 以上；
（3）误码率低；
（4）网络拓扑简单、易构造，可灵活扩充网络；
（5）可靠，易维护；
（6）建设成本低，见效快，且系统归属明确。

2. 局域网的传输媒体与网络拓扑

局域网中最常用的传输媒体有：双绞线、同轴电缆、光纤等。
局域网所采用的拓扑结构主要为总线型、环形、星形以及树形。
同轴电缆多用于总线型、树形网络，双绞线则适用于各种拓扑的网络，光纤多采用星形和环形结构的网络。

3. 局域网标准

IEEE 为美国电气电子工程师协会（Institute of Electrical and Electronic Engineers），前身为 AIEE（美国电气工程师协会）和 IRE（无线电工程师协会）成立于 1884 年；1963 年 1 月 1 日 AIEE 和 IRE 正式合并为 IEEE。IEEE 是一个非营利性科技学会，拥有全球近 175 个国家三十六万多名会员。该协会在太空、计算机、电信、生物医学、电力及消费性电子产品等领域中都是主要的权威之一。在电气及电子工程、计算机及控制技术领域中，IEEE 发表的文献占了全球将近百分之三十。IEEE 每年也会主办或协办数百项（三百多项）技术会议。

IEEE 1980 年 2 月成立了 LAN 标准化委员会，根据局域网媒体访问控制方法适用的传输媒体、网络拓扑结构、性能及实现难易等因素,为 LAN 制定了一系列标准,称为 IEEE 802 标准。该标准已被国际标准化组织(ISO)采纳,称为 ISO 8802 标准。

表 8-1 是 IEEE 802 标准系列的应用与协议,有些标准已使用较少,以下主要介绍几种主要的局域网技术及其标准。

表 8-1 ISO 8802 标准

IEEE 802.1 (下有多个子协议,如 802.1A、802.1B 等)	局域网体系结构,网络管理和性能测量等
IEEE 802.2	逻辑链路控制子层 LLC
IEEE 802.3	总线型介质访问控制协议 CSMA/CD 及物理层技术规范
IEEE 802.4	令牌总线 Token-Passing Bus
IEEE 802.5	令牌环网 Token-Passing Ring
IEEE 802.6	城域网介质访问控制协议 DQDB 及其物理层技术规范
IEEE 802.7	广域网技术建议组 BBTAG
IEEE 802.8	光纤技术建议组 FOTAG
IEEE 802.9	综合业务局域网接口 ISLAN
IEEE 802.10	局域网安全标准 SILS
IEEE 802.11	无线局域网 WLAN
IEEE 802.12	100BASE 高速以太网介质访问控制协议
IEEE 802.13	无
IEEE 802.14	有线电视网协议 CATV
IEEE 802.15	蓝牙协议
IEEE 802.16	无线宽带网
IEEE 802.17	弹性分组环
IEEE 802.18	无线管制
IEEE 802.19	共存
IEEE 802.20	移动宽带无线接入
IEEE 802.21	媒质无关切换

(1) IEEE 802.3 与以太网。

采用 IEEE 802.3 标准的局域网通常被称为以太网 Ethernet。以太网是应用较早、较广泛的局域网技术。以太网的产生可追溯到 20 世纪 60 年代末夏威夷大学的一种称为 ALOHA 系统的无线电网络,它是最早采用共享媒体的争用型网络。20 世纪 70 年代,Xerox 公司的 Palo Alto 研究中心在此基础上开发出了 2.944 Mbps 的 CSMA/CD 网络系统,并命名为以太网。此后,DEC、Intel 和 Xerox 公司联合开发了 10 Mbps 的 Ethernet 2.0 规范。IEEE 802.3 标准则是在以太网的基础上制定的,但 IEEE 802.3 容纳了多种不同的物理层,二者略有一定的区别。IEEE 802.3 标准推出后,得到各个网络和通信厂商的支持。由于以太网的巨大市场影响力,通常把采用 CSMA/CD 媒体访问控制技术的局域网都统称为以太网。

IEEE 802.3 支持的物理层有多种，根据它们的特性被分别命名为 10BASE.5、10BASE.2、10BASE-T、10BROAD-36、10BASE-F、100BASE-T、1000BASE-TX 等。这里，BASE 指基带传输，BROAD 指宽带传输。

（2）IEEE 802.4 与 ARCnet。

IEEE 802.4 协议采用 Token Bus 媒体访问控制，其代表性的产品为 ARCnet。

ARCnet 由美国 Datapoint 公司推出，传输速率为 2.5 Mbps，传输介质为 930Ω 同轴电缆和 105Ω 双绞线。ARCnet 既支持总线拓扑，也支持星型拓扑。ARCnet 具有拓扑结构灵活、廉价、覆盖范围大（两站点间距最大 6.4 km）的特点，由于采用 Token Ring 技术，因而具有一定的实时性，可用于实时控制领域。

（3）IEEE 802.5 与 Token Ring。

Token Ring 由 IBM 公司推出，符合 IEEE 802.5 标准技术规范。Token Ring 传输介质为屏蔽双绞线 STP 或非屏蔽双绞线 UTP，传播速率为 4 Mbps 或 16 Mbps，物理连接为环型，但其支持结构化布线。

IBM 令牌环网中所有站点均通过多路访问部件 MAU 来相互搭接成环，外观上看与星形的以太网有些相似。MAU 通话还有两个外部连接口，用于 MAU 之间的连接。

（4）IEEE 802.6。

IEEE 802.6 标准定义了用于城域网 MAN 的分布式队列双总线 DQDB。MAN 介于 WAN 和 LAN 之间，但采用 LAN 技术，其目标是在一个较大的地理区域内提供数据、声音和图像的集成服务。

一个典型的 MAN 是由一些互连的 DQDB 子网组成，如图 8-1 所示。这些子网通过多端口网桥或双端口网桥、路由器和网关互联成 MAN。DQDB 子网能够用来提供高速数据、声音和图像的转发和集中，能够用来互连 LAN、主机、工作站和专用数字电话交换机 PBX 等。DQDB 子网支持无连接的数据传送、面向连接的数据传送和等时通信（如声音），各种各样的通信功能灵活地共享子网的容量。

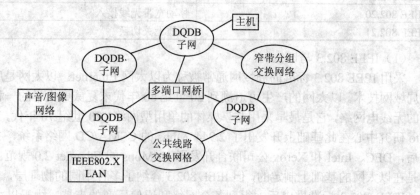

图 8-1　DQDB 子网示意图

（5）IEEE 802.11 与 IEEE 802.15。

无线局域网协议 IEEE 802.11 与 IEEE 802.15 蓝牙协议是目前应用较广泛，作为传统的有线局域网的补充，满足了移动环境下的网络使用，很大程度上方便了网络用户，无线局域网正越来越受到人们的青睐。

8.2 光纤分布式数据接口（FDDI）

光纤分布式数据接口（Fiber Distributed Data Interface，简称 FDDI），是 20 世纪 80 年代由美国国家标准协会（ANSI）X3T9.5 委员会所制定。网络采用令牌传递与双环结构技术来确定物理层和数据链路层的媒体访问部分，具有定时令牌协议特性，并支持多种拓扑结构的光纤网具传输距离长，传输速率高，抗干扰强与保密安全性好的优点。

8.2.1 FDDI 的技术特性

FDDI 采用光纤作为传输介质，可以采用多模光纤，也可为单模光纤。由于采用光纤线路，误码率低，传输损耗小，因而传输速率高，传输距离远。数据传输速率可达 100 Mbps，站间距离可达 2 km，如采用单模光纤则更远。光纤不容易受外部因素如电磁波的干扰，没有泄露，所以传输可靠，且不易窃听，安全保密性极好。

FDDI 另一最大的特点是采用双环结构，数据在两个环上沿相反的方向传输，其中一个环作为主环，用于传输数据，另一个环作为副环，用于备份。这种结构的优点就是可靠性高，当某两个站点间的链路发生故障时，副环可用于修补主环，从而保证网络环路不断；通过合适的配置．还可同时在双环上传输信息，从而达到 200 Mbps 的传输速率。

8.2.2 FDDI 的网络结构

FDDI 网络的基本结构为逆向双环，如图 8-2 所示。一个环为主环，另一个环为备用环。当主环上的设备失效或光缆发生故障时，通过从主环向备用环的切换可继续维持 FDDI 的正常工作。这种故障容错能力保证了网络的正常运行，是其他网络所没有的。

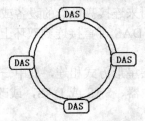

图 8-2　FDDI 双环结构

FDDI 中定义了两类设备，这两类设备分别是站点和线集中器。站点和双环之间可以有两种连接方式，只连接在单环上的站点，被称为单连接站点 SAS（或 A 类站点）；同时连接在两个环上的站点，被称为双连接站点 DAS（或 B 类站点）。同样，集中器也分为单连接集中器 SAC 和双连接集中器 DAC。单连接设备只有一个端口（S 端口）与主环连接，不能直接连接到副环上，但可通过集中器连接到双环上。双连接设备有两个端口（A 端口和 B 端口）连接到主环和副环上，端口内有光旁路开关，可用于分离和恢复故障。

FDDI 的站点和线集中器通过不同组合可构造成多种类型的拓扑，如环型、星型和树型。

FDDI 和令牌环一样，都采用令牌访问控制技术，即某一站点要发送数据，必须等待令牌到来并获得令牌，才可将数据帧发送到环上。FDDI 与令牌环的不同在于：在令牌环中，发送出去的数据帧只有返回源站时，才可发送新的令牌帧，无论何时都只能保持一个帧在传输；而在 FDDI 中，发送站发送完帧后，可立即发送一个新的令牌帧。因而环上可能同时有多个帧在传送。

FDDI 支持网络带宽的实时分配，能够适用多种应用环境，它定义了同步和异步两种类型的数据传输方式。同步传输带宽通常分配给需要连续传播（如传输音频和视频等类型数据）的站点，其他站点以异步方式使用余下的带宽。异步带宽的分配是采用一种八个级别的优先权方案来进行，每个站点部分配有一个异步优先权级别。

FDDI 将 OSI 模型的物理层和数据链路层分别再分为两个子层。物理层分割为两个子层是：物理层协议层（PHY）、物理媒体相关层（PMD）。PHY 子层规定了传输编码和译码、时钟要求及符号集合；PMD 规定了光纤媒体应具备的条件以及连接器等。数据链路层分割成的两个子层为媒体访问控制（MAC）和逻辑链路控制（LLC）。这两个子层的功能与 ISO 8802.3（Ethernet）、IEEE 802.5（Token Ring）相似。MAC 子层规定了 FDDI 定时令牌协议所需要的帧格式、寻址和令牌处理。LLC 子层为 LLC 用户提供了交换数据的方式。

8.2.3 FDDI 的应用

实际 FDDI 的应用中可使用多种拓扑结构，主要有独立集中器型、逆向双环、集中器树、树形环等。

独立集中器型由一个集中器和连接站组成，类似常见的以太网中集线器或交换机所构成的网络结构。独立集中器型可用来连接高性能的设备或连接多个局域网。

逆向双环结构如图 8-2 所示。DAS 可直接连到双环上。这种结构适用于地理范围分布较广的大学、企业等场合。

多个集中器组成树形，按分层星形方式相连，其中一个集中器用作树的根，这种结构的特点是，增加或去掉 FDDI 集中器、SAS 或 DAS，或改变其地理位置，都不破坏 FDDI 的工作。

树形环结构中，集中器级联在双环上，双环则处于企业或校园最重要的骨干位置，这种结构具有高度的容错特性，而且是最为灵活的拓扑形式。可以通过增加集中器便可实现网络的扩展，并可保证提供备份数据通路；当前的树形环结构一般为双环，也称之为树形双环。

由于 FDDI 具有高速、可靠、大容量、传输距离远的特性，随着其产品和技术的成熟，其应用越来越广泛。FDDI 既可以作为高性能的末端网络及大容量局域网，又能在大范围内作为主干网络。

8.3 快速以太网和千兆位以太网

除 FDDI 外，得到广泛应用的高速局域网技术主要是在传统以太网技术基础上发展起来的快速以太网和千兆位以太网，其中快速以太网又有 100BASE-T 和 100VG-AnyLAN 两种。

8.3.1 100BASE-T

100Base-T 快速以太网是 10Base-T 以太网的标准扩展，它是由同样的网络拓扑结构规则来管理的。20 世纪 90 年代以来所组建的局域网大多是用 5 类或超 5 类 UTP 线组建的 10Base-T 网，由于其组网方便、费用低廉以及易于敷设方便等优点被广泛采用。10Base-T 中的 10 代表速率为 10Mbps，Base 代表基带传输方式，T (Twist) 表示双绞线连接。

随着数据通信技术的发展，网络的需求，传输速率更高的 100BASE-T 应运而生，100Base-T 尽可能地采用基于 IEEE 802.3 的成熟以太网技术；保持其经济、可靠、易构等特性，因此拥有众多的市场用户。由于其 CSMA/CD MAC 具有特有的可缩放性，可以使用不同的速率运行，可与不同的物理层衔接，因而通过改进其物理层即可实现速度提升。

100Base-T 与传统的以太网没有本质上的区别，它是由 10Base-T 发展而来的，同样采用 CSMA/CD，数据帧的长度、格式、差错控制及管理信息等也基本没变，并具有同样的星型拓扑结构，只是速度提升了十倍。因此，100Base-T 对传统以太网具有很好的兼容性。换句话说，传统以太网向 100Base-TX 的迁移是十分方便和经济的，进而可以较好地保护用户原先的投资。

100Base-T 与传统以太网的不同在于物理层，它定义了一种与媒体无关接口，可使用三类不同的物理媒体。

（1）100Base-TX：使用两对 5 类 UTP 或 STP 双绞线，其中一对用于发送，另一对用于接收。

（2）100Base-FX：使用两根光纤，其中一根用于发送，另一根用于接收。

（3）100Base-T4：使用四对 3、4 或 5 类 UTP 双绞线，其中的三对用于在约 33MHz 的频率上传输数据，每一对均工作于半双工模式，第四对用于 CSMA/CD 冲突检测。

8.3.2 100VG-AnyLAN

100VG-AnyLAN 基于 100BASE.VG 技术，VG 代表 Voice Grade，表示采用音频 UTP 作为物理媒体。100VG-AnyLAN 采用一种四重信号技术，可以将数据分四路在 4 对双绞线上同时传输，通过半双工方式通信。100VG-AnyLAN 主要使用 4 对 3、4 或 5 类 UTP、也可使用 2 对 STP 或光纤。

100VG-AnyLAN 采用与 10B ASE.T 相同的星型拓扑结构，最大网段长度为 3 或 4 类 UTPl00m，5 类 UTP 或 STP150m，光纤 2000m。100VG-AnyLAN 允许多达 3 级的级联。

严格意义上讲，100VG-AnyLAN 已经不属于以太网范畴，因此 IEEE802 将 100BASE. VG 采纳为 IEEE802.12。100VG-AnyLAN 的 MAC 层与以太网的 CSMA/CD 完全不同，它采用需求优先权访问方法，这种方法更接近于令牌环所采用的方法。令牌环通过分布式查询来分配信道使用权，100VG-AnyLAN 则是一种集中式查询。

在 100VG-AnyLAN 中，集线器成为控制网络通信的关键。用户发送信息时，首先向 HUB 发出请求信号，获得许可后方可将数据传输给 HUB。HUB 根据接收信息的目的地址通知目的用户，并缓存收到的信息。当目的用户准备好时，便将信息转发给 HUB。HUB 首先处理具有高优先权的请求，然后处理一般请求。一般请求在等待一定时间后，便被作为高优先权请求处理。这种方法避免了冲突的发生，并能保证用户等待时间最大不超过各个用户发送一帧所需时间之和。因此，100VG-AnyLAN 性能要优于 100BASE-T，适用于实时业务或多媒体数据的传输。

100VG-AnyLAN 的缺点是与以太网不兼容，不利于从 10M 以太网向 100VG-AnyLAN 的迁移。因而，市场对 100VG-AnyLAN 的反响不大，支持该技术的厂商越来越少，发展前景不容乐观。

8.3.3 千兆位以太网

随着多媒体技术的广泛应用，对网络性能特别是主干带宽提出了更高的要求，100Mbps 的快速以太网由于性能缺陷难以在主干网中担当重任。而 ATM 技术且是一种性能最好的解决方案，但其高昂的成本和复杂性限制了其应用。千兆位以太网技术在快速以太网的基础上通过再次提速来改善性能，它继承了以太网廉价、易构的特点，目前成为局域网主干网络的主流技术之一，并且该技术的推广更有利于使现有以太网向宽带网络平滑过渡。

千兆位以太网支持交换机到交换机、交换机到终端使用的全双工操作模式及共享式连接使用的半双工操作模式。它以光纤、非屏蔽双绞线或同轴线缆为传输介质。千兆位以太网技术目前主要应用于网络主干。

网络升级为千兆位网一般有五种情况,即交换机到服务器连接的升级、交换机到交换机连接的升级、交换式快速以太网主干网的升级、共享式 FDDI 主干网的升级、高性能桌面系统的升级。

千兆位以太网的标准是 IEEE 802.3z,允许 1Gbps 下全双工与半双工工作,在半双工方式下使用 CSMA/CD 协议,全双工下不使用,千兆位以太网又称吉比特以太网,近些年来 10 吉比特以太网(10 GE)也已问世,它只能采用光纤作为传输媒介,使用单模光纤可以使用长达几十公里的光收发器与接口;而采用多模光纤,则只能限制在几百米内。10 GE 完全采用全双工式工作方式。

8.4 交换式局域网与虚拟局域网

8.4.1 交换式局域网

在传统局域网 Ethernet、Token Ring、FDDI 等技术中,采用的是共享媒体,因而网络带宽被整个网络共享。如在采用 CSMA/CD 的以太网中,所有站点共享一条 10 Mbps 或 100 Mbps 信道,当网络负荷很重时,即会引发频繁的冲突和重发,造成网络效率急剧下降,信道实际利用率低于 30%甚至更低,严重(出现广播风暴)时可能造成网络阻塞瘫痪。即使是在无冲突型网络中,用户所享有的带宽也会因网络结点数目的增加而减少。对于一个 10 用户的网络来说,每个用户所享有的平均带宽最好情况下(对争用型网络)是总带宽的 1/10,随着用户数目的增加,带宽会进一步降低。

对于上述问题的传统解决办法是通过网桥和路由器分割网络,减小数据包的广播域,也称"网段微化"。这种办法很有效,但并不能从根本上解决问题,网络需要进一步微化。这样便产生了交换技术。下面以交换以太网为例进行说明。

交换式局域网的核心是网络交换饥。交换机实质上相当于一个多端口网桥,它将原来的共享端口改造成了独享的、可并行的端口。由于交换机能够同时建立多条通道,从而可提供数倍甚至数十倍于共享网络的带宽。例如,对于一个 12 端口的 10 Mbps 以太网来说,如使用共享式 HUB,则每端口理想平均速率不足 1 Mbps,而使用交换机则每端口均可获得独享 10 Mbps 带宽。

交换机可以将一个大的局域网分割成若干个小的独立网段,这些网段可以是共享的,也可是独享的,而网段之间不共享带宽。交换机还可用于扩展网络距离,起到中继作用。

交换机的交换方式通话有直通式、存储转发式和混合式三种。

直通式交换机工作方式类似电路交换,交换机内部有一个 MAC 地址和交换端口之间的对照表。交换机接收到信息的帧头后,取出目的地址,查询对照表,找出相应的输出端口,直接将信息帧转发到该端口。这种方式的优点是传输延时小、速度快。其缺点是不进行错误检测,可靠性差;当输出端口忙时会造成冲突;不能连接不同速率的链路。因此,直通式交换机适用于小规模工作组网络。

存储转发式交换机接收到信息帧后,先将其暂存,并取出目的地址,查询对照表,然后进行差错校验,最后将无错的帧转发到目的端口。这种方式虽增加了传输延时,但可取性高,可连接不同速率的链路,并且支持不同类型网络之间的互联。

混合式综合了直通式和存储转发式两种方式,当差错率小于某一下限时,按直通方式工作,否则就按存储转发式工作。

交换技术应用于以太网中,构成交换以太网。图 8-3 是一个典型的以交换技术为核心的以太网范例。图中,交换机 1 为 100 Mbps 主干交换机,提供一个 1000 Mbps 上行链路连接到服务器;交换机 2 为 10/100 Mbps 工作组交换机,上行链路 100 Mbps,下行为 10 Mbps 独享端口;交换机 3 提供 100 Mbps 交换到桌面。对于全双工系统,交换可为某些应用提供更大的性能提升。

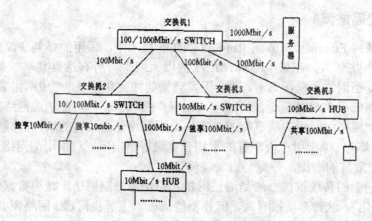

图 8-3 交换式局域网示意图

8.4.2 虚拟局域网 VLAN

交换式局域网不仅可以提高网络性能,还可引入一种新的先进网络技术,即虚拟网络技术。所谓虚拟网络,是指通过网络交换机将一些原本属于不同物理网段的用户按工作性质和需要组成若干个"逻辑工作组",不论工作组内的这些用户处在何处,都如同在一个"实际"的网段上工作一样。通过软件,交换网可以根据需要任意生成逻辑网段。

在传统的局域网中,各站点共享传输信道所造成的信道冲突和广播风暴是影响网络性能的重要因素。通常,网络中的广播域是根据物理网络来划分的。这样的网络结构无论从效率和安全性角度来考虑都有所欠缺。同时,由于网络中的站点被束缚在所处的物理网络中,而不能够根据需要将其划分至相应的逻辑子网,因此网络的结构缺乏灵活性。为了解决这一问题,产生了虚拟局域网(VLAN)。所谓 VLAN 是指网络中的站点不拘泥于所处的物理位置,而且可以根据需要灵活地加入不同的逻辑子网中的一种网络技术。

虚拟网络技术可以让网络管理员轻松地改变网络的结构,不必做物理布线上的改变,很容易地使整个网络系统很好地适应不断变化中的企业应用。首先,网络管理员对网络上的工作站可以按业务功能分组,而不必按地理位置划分;虚拟网对网间信息有隔离作用,一个虚拟子网内的广播信息被限制在本虚拟子网以内。不对外产生影响;网络重构以及用户的迁移都不需改变物理连接;提高了网络的可管理性和安全性。

在交换式以太网中,利用 VLAN 技术。可以将由交换机连接成的物理网络划分成多个逻辑子网。也就是说,一个 VLAN 中的站点所发送的广播数据包将仅转发至属于同一 VLAN 的站点。而在传统局域网中,由于物理网络和逻辑子网的对应关系,因此任何一个站点所发送的广播数据包都将被转发至网络中的所有站点。

在交换式以太网中,各站点可以分别属于不同的 VLAN。构成 VLAN 的站点不拘泥于所处的物理位置,它们既可以挂接在同一个交换机中,也可以挂接在不同的交换机中。VLAN 技术使得网络的拓扑结构变得非常灵活。例如位于不同楼层的用户或者不同部门的用户可以根据需要加入不同的 VLAN。

目前,基于交换式的以太网实现 VLAN 主要有三种途径:基于端口的虚拟、基于 MAC 地址的虚拟和基于网络地址的虚拟。

基于端口的 VLAN 就是将交换机中的若干个端口定义为一个 VLAN,同一个 VLAN 中的站点具有相同的网络地址,不同的 VLAN 之间进行通信需要通过路由器。采用这种方式的 VLAN 其不足之处是灵活性不好。例如当一个网络站点从一个端口移动到另外一个新的端口时,如果新端口与旧端口不属于同一个 VLAN,则用户必须对该站点重新进行网络地址配置,否则,该站点将无法进行网络通信。

在基于 MAC 地址的 VLAN 中,交换机对站点的 MAC 地址和交换机端口进行跟踪,在新站点入网时根据需要将其划归至某一个 VLAN,而无论该站点在网络中怎样移动。由于 MAC 地址保持不变,因此用户不需要进行网络地址的重新配置。这种 VLAN 技术的不足之处是在站点入网时,需要对交换机进行比较复杂的手工配置,以确定该站点属于哪一个 VLAN。

在基于网络地址的 VLAN 中,新站点在入网时无需进行太多配置,交换机则根据各站点网络地址自动将其划分成不同的 VLAN。在三种 VLAN 的实现技术中,基于网络地址的 VLAN 智能化程度最高,实现起来也最复杂。

IEEE 802 委员会制定的 VLAN 标准是 IEEE 802.1q。该标准目前已得到大多数网络厂商的支持,并不断得到完善。

VLAN 是一个具有高度灵活性和扩展性的解决方案,可满足当前网络对分段、有效带宽分配及工作组支持的需求,但虚拟子网的划分也带来一些新的问题。由于交换技术的实现,对于 OSI/RM 的第二层即数据链路层,子网间相互独立,因而子网间互联就需要路由器这种第三层设备。在一个宽带的局域网中,低速的路由器自然也就成为网络的瓶颈。解决的办法是引入第三层交换，如 IP 交换。有的厂商的产品甚至支持到第四层交换。

VLAN 作为一种新一代的网络技术，它的出现为解决网络站点的灵活配置和网络安全性等问题提供了良好的手段。虽然 VLAN 技术目前还有许多问题有待解决，例如技术标准的统一问题、VLAN 管理的开销问题和 VALN 配置的自动化问题等，随着技术的不断进步，上述问题将逐步加以解决，VLAN 技术也将在网络建设中得到更加广泛的应用，为提高网络的工作效率发挥更大的作用。

8.5 接入网技术

接入网是国际电联（ITU-T）近年提出的一种名称，其含义是指本地局端与用户端设备之间的信息传送网实施系统，它可以部分或全部替代传统的用户本地线路网，含复用、交叉连接和传输等功能。

接入网技术要解决的问题是如何将用户连接到各种网络上。目前接入网技术已成为网络技术的一大热点。

接入网技术可以分为标准接口技术、有线接入技术和无线接入技术三类。

标准接口主要指 V5 接口。V 接口是数字交换机的数字用户接口，定义在本地交换机的用户一侧。V5 是用户数字传输系统和交换机相结合的新型数字接口。V5 规范包括窄带部分的 V5.1 和 V5.2，宽带部分 V5 仍在制定中。V5 接口是开放的标准接口，随着 V5 接口标准的不断完善，V5 标准接口产品的应用将对网络用户的接入产生重要的影响。

有线接入技术又分光纤接入、同轴电缆接入和铜缆接入。光纤是传输带宽最大的传输介质，因而光纤接入是宽带接入网的最终形式。同轴电线接入主要用于基于 CATV 网的 HFC 系统。铜缆接入采用电话线路为传输介质，利用各种先进的调制技术和数字信号处理技术来提高传输速率和距离，但其传输带宽有限。

无线接入技术可分为移动接入与固定接入。无线用户环路 WLL 利用无线技术如微波、卫星等为固定用户或移动用户提供接入业务。

8.5.1 光纤接入网技术

光纤接入网又称光纤用户环路（FITL）。光纤接入网是采用光纤传输技术的接入网，即指本地交换局和用户之间全部或部分采用光纤传输的通信系统。光纤接入网又可划分为无源光网络和有源光网络，其中无源光网络发展更快些。

FITL 有很多方案，有光纤到路边（FTTC）、光纤到小区（FTTZ）、光纤到办公室（FTTO）、光纤到楼面（FTTB）、光纤到家庭（FTTH）等。

（1）FTTH/FTTO：FTTH/FTTO 是一种光纤化程度最高的接入网结构，光网络单元在用户室内，光纤直接敷设到各个用户，为每个用户提供足够的带宽。在 FTTO 中，企业用户业务量较大，可采用点对点的配置方式；在 FTTH 中家庭用户业务量小，可采用无源光分支器构成点到多点结构，多个家庭可共享一条光纤的带宽。FTTH 是接入网发展的最终目标。

（2）FTTC：FTTC 是将光网络单元设置在路边，每个光网络单元一般连接（8～32）个用户。光网络单元和用户之间可采用同轴电缆或双绞线构成星型连接。使用双绞线时，可采用 ADSL（不对称数字用户环路）、HDSL（高速率数字用户环路）、VDSL（超高比特率数字用户线）等各种高速铜缆接入技术；使用同轴电线时，可采用高速的同轴电缆调制解调器。在 FTTH 大量使用之放，FTTC 是一种比较理想的宽带接入方案。

8.5.2 铜缆接入网技术

为实现用户接入网的数字化、宽带化，用光纤作为用户线是用户网今后发展的必然方向，但由于光纤用户网的成本过高，在今后的十几年甚至几十年内大多数用户网仍将继续使用现有的铜线环路。于是人们提出了多项过渡性的宽带接入网技术，其中 ADSL 和 HFC（光纤同轴混合网）是最具有竞争力的两种。

铜线是传统接入网的主要媒体，由此产生了数字用户线（DSL）技术，它们包括 HDSL、ADSL、SDSL（单线制数字用户线）、VDSL、R.ADSL（可调速数字用户环路）和交互式数字视频 SDV 多媒体接入网络等。

1. HDSL

HDSL 即高速率数字用户环路。该技术是用 2～3 对双绞线双向对称传送 1.5～2 Mbps 的数字速率信号，或在一对双绞线上传送 1168 kbps 数字信号，传送距离为 3～5 km，其上行速率与下行速率相等。

HDSL 技术是建立在高速效字信号处理技术、高速自适应滤波技术、回声抵消技术、特殊的编码技术、多对线传输技术的基础上，它是目前提高用户接入网宽带的一种理想途径。

2. ADSL 与 R.ADSL

ADSL 即非对称数字用户环路，是一种上行速率与下行速率不相等的不对称的数字信号传送技术。

ADSL 技术的优势在于它几乎不需对极为普及的双绞线作任何改动就可获得高传送速率。ADSL 适用于不对称业务，如影视点播 VOD、Internet 等，控制信号使用上行信道，下行信道用于视频图像或 Internet 的下载。

R.ADSL 能够提供的速度范围与 ADSL 基本相同，但它可以根据双绞铜线质量的优劣和传输距离的远近动态地调整用户的访问速度。正是 R.ADSL 的这些特点使 R.ADSL 成为用于网上高速冲浪、视频点播、远程局域网络访问的理想技术之一。

3. VDSL

VDSL 即超高速数字用户环路,它与 ADSL 有些相似,也是非对称的,速率比 ADSL 高约 10 倍,但传输距离比 ADSL 近得多。VDSL 适用于光纤接入网络与用户相连的最后一段线路。

8.6 网络互联设备

网络互连是指不同网络之间的互相连接,特别是局域网之间的互联,使原来隔离的局域网用户能够互相交换信息和共享资源。网络互连可以有多种方式,例如 LAN 与 LAN、LAN 与 WAN、WAN 与 WAN、LAN 与 MAN 互连等。从 ISO/OSI 参考模型的分层的观点来看,网络互连可以划分为四个层次:物理层、数据链路层、网络层和高层,与之相对应的互联设备分别为中继器、网桥、路由器和网关,如图 8-4 所示。

图 8-4 网络互连

1. 中继器(Repeater)

中继器通常也称重发器;是工作在网络物理层的一种连接器,用于连接两个同一网络的网段。由于损耗和噪声干扰等因素,电信号在传输介质上传输会逐渐衰减,限制了数据传输的距离。中继器可以对信号进行再生放大,延伸网络的传输距离。中继器对相连的两个网段没有通信转换和隔离作用,也就是说用中继器连接起来的网段仍属于同一网络。中继器不能用于连接两个物理层不同的网段。但是中继器的引入会产生延迟,因此中继器不能将网段无限制地延伸。在采用总线技术的网络中,独立的多端口中继器较为常见,可将各个网段连接成树型网络;在星形网络中,中继器的功能通常由集线器 HUB 与交换器来完成。

2. 网桥(Bridge)

网桥工作在数据链路层,用于连接两个实际上分离的同类的局域网。这里,"同类"指它们具有相同的网络操作系统。

确切地说网桥操作处于 MAC 层。网桥通常需要对进入网桥端口的 MAC 帧进行 MAC 地址分析，并实现转发工作。网桥对进入网桥端口的 MAC 帧的转发是有选择的，它可以阻挡试图通过的帧，即它可以过滤掉那些非跨网传输的帧。也就是说，网桥在将两个局域网互联在一起的同时，阻断了它们之间的广播域的相互影响。网桥对高层协议是透明的，它只关心帧从哪个端口入和最终从哪个端口出，不关心网络层的全局路径。

网桥可实现更大范围的 LAN 互连，并且可用于具有不同传输媒体或不同 MAC 子层的局域网之间的互联；将一个大的网络分割成若干相互独立的网段，改善网络性能；网桥还可实现对某些网络故障的隔离。

从应用上划分，网桥可分为本地网桥、远程网桥和主干网桥。本地网桥用于互连两个相邻的局域网，远程网桥用于互连距离远的局域网，要求双方都必须有远程网桥；主干网桥用于构成高速网络主干。

从帧转发技术角度出发，网桥分为透明网桥、源路由选择网桥、翻译网桥和源路由透明网桥等。其中透明网桥和源路由选择网桥较为常见，适用于 MAC 层相同的局域网间互连；翻译网桥和源路由透明网桥适用于 MAC 层不同的局域网间互连，如以太网和令牌环网的互联。

3. 路由器（Router）

路由器工作在 ISO/OSI 的第三层，即网络层。路由器的最主要工作是进行路由选择和分组的存储转发。路由器可以用于异种网的互联，无论这些物理网络的第二层有多大差异，但在第三层可通过路由器统一起来。

路由器的主要功能有：连接多个独立的网络；选择最佳路径；包转发；流量控制、过滤、负载均衡等。

路由器通常有多个 LAN 和 WAN 端口，每个端口可连接一个独立的网络，可用于 LAN 与 LAN、LAN 与 WAN 的互联。路由器具有很强的互联异构网络的能力，可对不同的帧格式进行转换。合理地使用路由器分割网络，可有效地限制广播包的广播范围，提高网络的带宽。

路由器进行路由选择的依据是各个路由器中的路由表。路由表的生成有两种方法：一种是人工为各个路由器编写的内容固定的静态路由表，另一种通过设置路由器的路由选择协议，使路由器可以自动生成和刷新的动态路由表。

常用的动态路由选择协议有：RIP（路由信息协议）、OSPF（开放式最短路径优先协议）、IGRP（内部网关路由协议）、EIGRP（增强型 IGRP）、EGP（外部网关协议）等。

路由器经公共 WAN 实现 LAN 互联时，通常使用两种 WAN 链路：点对点链路和包交换链路。

4. 网关（Gateway）

网关也称协议转换器，工作于 OSI 协议模型的高层，主要用于不同体系结构的网络或局域网与主机的连接，是实现互联、互通和应用互操作的设施。因此，在这种意义上，网关实际上是一种概念，或一种功能的抽象。在当前 TCP/IP 网络中，路由器就充当了网关的作用。

8.7 TCP/IP 基础

8.7.1 TCP/IP 协议概述

TCP/IP 是 Transmission Control Protocol / Internet Protocol 的首字缩略词，全称传输控制协议/网际协议。

美国国防部于 1969 年建立了世界上第一个广域网：ARPA（Advanced Research Project Agency）之后，又研制成功了用于异构网络通信的协议标准，即 TCP/IP。这组协议定义了异构计算机之间的通信方式。例如，连在 Internet 网上有许多不同的大、中、小型机，安装有不同的操作系统，通过 TCP/IP 使这些不同的计算机互相交流、共享信息。同时它又定义了不同计算机网络之间的通信方式。所以 TCP/IP 是计算机通信与网络中的一个最重要协议，也可以比喻为，它是 Internet 的操作系统。当前的各种操作系统中都包括 TCP/IP 的设置。TCP/IP 事实上已经成为网络互联通信的工业标准。

TCP/IP 的层次结构与 ISO（国际标准化组织）制定的网络互联参考模型 OSI（开放系统互联模型）相似。它主要分为四个层次，即物理层、网际层、传输层和应用层。而 OSI 则分为七个层次，即物理层、数据链路层、网络层、传输层、会话层、表示层、应用层；OSI 与 TCP/IP 对应参见表 8-20。

表 8-2 OSI 与 TCP/IP 模型的对应关系

OSI 模型	使用协议	T（I）CP/IP 模型
应用层 表示层	HTTP FTP SMTP DNS …	应用层
会话层 运输层	TCP　　UDP	传输层
网络层	IP	网络层
数据链路层 物理层	ETHERNET、FDDI、X.25…	网络接口层

TCP/IP 的工作过程，与 OSI 一样，可以描述为"自上而下，自下而上"的一种过程，或者说 TCP/IP 的数据信息的传递是按应用层、传输层、网际层、物理层传递的。具体说明如下。

① 应用层将数据流传递给发送方的传输层。

② 传输层将接收的数据流分解成以若干字节为一组的 TCP 段，并在每段增加一个带

序号的控制包头，然后再传递给网际 IP 层。

③ IP 层在 TCP 段的基础上，再增加一个含有发送方和接收方的 IP 地址的数据包头，同时还要明确接收方的物理地址及到达目的主机的路径，然后将此数据包和物理地址传递给数据链路层。

④ 在数据链路层进行组帧，然后以数据链路层的帧格式数据包通过物理层发送给接收方计算机。

⑤ 在接收方计算机中，数据链路层先把接收到的 IP 数据包舍掉数据控制信息，再把它传递给 IP 层。

⑥ 在 IP 层，先检查 IP 包头的检验和，如果 IP 包头的检验和与 IP 层算出的检验和相匹配，那么就取消 IP 包头，再把剩下的 TCP 段传递给 TCP 层。否则舍弃此包。

⑦ 在 TCP 层，首先检查 TCP 包头和数据的检验和，如果与 TCP 层算出的检验和相匹配，那么就舍弃 TCP 包头，并将真正的数据传递给应用层，同时发出"确认收到"的信息。

⑧ 在应用层接收到的数据正好与发送方所发送的数据流完全一样。

TCP/IP 是目前最完整、被普遍接受的通信协议。它除了能支持各种操作系统外，还覆盖目前广为流行的 IEEE 802.3、IEEE 802.5 以及 X.25 等协议，因此，按照 TCP/IP 的协议，能方便地使各网络之间实现互联。并能支持许多应用软件，如文件传输协议 FTP、仿真终端协议等。

8.7.2 IP 协议

1. IP 协议的作用

IP 协议主要用于互连异构型网络，例如将 WAN 与 LAN 互连。尽管这两类网络中所采用的低层网络协议不同，但通过网关中的 IP，可使 LAN 中的 LLC 帧和 WAN 中的 X.25 分组之间相互交换，图 8-5 为两个 LAN 通过 WAN 实现互联的情况，我们以 LAN A 和 LAN B 之间的通信过程为例来说明 IP 的作用。

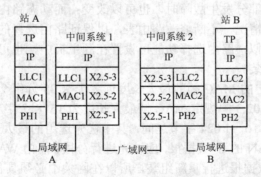

图 8-5　IP 协议互连异构网络

(1) 用 LAN 的主机 A 中的 IP 协议软件构成一个带全网地址的 IP 数据报,再由下面的 LLC 子层和 MAC 子层分别加上相应的 PCI 头后,送入 LAN A,由于该帧是送往另一个 LAN 的,故先将它送至网关 1。

(2) 网关 1 收到此帧后,顺序地取下加在数据报前面的 PCI 头,直至 IP 层次已恢复为原来的 IP 数据报;再由网关中的 IP 协议软件对 IP 数据报头进行分析和执行。有关操作如下:

① 识别目标地址;

② 选择一条转发路由;

③ 如果 IP 数据报的长度超过了转发网络所允许的最大分组长度,则还需将 IP 数据报进行分段,并为每个分段加上 IP 报头,使之成为一个独立的 IP 数据报;

④ 将新形成的多个 IP 数据报向下层传送,再由 X.25-3、X.25-2 层分别为之加上 PCI 头,最后再由 X.25-1 层将所形成的各 X.25 帧送入 X.25 分组交换网,由后者将各 X.25 帧送至网关 2。

(3) 网关 2 收到各个 X.25 帧后,再向上逐层地拆除加在帧前面的 PCI 头,直至 IP 层时由网关 2 中的 IP 协议软件对各个 IP 数据报进行分析和处理。由于目标地址是 LAN B 上的,以后不需要分段,因而网关 2 又将所有 IP 数据报重新组装为原始的 IP 数据报,再通过下面的 N 层为之加上 PCI 头形成 MAC 帧后,送往 LAN B,最后到达主机 B。

2. IP 协议的主要功能

(1) 寻址。

IP 必须能唯一地标识互联网络中的每一个可寻址的实体,亦即要为网络中的每个实体一个全局标识符。目的有两种结构的全局标识符:

① 分级地址结构:由国家号、网络号、主机号和信口号 4 级名字组成;

② 平面地址结构这是直接为互联网中的每个实体赋予一个唯一的编号。

(2) 路由选择。

在网关中的路由选择可采用静态路由选择或动态路由选择。但即使采用静态路由选择,其传输路由在网络的某部分发生故障时,也可以改变;而动态路由选择是指可根据网络中的传输路由和信息流量情况,不断修改路由表,以保证路由选择的灵活性,并获得较小的传输时延。与路由器相似,路由选择功能可设置在源主机中,也可在网关中。

(3) 分段和重新组装。

由于 LAN 中所规定的 MAC 帧的最大长度远大于 X.25 分组交换网中所规定的分组最大长度(例如:IEEE 802.3 中规定 MAC 帧最大长度为 1518 个字节,而在 X.25 协议中规定数据段的最大长度在 16~1 024 字节之间,其中优先选用的最大长度为 128 个字节),因此一般由 LAN 送往 WAN 的 IP 数据报,应该先进行分段;而由 WAN 送往目标 LAN 的帧,则需先将已分段的 IP 数据报进行重新组装,所以在网关中必须具备分段和重新组装功能。同时,为了处理上的方便,一个 IP 数据报的所有分段在传输时应该通过同一个网关。

3. IP 协议的组成

IP 协议由三部分组成。

（1）IP 协议。

它是 IP 协议的主体，用于说明不同网络中所使用的网络层协议、源和目标主机的全局标识符、是否允许分段、每个分段的长度，以及路由选择的方式等。

（2）用户-IP 接口。

它定义了 IP 与高层（即 DOD 和 TCP 层）的接口，通过该接口向高层提供的服务。在该接口中定义了两种原语。

① Send 原语。它用于请求某数据单元的发送，该原语包含的参数有：源地址、目标地址、用户协议、数据长度、用户数据、优先级等。

② Deliver 原语。它用于通知用户一个数据单元已到达。该原语中所包含的参数有源地址、目标地址、用户协议数据长度、用户数据等。

这些原语的参数将被 IP 协议填入 IP 数据报的报头中。在 ISO 8473 中相应的原语是 Data．request 原语和 Data．indication 原语；此外，还引入了 Error 原语，用于通知请求服务的用户数据报传送出错。

（3）IP 网络接口。

IP 是预定在由多种不同网络组成的互联网中使用的，因此，它只期望网络能提供最低级的网络服务，换言之，只期望提供不可靠的数据报服务。该接口的原语所要求的格式和参数，取决于网络接口的特性，因此，每个主机或网关的 IP 层必须根据其所连接的网络进行专门的设计，但规定了网络应提供的最低级服务，接口原语有 Send 原语和 Deliver 原语。

4. IP 协议数据单元的格式

表 8-3、8-4 列出了两种协议的数据单元 PDU 的格式。它们均由 PDU 头部（Header）和数据两部分所组成；而 PDU 头部又可进一步细分成四部分：固定部分，互联网寻址部分，分段部分（Segmentation Part）和任选部分。

（1）PDU 头部的固定部分。

这部分包含了频繁使用的参数，其结构和长度由 PDU 类型确定。

① 网络层协议标识符。用于标识不同网络中所使用的协议。

② 长度指示用于指示 PDU 头部的长度，最长允许长度为 254 个字节。

表 8-3　OSI 模式中的 IP 数据单元

网络层协议标识符	报头长度指示	版本/协议标识符扩展	生存期
标志和类型	段长度		检查和
检查和	目标地址长度	目标主机地址（可变长）	

源地址长度	源主机地址（可变长）	
数据单元标识符		字段偏移量
总长度		任选参数（可变长）
数量（可变长）		

表 8-4　OSI 模式中的 IP 数据单元 2

版本	IHL	服务种类	总长
标识符		标志	分段偏移
生存期	协议	报头检查和	
源地址			
目标地址			
任选+填充			
数据			

③ 版本/协议标识符扩展。先定义为 1，协议的后继版本将对它加以修改。

④ 生存期。或称剩余生命期，用一个整数来定义 PDU 的剩余生命期，随着 PDU 在网络中的传输，该值逐渐减少，当该值减为 0 时，便应将 PDU 抛弃。生命期可用来防止一个 PDU 在网络中做无休止的传输。

⑤ 标志和类型。用第 5 个字节中的第 5~8 比特设置 3 个标志：

分段允许标志 SP（Segmentation Permitted），当该标志被置位时，表示允许对 PDU 进行分段；

多段标志 MS（More Segments），用于指示该 PDU 是否是最后一个 PDU；

差错报告 ER，用于指示当该 PDU 即将被抛弃时，是否产生差错报告。用第 0~4 这 5 个比特。作为类型标志用，这里仅有两种类型，即数据（DT）PDU 和差错（ER）PDU。在 DOD IP 中仅有数据类型而无差错类型。

⑥ 段长，包括 PDU 头部数据的长度。

⑦ 检查和，是 PDU 头部的检查和。当检查和为 0 时，检查和字段被忽略。

（2）地址和分段部分。

① 源和目标主机地址，源和目标主机地址均是可变长度，在每个地址前面用一个字节指示地址的长度。

② 数据单元标识符，这由发送者设置，对由同一个 PDU 所分裂成的所有各 PDU 段都应设置该标识符。

③ 字段偏移值，用于指示分裂后的某个 PDU 段在完整的 PDU 数据段中的相对位置。

④ 总长度，包括 PDU 头部在内的整个 PDU 的长度。

上述的②、③项为分段部分，当分段允许标志被置位时，必须包含这几项，以便目标系统进行重新组装。

（3）任选部分。

在 PDU 头部允许增加许多可选项，任选部分的最大长度为：固定部分长度＋寻址部分长度＋分段部分长度。任选部分的可选项如下。

① 填充位：用于把 PDU 的头部扩展为适当大小。

② 安全性：允许选择由用户或子网工作所规定的安全性措施。例如，由源结点规定好一条 PDU 传输的安全路径，以确保信息不外漏。

③ 源路由选择（Source Routing）：系统可以指定从源站到目标站的显式路由（Explicit Route），用户也可以选择所途经网关和互联网。源路由选择方式有两种：

完全路由选择（Full Routing）：在 PDU 的任选部分中，记录了 PDU 所要经历的路径元素；部分路由选择（Partial Routing）：允许源结点在必要时选择其他路径。

④ 路由记录（Route Recording）：允许一个被传输的 PDU 将其途经的所有路径段记录在一分路由表中。该项主要用于对路由选择性能的测试和验证时。

⑤ 服务质量：源系统将所要求的报务质量，通知到所有网络服务层的网关，并假定所有网关都会尽全力去满足这些服务要求。服务质量有三种类型：一是传输时延小，二是差错概率低，三是不可检测差错的出现概率小。

⑥ 优先级：每一个 PDU 有一个指定的优先级，优先级的范围从最低优先级 0 到最高优先级 15，供所有中间网关参考。

8.7.3 网关的工作

网关可利用互联网 PDU 中的信息去处理该 PDU。网关的工作可分成以下三个阶段。

1. PDU 输入

网关可从与其直接相连的子网中接收传送的互联网 PDU，并对其中的某些字段进行处理。

（1）检查和字段。

如果检查和不为 0，网关应对报头的检查和进行计算，若其计算结果与 PDU 中的检查和不匹配，应将该 PDU 抛弃，并向源系统发送一差错报告 ERPDU。

（2）分段允许标志。

如果分段允许标志位为"1"，表明 PDU 已被分段，则网关可以根据报头中分段部分的信息，对 PDU 进行重新组装。但有很多网关并不对 PDU 进行组装，而只是将所收到的 PDU 段转发给目标站。

(3) 生存期段

PDU 每到达一个网关,都要对其生存期字段进行修改,一般情况是将生存期值减 1。但如果该网关所连接的子网有较大的时延,则应减 2 或更大的数。当生存期值已减为 0 时,便应将该口 PDU 抛弃。在每次对生命期值进行修改后,还需相应地修改检查和字段。网关在完成上述操作后,便可再去处理下一个到达本网关的 PDU。

2. 路由选择

网关要检查路由选择及路由记录字段。如果 PDU 利用该字段指明了采用完全路由选择,以及历经的传输路径段,则网关应按照其中的规定将 PDU 发往指定路径段。若由于某种原因,网关不能利用指定的路径段,则只有将该 PDU 抛弃,并产生一差错报告 ERPDU。

但若 PDU 未利用路由选择字段,则网关应采用常规的路由选择算法。利用该算法进行路由选择的依据是,除给定的路由表外,还有 PDU 中的下列信息:

(1) 目标地址,从中可得知目标网及主机标识符;

(2) 服务质量参数,网络应根据指定的服务质量,去选择一条能满足该要求的传输路径;

(3) 分段允许标志,同样要选择一条能支持分段功能的路径段。

3. PDU 输出

在选定转发路由后,便将互联网 PDU 或 PDU 段嵌入所选定的网络的 PDU 中去,并将该 PDU 列入相应的路径输出队列上。如果在 PDU 中设置了优先级选项,则还应根据其优先级,把它插入到输出队列中的适当位置上。具体的发送操作由网络接口控制器执行。

一旦发送完成,便可将该 PDU 抛弃,因为 IP 提供的是非连接服务,不进行确认和重发。由于 IP 协议具有下面一系列优点,致使它得以被广泛地采用。

(1) IP 协议对各个网络的要求较低,它只要求各互连的网络能提供最基本的网络服务,如 C 类服务,故适应性较强。

(2) 节省内存空间。因为在网关中无需保留已发出数据报的副本及一些信道的状态信息。

(3) 节约了 CPU 时间。在网络中经常传输单份报文,在采用无连接方式时,可省掉建立连接的时间及转发时的处理和应答时间;网关易于实现。因为它只提供无连接服务,其所需完成的功能相对于面向连接的服务而言是比较简单、易于实现的。

8.7.4 TCP 协议

出于 IP 协议只能提供无连接的数据报服务,其对信息传输的可靠性较差,因此在 DOD 型的运输层中,又增加了传输控制协议 TCP。后者提供了面向连接的端—端通信机制,该 TCP 对其下层所提供的网络服务的依赖性较小,亦即当网络(下层)或系统发生故障时,TCP 能正确地控制传输,使传输仍具有可靠性。这使得 TCP/IP 在事实上已成为许多 LAN

产品的传输标准。

1. TCP 协议数据单元

TCP 的协议数据单元 PDU 格式如下。

（1）源信口（Port）和目标信口：源信口、目标信口、子网名和主机名一起，可用于标识互联网环境中的 TCP 连接。

（2）发送序号和确认序号（Acknowledgment Numbers）：用于保持所发送的 TCP 段与所接收的 TCP 段具有正确的顺序。其工作方式类似于 HDLC 中的 N（S）和 N（R），以及 X.25 中的 P（S）和 P（R）。但 TCP 所采用的定序方法不同，即 TCP 为数据流中的每一个字节赋予一个序号。例如，当前的序号为 100，当再发送或接收 300 个字节的段长后，序号应增加到 400。

（3）偏移量（Offset）：在报头中所包含的 32 位字的数目。

（4）控制位：具有 6 个比特的控制位，用于建立连接和管理段的交换。这些控制位依次是：

URG：紧急指钉（Urgent Pointer）位；
ACK：确认位；
PSH：推功能（Push Function）位；
RST：重置连接（Reset the Connection）；
SYN：同步连接，且指示请求建立新连接；
FIN：最后的段号（释放连接）。

（5）窗口：用于流量控制，它指示在该点上能够接收的字节数目。

（6）检查和：用于提供一种辅助保护措施以防止段在传输过程中出现差错。如果互联网的服务是可靠的，则无需进行检查和的计算。

（7）紧急指针：它是相对于序号的偏移量，指向数据中的紧急字段的末尾，仅当 URG 被置位时，它才有意义。

（8）任选项：它是一字节串，第一个字节说明选择，第二个字节说明段的长度，TCP 中允许段的最大长度为 65 K 字节。TCP 协议数据单元参见表 8-5。

2. TCP 连接的建立与释放

（1）连接的建立。由于 TCP 协议的制定是基于一个不可靠的网络服务，因此，在建立连接时采用了三次交换（Three Way Exchange）方式。首先由主呼 TCP 实体利用连接提出（Connecting Offer）PDU 向被呼 TCP 实体发出建立连接请求。在连接提出 PDU 中应设置 SYN＝1，并给出初始序号和信口号。被呼 TCP 实体在收到连接提出 PDU 后，则利用连接响应 PDU 予以响应，此时同样应将 PDU 中的 SYN 置为 1，给出初始序号和主呼出信口号。此后，主呼 TCP 实体还应回送一个确认 PDU。图 8-6 示出了用于建立连接的三次交换方式。

图中忽略了其他 TCP 字段。

表 8-5　TCP 协议数据单元

源信口						目标信口	
发送序号							
确认序号							
位移	U	A	P	R	S	F	窗口
检查和						紧急指针	
选项							
数据							

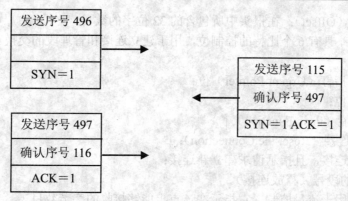

图 8-6　TCP 连接

（2）连接的释放。同样也是基于网络服务的不可靠性，必须考虑到在释放连接时，可能由于段的失序而使释放连接请求的 PDU 会比某些段先到达目标。此时，如果目标由于收到了释放连接请求的 PDU 而立即释放该连接，则势必造成后到的那些段的丢失，为了解决这些问题，在 TCP 协议中利用了一种简单且有效的释放连接的方法，这时，要求通信双方都利用一个 FIN 位来指示该段是否是最后的段。如果目标在收到连接释放 DPU 时，尚未收到其 FIN=1 的 PDU，则继续进行接收，直至收到 FIN=1 的 PDU 后，才根据该 PDU 中的发达序号来确定是否所有 PDU 都已到齐。仅在它们全部到齐后方可释放连接，否则继续接收。

3．数据交换和流量控制

（1）正常数据交换。

在 TCP 协议中对正常数据交换所采用的方式与其他协议所采用的方式相同，即，在数据 PDU 中也设置了发送序号和确认序号，以指示所发送段的当前序号，其差别在于：在

TCP 序号以字节为计算单位，因此在每次发送或接收一个数据 PDU 时，不是对序号进行加 1，而是加上数据 PDU 中所含数据的字节数。应该注意，在 PDU 常规数据段中允许包含加密数据，它是由 URG＝1 和加密指针来请示的。

为了保证数据传输的可靠性，这里也采用了确认和重发措施，即接收方每收到一个正确的数据段时，都应根据段中的发送序号回送一个 ACK 段给发送方。若发送方在发送出数据段后已经超时而未收到对方的确认 ACK 段，则应进行重发。但由于 ACK 段本身的丢失，也会引起发送方重复发送该字段，因此，接收方也应具有识别重发段的能力，并将重发段抛弃，但接收方仍应回送一 ACK 段，以免发方再次重发。

（2）流量控制。

在 TCP 中也利用窗口机制进行流量控制。在 TCP 段中的窗口字段用于告知通信对方传输的字节数，对已失序的段只要其序号处于允许的上限范围内，接收方均予以接收。对后继的段可以通过指定一个较小窗口值的方法来减小其上限值，同时，由于传输时延的影响，发送方在收到具有较小窗口的段时，由于它所发送的段的序号可能已经超过了该值，这时，对于超出的部分，TCP 协议对接收者答应采取的动作未做明确规定。当窗口值为 0 时，表示应停止所有数据段的发送，但接收者还必须处理 URG、RST 和 ACK 段。对于所有的进入段（In Coming Segment）又应对含 ACK＝1 的段给出报告，以便修改预期的序号，作为一个机动，在窗口为 O 时，发送者应仍能发送数据，以便获得通信对方序号分配的复本。

（3）IP 地址的形式。

IP 地址是一种 32 位数字地址，由 4 个十进制数字表示，中间用点号分隔。根据规模及应用的不同将 IP 地址分为 A，B，C，D，E 五类等级进行管理，常用的是 B，C 两类。A 类网一般用于大型网，前 8 位转换成十进制数，为 1～126 间；B 类网一般用于中型网，为 128～191 之间；C 类网用于小型网，如校园网等，IP 地址中第一位取 192～223 之间的数值；D 类（224～239）为多播地址；而 E 类（240～255）作为保留与试验之用。

在广域网上，每个主机的 IP 地址必须唯一，所以要想把一台主机入网，必须首先申请到合法的 IP 地址。

8.8 因 特 网

因特网（Internet）也称国际互联网，是当今世界上最流行的全球性的开放的计算机互联网络。从网络通信技术的观点来看，因特网是以 TCP/IP 协议联结各个国家、部门、企业和机构的计算机网络的数据通信网。从信息资源的观点看，Internet 是集各个部门、各个领域的各种信息资源为一体供网络用户共享的数据资源网；所以因特网又称网中网。它是利用通信设备和线路将全世界上不同地理位置的功能相对独立的数以千万计的计算机系统互联起来,以功能完善的网络软件(网络通信协议、网络操作系统等)实现网络资源共享和信息交换的数据通信网。

1. 因特网的发展史

因特网的最早起源于美国国防部高级研究计划署 DARPA(Defense Advanced Research Projects Agency)的前身 ARPAnet,该网于 1969 年投入使用。由此,ARPAnet 成为现代计算机网络诞生的标志。

20 世纪从 60 年代起,由 ARPA 提供经费,联合计算机公司和大学共同研制而发展起来的 ARPAnet 网络。最初,ARPAnet 主要是用于军事研究目的,它主要是基于这样的指导思想:网络必须经受得住故障的考验而维持正常的工作,一旦发生战争,当网络的某一部分因遭受攻击而失去工作能力时,网络的其他部分应能维持正常的通信工作。ARPAnet 在技术上的一个重大贡献是 TCP/IP 协议的开发;它奠定了因特网发展的基础,解决了异种机网络互联的一系列理论和技术问题。

1983 年,ARPAnet 分裂为两部分,ARPAnet 和纯军事用的 MILnet。同时,局域网和广域网的产生和蓬勃发展对因特网的进一步发展起了重要的作用。其中最引人注目的是美国国家科学基金会 ASF(National Science Foundation)建立的 NSFnet。NSF 在全美国建立了按地区划分的计算机广域网并将这些地区网络和超级计算机中心互联起来。NSFnet 于 1990 年 6 月彻底取代了 ARPAnet 而成为因特网的主干网。

因特网的商业化应用过程中,世界各地的无数企业、公司的涌入,带来了因特网发展史上的又一次新的飞跃。

2. 因特网在我国的发展

在我国建立完善了四大公用数据通信网,为我国因特网的发展创造了条件。中国公用分组交换数据通信网(China PAC)于 1993 年 9 月开通,1996 年年底已覆盖全国县级以上城市和一部分发达地区的乡镇,与世界 23 个国家和地区的 44 个数据网互联。

中国公用数字数据网(China DDN)。该网于 1994 年开通,1996 年年底覆盖到 3000 个县级以上的城市和乡镇。我国的四大互联网的骨干大部分都是采用 China DDN。

中国公用帧中继网(China FRN)。该网已在我国的 8 大区的省会城市设立了节点,向社会提供高速数据和多媒体通信。

中国公用计算机互联网(China Net)。该网于 1995 年与 Internet 互联,物理节点覆盖 30 个省(市、自治区)的 200 多个城市,业务范围覆盖所有电话通达的地区。1998 年 7 月,中国公用计算机互联网(China Net)骨干网二期工程开始启动。二期工程将八个大区间的主干带宽扩充至 155M,并且将八个大区的节点路由器全部换成千兆位路由器。

2000 年下半年,中国电信利用 $n\times 10$ Gbps DWDM 和千兆位路由器技术对 China Net 进行了大规模扩容。目前,China Net 网络节点间的路由中继由 155 M 提升到 2.5 Gbps,提速 16 倍，到 2000 年年底 China Net 国内总带宽已达 800 Gbps，到 2001 年 3 月份国际出口总带宽突破 3 Gbps。

在我国因特网的发展历程可以大略地划分为三个阶段。

第一阶段（1986－1993）是研究试验阶段（E-mail Only）。

在此期间中国一些科研部门和高等院校开始研究 Internet 联网技术，并开展了科研课题和科技合作工作。这个阶段的网络应用仅限于小范围内的电子邮件服务，而且仅为少数高等院校、研究机构提供电子邮件服务。

第二阶段（1994－1996）是起步阶段（Full Function Connection）。

1994 年 4 月，中关村地区教育与科研示范网络工程进入互联网，实现和 Internet 的 TCP/IP 连接，从而开通了 Internet 全功能服务。China Net、CER net、CST net、ChinaGB net 等多个因特网项目在全国范围相继启动，因特网开始进入平民百姓的生活，并得到了迅猛的发展。1996 年年底，中国互联网用户数已达 20 万，利用互联网开展的业务与应用逐步增多。

第三阶段（1997 年至今）是快速增长阶段。

国内互联网用户数自 1997 年以后基本保持每半年翻一番的增长速度。到今天，上网用户已近上亿。据中国互联网络信息中心（CNNIC）公布的统计报告显示，我国网民规模的扩大得益于我国经济的快速发展。2008 年网民规模较 2007 年增长 8800 万人，年增长率为 41.9%，其中农村网民增长速度为 60.8%，增速远远超过城镇（35.6%）。网民规模的增长也推动中国互联网网络价值的提升。网上购物、网上求职等应用增长最快，因特网正由最初单纯获取信息、娱乐发展到日常生活帮手、商务往来等方面，同时，随着我国 3G 牌照的发放，预计未来几年无线互联网将迎来爆发式的增长，一些新的经济模式和增长点也将孕育而生，无线互联网更深层次的应用将在 3G 时代逐渐凸显出来。更详细的资料可参考中国互联网信息中心的《中国 Internet 发展大事记》。中国目前有十家具有独立国际出入口线路的商用性互联网骨干单位，还有面向教育、科技、经贸等领域的非营利性互联网骨干单位。现在有近千家网络接入服务提供商（ISP），其中跨省经营的有数百家之多。

在网络基础设施方面，近年来，中国先后启用了数个国际光缆系统。已经建成并投入使用的有：中日、中韩、环球海底光缆系统、亚欧陆地光缆系统；并建设了亚太 2 号海底光缆、中美海底光缆、亚欧海底光缆。1999 年共有 13 条国内干线光缆投入使用或试运行。光缆总长 100 万公里。国内互联网骨干网络对原有信道全面扩容，中继电路以 155 M 为主。随着密集波分复用（DWDM）技术广泛应用于光通信建设，互联网骨干网带宽可达 2.5～40 G。

目前我国主要的因特网运营商主要有：

（1）中国公用计算机互联网（CHINANET）；

（2）中国科技网（CSTNET）；

（3）中国教育和科研计算机网（CERNET）；

(4) 中国金桥信息网（CHINAGBN）（已并入网通）；
(5) 中国联通互联网（UNINET）；
(6) 中国网通公用互联网（CNCNET）；
(7) 中国移动互联网（CMNET）；
(8) 中国国际经济贸易互联网（CIETNET）；
(9) 中国长城互联网（CGWNET）；
(10) 中国卫星集团互联网（CSNET）。

其中非营利单位有四家：中国科技网、中国教育和科研计算机网、中国国际经济贸易互联网和中国长城互联网。这十大互联网络单位都拥有独立的国际出口。调查显示，截至2001年9月30日，我国的国际出口带宽总和已达到5724 M（未包括中国长城互联网的国际出口带宽数据），与CNNIC在2001年1月的互联网统计调查报告中公布的2799 M相比，我国大陆在不到一年中，国际出口带宽增加了近3000 M，增幅为105%。其中，与美国相连的有4023 M（占70.3%），与日本相连的有314 M，与韩国相连的有251 M，与中国香港相连的有749 M，与中国澳门相连的有14 M，还与澳大利亚、英国等国家相连。另外，这十大互联网络单位与国家互联网交换中心（NAP）之间的连接带宽也达到3558 M。

3. 因特网的作用及未来

因特网给全世界带来了非同寻常的变化，因特网正从各个方面逐渐改变人们的工作和生活方式。人们可以随时从网上了解当天最新的天气信息、新闻动态和旅游信息，可看到当天的报纸和最新杂志，可以足不出户在家里办公、购物、聊天、收发电子邮件，接收各种实时的多媒体信息，享受远程医疗和远程教育等。

因特网的意义并不仅仅在于它的规模，而是提供了一种全新的全球性的信息基础设施。当今世界正向知识经济时代迈进，信息产业已经发展成为世界发达国家的新的支柱产业，成为推动世界经济高速发展的新的原动力，并且广泛渗透到各个领域。

同时因特网还在不断地发展与完善。首先，随着网络基础的改善、用户接入方面新技术的采用、接入方式的多样化和运营商服务能力的提高，接入网速率慢形成的瓶颈问题将会得到进一步改善，上网速度将会越来越快，家家户户实现真正的宽带化，从而促进更多的应用在网上实现，并能满足用户多方面的网络需求。

在通信速度完善的条件下，因特网的多业务综合平台化、智能化均可实现。此时视频、图像、话音等多媒体数据，结合电子商务、电子政务、电子公务、远程医疗、电子教学等业务的开展，使因特网将超过报刊、广播和电视的影响力。

同时，随着电信、电视、计算机"三网融合"的实现，因特网将是一个真正的多网合一、多业务综合平台和智能化的平台。因特网将融合现今所有的通信业务，并能推动新业务的迅猛发展，给整个信息技术产业带来一场革命。

【课后习题】

1. 试简述 IEEE 802 标准的内容。
2. 试简述交换机的交换方式。
3. 基于交换式的以太网如何实现 VLAN？
4. 试说明网络互连所需的互联设备及其作用。
5. 简述 TCP/IP 的工作过程。
6. IP 协议的主要功能有哪些？

第 9 章 分组交换网

9.1 分组交换网概述

9.1.1 数据通信网

1. 数据通信网的构成

数据通信网是一个由分布在各地的数据终端设备、数据交换设备和数据传输链路所构成的网络、在网络协议（软件）的支持下实现数据终端间的数据传输和交换。

数据通信网的硬件构成包括数据终端设备、数据交换设备及传输链路。

（1）数据终端设备：数据终端设备是数据通信网中的信息传输的源点和终点，它的主要功能是向网络（向传输链路）输出数据和从网络中接收数据，并具有一定的数据处理和数据传输控制功能。

数据终端设备可以是计算机，也可以是一般数据终端。

（2）数据交换设备：数据交换设备是数据通信网的核心，它的基本功能是完成对接入交换节点的数据传输链路的汇集、转接接续和分配。

（3）数据传输链路：数据传输链路是数据信号的传输通道。包括用户终端的入网路段（即数据终端到交换机的链路）和交换机之间的传输链路。

传输链路上数据信号传输方式有基带传输、频带传输和数字数据传输等。

2. 数据通信网的分类

数据通信网可以从几个不同的角度分类。
（1）按网络拓扑结构分类。
数据通信网按网络拓扑结构分类，有以下几种基本形式。

① 网状网与不完全网状网。网状网中所有节点相互之间都有线路直接相连，如图 9-1 所示。网状网的可靠性高，但线路利用率比较低，经济性差。

不完全网状网也叫网格形网，其中的每一个节点均至少与其他两个节点相连，如图 9-2 所示。网格形网的可靠性也比较高，且线路利用率又比一般的网状网要高（但比星形网的线路利用率低）。数据通信网中的骨干网一般采用这种网络结构，根据需要，也有采用网状网结构的。

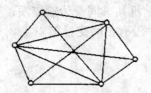
图 9-1 网状网

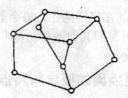
图 9-2 不完全网状网

② 星形网。星形网是外围的每一个节点均只与中心节点相连，呈辐射状，如图 9-3 所示。星形网的线路利用率较高，经济性好，但可靠性低，且网络性能过多地依赖于中心节点。一旦中心节点出故障，将导致全网瘫痪。星形网一般用于非骨干网。

③ 树形网。树形网是星形网的扩展，它也是数据通信非骨干网常采用的一种网络结构。树形网如图 9-4 所示。

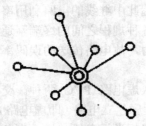
图 9-3 星形网

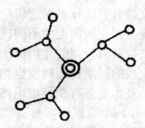
图 9-4 树形网

④ 总线网。总线网（Bus）如图 9-5 所示，网中各节点是串联，同样具有经济性好，布线方便的特点，但如果某一结点发生故障则会影响整个网络的通信。

⑤ 环形网。环形网是各节点首尾相连组成一个环状，如图 9-6 所示。

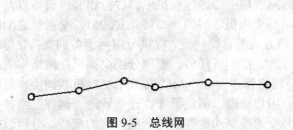
图 9-5 总线网

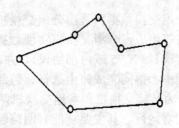
图 9-6 环状网

（2）按传输技术分类。

按传输技术分类，数据通信网可分为交换网和广播网。

① 交换网。根据采用不同的交换方式，交换网又可分为电路交换网、报文交换网、分组交换网等。

② 广播网。在广播网中，每个数据站的收发信机共享同一传输媒质，从任一数据站发出的信号可被所有的其他数据站接收。在广播网中没有中间交换节点。

9.1.2 分组交换网的概念与特点

第 6 章中已经介绍了通信中三种数据交换方式：电路交换、报文交换与分组交换，分组交换网就是基于分组交换方式而建立的通信网。分组交换是一种存储转发的交换方式，它将用户的报文划分成一定长度的分组，以分组为存储转发，因此，它比电路交换的利用率高，比报文交换的时延要小，而具有实时通信的能力。分组交换利用统计时分复用原理，将一条数据链路复用成多个逻辑信道，最终构成一条主叫、被叫用户之间的信息传送通路（称之为虚电路）实现数据的分组传送。

分组交换网具有以下特点：
（1）分组交换具有选择多条逻辑信道的能力，因此中继线的电路利用率高；
（2）可实现分组交换网上的不同码型、速率和各种规程之间的终端互通；
（3）分组交换具有较强的差错检测和纠正的能力，故电路传送的误码率极小；
（4）分组交换的网络管理功能也相当完善。

分组交换的基本业务有交换虚电路(SVC)和永久虚电路(PVC)两种。交换虚电路如同电话电路一样，即两个数据终端要通信时先用呼叫程序建立电路（即虚电路），然后发送数据，通信结束后用拆线程序拆除虚电路。永久虚电路相当于专线一样，在分组网内两个终端之间在申请合同期间提供永久逻辑连接，无需呼叫建立与拆线程序，在数据传输阶段，与交换虚电路相同。

9.1.3 分组交换网的构成

分组交换数据网是由分组交换机、网路管理中心、远程集中器、分组装拆设备以及传输设备等组成。分组交换机实现数据终端与交换机之间的接口协议(X.25)，交换机之间的信令协议(如 X.75 或内部协议)，并以分组方式的存储转发、提供分组网服务的支持，与网路管理中心协同完成路由选择、监测、计费、控制等任务。根据分组交换机在网络中的地位，分为转接交换机和本地交换机两种。网络管理中心(NMC)与分组交换机共同协作保证网路正常运行。其主要功能有网路管理、用户管理、测量管理、计费管理、运行及维护管理、路由管理、搜集网路统计信息以及必要的控制功能等，是全网管理的核心。分组装拆设备(PAD)的主要功能是把普通字符终端的非分组格式转换成分组格式，并把各终端的数据流组成分组，在集合信道上以分组交织复用，对方再将收到的分组格式作相反方向的转换。远程集中器的功能类似于分组交换机，通常含有 PAD 的功能，它只与一个分组交换机相连，无路由功能，使用在用户比较集中的地区，一般装在电信部门。

分组交换网的基本结构如图9-7所示。

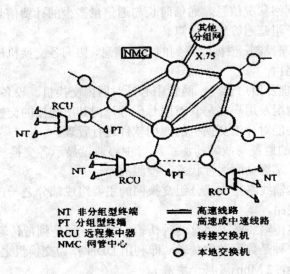

图9-7 分组交换网

1. 设备组成及功能

从设备来看，分组交换网由分组交换机、用户终端设备、远程集中器（含分组装拆设备）、网络管理中心（NMC）以及传输线路等组成。

（1）分组交换机。分组交换机是分组交换网的重要组成部分。根据其在网络中的位置，分组交换机可分为转接交换机和本地交换机两种。转接交换机容量大，线路端口数多，具有路由选择功能，主要用于交换机之间互连；本地交换机容量小，只有局部交换功能，不具备路由选择功能。本地交换机可以接至数据终端，也可以接至转接交换机，但只可以与一个转接交换机相连，与网内其他数据终端互通时必须经过相应的转接交换机。

（2）用户终端（DTE）。用户终端有两种：分组型终端和非分组型终端。分组型终端（如计算机或智能终端等）发送和接收的均是规格化的分组，可以按照X.25协议直接与分组交换网相连。而非分组型终端（如字符型终端）产生的用户数据不是分组，而是一连串字符（字节）。非分组型终端不能直接接入分组交换网，而要通过分组装拆设备（PAD）才能接入到分组交换网。

（3）远程集中器（RCU）。远程集中器可以将离分组交换机较远地区的低速数据终端的数据集中起来后，通过一条中、高速传输线路送往分组交换机，以提高电路利用率。远程集中器具备分组装/拆设备（PAD）的功能，可使非分组型终端接入分组交换网。

远程集中器的功能介于分组交换机和PAD之间，也可理解为PAD的功能与容量的扩大。

（4）网络管理中心（NMC）。分组交换网中网络管理中心主要有以下几个主要任务。

① 收集全网的信息：收集的信息主要有交换机或线路的故障信息、检测规程差错、网络拥塞、通信异常等网络状况信息，通信时长与通信量多少的计费信息，以及呼叫建立时间、交换机交换量、分组延迟等统计信息。

② 路由选择与拥塞控制：根据收集到的各种信息，协同各交换机确定当时某一交换机至相关交换机的最佳路由。

③ 网络配置的管理及用户管理：网管中心针对网内交换机、设备与线路等容量情况、用户所选用补充业务情况及用户名与其对照号码等，向其所连接的交换机发出命令，修改用户参数表。另外，还能对分组交换机的应用软件进行管理。

④ 用户运行状态的监视与故障检测：网管中心通过显示各交换机和中继线的工作状态、负荷、业务量等，掌握全网运行状态，检测故障。

（5）传输线路。传输线路是构成分组交换网的主要组成部分之一，包括交换机之间的中继传输线路和用户线路。

交换机之间的中继传输线路主要有两种传输方式：一种是频带传输，速率为 9.6 kbps，48 kbps，64 kbps。另一种是数字数据传输（即利用 DDN 作为交换机之间的传输通道），速率为 64 kbps，128 kbps，2 Mbps（甚至更高）。

用户线路有三种传输方式：基带传输、数字数据传输及频带传输。

2. 分组交换网的结构

从结构来说，分组交换网通常采用两级，根据业务流量、流向和地区情况设立一级和二级交换中心。

一级交换中心可采用转接交换机，一般设在大、中城市，它们之间相互连接构成的网通常称为骨干网。由于骨干网的业务量一般较大且各个方向都有业务，所以骨干网采用网状网或不完全网状网的分布式结构。另外通过某一级交换中心还可以与其他分组交换网互联。

二级交换中心可采用本地交换机，一般设在中、小城市。由于中、小城市之间的业务量较小，而它与大城市之间的业务量一般较多，所以从一级交换中心到二级交换中心之间一般采用星形结构，必要时也可采用不完全网状结构。

9.2 分组交换网的路由选择

分组交换网的重要特征之一是分组能够通过多条路径从源点到达终点，那么选择哪条路径最合适就成为交换机必须决定的问题。所以分组网中的交换机都存在路由选择的问题。

下面将主要介绍路由选择算法的一般要求及常见的几种路由选择算法。所谓路由选择算法是交换机收到一个分组后，决定下一个转发的中继节点是哪一个、通过哪一条输出链路传送所使用的策略。

1. 对路由选择算法的一般要求

确定路由选择算法的一般要求是：
（1）在最短时间内使分组到达目的地；
（2）算法简单，易于实现，以减少额外开销；
（3）使网中各节点的工作量均衡；
（4）算法应能适应通信量和网络拓扑的变化，即要有自适应性；
（5）算法应对所有用户都是平等的。

2. 常见的几种路由选择算法

路由选择算法分为非自适应型和自适应型路由选择算法两大类。

非自适应路由选择算法所依据的参数，如网络的流量、时延等是根据统计资料得来的，在较长时间内不变；而自适应路由选择算法所依据的这些参数值将根据当前通信网内的各有关因素的变化，随时做出相应的修改。

下面介绍几种属于这两类的路由选择算法。

（1）扩散式路由算法。

扩散算法又称泛射算法，属于非自适应路由算法的一种。网内每一节点收下一个分组后就将它同时通过各条输出链路发往各相邻节点，只有在到达目的节点时，该分组才被移出网外传输给用户终端。为了防止一个分组在网内重复循回，规定一个分组只能出入同一节点一次，这样，不管哪一个节点或链路发生故障，总有可能通过网内某一路由到达目的节点（除非目的节点有故障）。

采用扩散式路由算法的优点是简单、可靠性高。因为其路由选择与网络拓扑结构无关，即使网络严重故障或损坏，只要有一条通路存在，分组也能到达终点。但是这种方法的缺点是分组的无效传输量很大，网络的额外开销也大，网络中业务量的增加还会导致排队时延的加大。

由此可见，扩散式路由算法适合用于整个网内信息流量较少而又易受破坏的某些专用网。

（2）静态路由表法。

静态路由表法属于查表路由法。查表路由法是在每个节点中使用路由表，它指明从该节点到网络中的任何终点应当选择的路径。路由表的计算可以由网络控制中心集中完成，然后装入到各个节点之中，也可由节点自己计算完成。

常用的确定路由的准则是最短路径算法和最小时延算法等。

最短路径算法确定路由表时，主要依赖于网络的拓扑结构，由于网络拓扑结构的变化并不是很经常的，所以这种路由表的修改也不是很频繁的（网络故障或更新时需要修改），因而这种路由表法称为静态路由表法，属于非自适应路由选择算法。

（3）动态路由表法。

动态路由表法也属于查表路由法，这种方法确定路由的准则是最小时延算法。

一般交换机中的路由表由交换机计算产生。最小时延算法的依据是网络结构（相邻关系）和两项网络参数：中继线速率（容量）和分组队列长度。其中网络结构相中继线速率通常是较少变化的，而分组的队列长度却是一个经常变化的因素，这将导致时延的变化，所以交换机的路由表要随时作调整。这种随着网络的数据流或其他因素的变化而自动修改路由表的方法称为动态路由表法，即为自适应路由选择算法。

以上介绍了常见的三种路由选择算法。分组交换网要向用户提供低的时延、高可靠性的服务，路由选择算法是关键因素之一。下面将三种路由选择算法的优缺点作一简单的比较。

（1）扩散式路由算法：可确保网络连通的可取性，但是总的时延将因传输量的倍增和非最佳路径的选择而受损失。

（2）静态路由表法：使用最短距离原则确定的路由表，在正常工作条件下能保证良好的时延性能。但是它对网络中传输量变化和网络设施方面出现问题时的应变能力差。

（3）动态路由表法：按最小时延原则具有自适应能力的路由表法能提供良好的时延性能，而且对网络工作条件的变化具有灵活性。但是这要使交换机或网络控制中心在信息的存储能力、处理能力和网络的传输能力方面付出一定的代价。

3. 数据报与虚电路方式的路由选择

分组传输时无论是采用数据报方式还是虚电路方式，在网络的每个节点中都需要确定路由，以将分组正确地传送到目的地。但是数据报方式与虚电路方式的路由选择有所不同。

（1）数据报方式的路由选择。

数据报方式中，由于每个分组可以在网内独立传输，所以交换节点要对每个数据分组进行路由选择。具体方法是：节点收到数据分组时，根据分组头中的目的地址，检查节点内的路由表为分组选择路由。

（2）虚电路方式的路由选择。

在虚电路方式中，分组传送的路由是在虚电路建立时确定的。即虚电路方式是对一次虚呼叫确定路由，路由选择是在节点接收到呼叫请求分组之后执行的。一旦虚电路建立好了以后，数据分组将沿着由呼叫请求分组建立的路径（虚电路）穿过网络。

9.3 分组交换网的流量控制

9.3.1 流量控制的必要性

就如不加以任何交通管制，道路交通会发生阻塞一样，分组交换网如果不进行流量控制会出现阻塞现象，甚至造成死锁。

分组交换网中，当网络输入负荷（每秒钟由数据源输入到网络的分组数量）比较小时，各节点中分组的队列都很短,节点有足够的缓冲器接收新到达的分组,导致相邻节点中的分组输出较快,使网络吞吐量(每秒发送到网络终点的分组数量,即每秒流出网络的分组数量)随着输入负荷的增大而线性增长。但当网络负荷增大到一定程度时,节点中的分组队列加长,有的缓冲存储器已占满,节点开始抛弃还在继续到达的分组,这就导致分组的重新传输增多。由于分组队列加长,时延加大,又导致各节点间对接收分组的证实返回太晚,也使一些本来已正确接收的分组由于满足超时条件而不得不重新发送,导致网络阻塞,吞吐量下降。严重时使数据停止流动,造成死锁。

简而言之,网络的吞吐量随网络输入负荷的增大而下降,这种现象称为网络阻塞。当网络输入负荷继续增大到一定程度时,网络的吞吐量下降为零,数据停止流动,这就是死锁。

网络阻塞现象将会导致网络吞吐量的急剧下降和网络时延的迅速增加,严重影响网络的性能。而一旦发生死锁,网络将完全不能工作。所以,为避免这些现象发生,必须要进行流量控制。

9.3.2 流量控制的类型

为了保证用户终端之间通过整个网络的正常通信,分组网的各个环节,包括节点之间,用户终端设备和节点之间,源用户终端设备到终点用户终端设备之间等均要进行流量控制。于是网内存在如下四级流量控制结构。

(1) 段级控制。指网内相邻两节点之间的流量控制,使之维持一个均匀的流量,避免局部地区的阻塞。

(2) "网—端"级控制。指端系统与网内源节点之间的流量控制,以控制进网的总通信量,防止网络发生阻塞。

(3) "源—目的"级控制。指网内源节点与目的节点之间的流量控制,防止目的节点(输出节点)缺少缓冲存储区所造成的阻塞。

(4) "端—端"级控制。指两个互相通信的端系统之间的流量控制,防止端系统用户缺少缓冲存储器而出现阻塞。

9.3.3 流量控制的方式

实际应用中流量控制的方式有以下几种。

(1) 证实法。发送方发送分组之后等待收方证实分组响应,然后再发送新的分组。接收方可以通过暂缓发送证实分组来控制发送方发送分组的速度,从而达到控制数据流量的目的。证实法一般用于点到点的流量控制,也可以用于端到端的流量控制。

(2) 预约法。由发送端对接收端提出分配缓冲存储区的要求后,根据接收端所允许发送的分组数量发送分组。这种方式的优点是可以避免出现抛弃分组,预约法适用于数据报工作方式,也可用于源计算机和终点计算机之间的流量控制。在源计算机向终点计算机发送数据之前,由终点计算机说明自己缓冲存储区容量大小,然后源计算机再决定向终点计算机发送多少数据。

(3) 许可证法。为了避免网络出现阻塞,在网络内设置一定数量的"许可证",每个"许可证"可携带一个分组。当许可证载有分组时称"满载",满载的许可证到终点时卸下分组变为"空载"。许可证在网内巡游,分组在节点处得到"空许可证"之后才可在网内流动。采用许可证方式时,分组需要在节点等待得到许可证后才能发送,这可能产生额外的等待时延。但是,当网络负载不重时,分组很容易得到许可证。

(4) 窗口方式。所谓窗口方式流量控制就是根据接收方缓冲存储器容量,用能够连续接收分组数目来控制收发方之间的通信量,这个分组数目就称为窗口尺寸 W。换句话说,窗口方式流量控制就是允许发送端发出的未被确认的分组数目不能超过 W 个。窗口尺寸是窗口控制方式的关键参数。如果窗口尺寸过小,通过量受到过分的控制,会降低网的效率;而窗口尺寸过大就会失去防止阻塞的控制作用。因为窗口控制方式包括重发规程,在公用分组网中得到广泛应用。

9.4 分组交换网入网方式

用户终端(包括分组型终端 PT 和非分组型终端 NPT)接入分组交换网的方式主要有两种:一是经租用专线直接接入分组网;二是经电话网再进入分组网。分组型终端(PT)可直接接入分组网或经电话网(PSTN)进入分组网;非分组型终端(NPT)不论是经专线还是经电话网入分组网之前,必须首先接分组装拆设备(PAD)。另外,非分组型终端也可经用户电报网接入分组网。

用户终端的入网方式具体说明如下。

1. 租用专线入网

用户终端经租用专线直接接入分组网可采用两种传输方式:频带传输和基带传输。

(1) 频带传输:频带传输时有二线制和四线制。分组型终端采用同步 2/4 线全双工传输,异步终端采用异步 2/4 线全双工传输。

(2) 基带传输:如果用户终端离分组网较近,可以采用基带传输方式,它也有二线制或四线制。基带传输一般采用 AMI 码,需要码型变换处理。基带传输设备(现在习惯上称之为基带 Modem)较频带传输设备简单。

2. 电话网入网

由于电话网的覆盖面很大,所以大多数情况,用户终端是经电话网再接入分组网的。

用户终端入网的几种方式，归纳起来参见表 9-1。

表 9-1 分组交换网入网方式与速率等参数

终端类型	入网方式	接口规程	速率/kbps	物理接口
PT	经租用专线	X.25	1.2～64	V.25/V.35
PT	经电话网	X.32	1.2～9.6	V.24
NPT	经租用专线	X.28	1.2～19.2	V.24
NPT	经电话网	X.28	0.3～9.6	V.24
NPT	经电报网	X.28	0.05	V.24

9.5 分组交换网标准访问协议 X.25

X.25 是由 CCITT 于 1974 年提出的公共分组交换网的标准访问协议，并在 1976 年、1980 年、1984 年、1988 年相继作了修订。

主机（DTE 数据终端设备）与主机接口的通信设备称为 DCE（数据电路端接设备）。X.25 指定 DTE 与 DCE 之间的三个级别上的接口。

（1）物理级：相当于 OSI 的第一层。采用 X.21 物理级接口，也可选择类似于 RS-232C 的 X.21。

（2）链路级：相当于 OSI 的第二层。允许 DTE 与 DCE 之间有多个并列物理电路时使用多链路规程。

（3）分组级：相当于 OSI 的第三层，网络向主机提供多信道的虚电路业务，包括虚呼叫和永久虚电路业务。

较长一段时间，X.25 分组交换网被认为是实现数据通信的最好方式，因为它具有比电话系统高得多的数据传输速率，且具有一套完整的差错控制机制。到 20 世纪 80 年代后期，X.25 分组交换网已经不能适应数据通信发展的需要，主要表现在以下两个方面。

1. 网络上信息流量的急剧增加

随着计算机的普及，网络用户也急剧增加，他们越来越多地利用计算机网络来传送电子邮件及文件，这种新的电子邮政业务使网络上的信息流量，每年以 200％以上的速率增加，使 X.25 原有的传输速率已远远不能满足要求。

2. LAN 互联的需要

随着 LAN 的普及，使 LAN 通过分组交换网互联的数量，也急剧增加。目前市售的 LAN

互联设备中，虽然都配有 X.25 接口。然而通常 LAN 的传输速率是 10 Mbps，甚至更高。显然利用 X.25 互联时，会严重地限制了两远程 LAN 间的通信速率。

早期的分组交换网主要采用模拟信道，其质量较差、误码率较高。到上世纪 80 年代后期，通信用的主干线已逐步采用光缆，光缆不仅大幅度地提高了传输速率，而且使传输误码率降低了几个数量级；此外，网络中所用通信设备的可靠性也显著提高，这些都使信息在传输过程中发生差错的几率减小，因此没必要再像 X.25 交换网那样每经过一个交换器都对帧进行一次差错检测；也无需在每个交换器中设置功能较强的流量控制和路由选择机制。正是在这种背景下产生了帧中继交换，因此可以说，帧中继是在 X.25 基础上，简化了差错控制（包括检测、重发和确认）、流量控制和路由选择功能，而形成的一种新型的交换技术。由于 X.25 分组网和帧中继网很相似，因而很容易于从 X.25 升级到帧中继。帧中继走向成熟的标志是 AT&T 公司的 Intel Span 帧中继服务投入使用，我国也于前几年开通了帧中继等通信新业务。

【课后习题】

1. 简述通信网络的拓扑结构有哪几种，各有什么特点？
2. 分组交换网有什么特点？简述分组交换网的结构组成。
3. 网络管理中心的主要任务有哪些？
4. 三种路由方式各有什么特点？分别分析其效率。

第 10 章 帧中继

第 9 章介绍了分组交换网，它具有传输质量高等优点，是数据通信网的主要交换方式之一；但分组交换网时延较大，信息传输效率低（开销大），并且传输协议也较为复杂；网络的体系结构并不适合于高速交换。一种支持高速交换的网络体系结构——帧中继（Frame Relay，简称 FR）应运而生。帧中继在许多方面非常类似于 X.25，它也被称为第二代的 X.25。在 1992 年帧中继问世后不久就得到了很大的发展。它改进了分组交换网的某些不足，是在 X.25 基础上发展起来的一种新的通信方式。

10.1 帧中继概述

帧中继（Frame Relay）是分组交换技术的新发展，它是在通信环境改善和用户对高速传输技术需求的推动下而发展起来的。20 世纪 70 年代，分组交换设备产生时的通信环境主要是模拟通信网，终端设备还没有智能化，网路的传输质量也较差。随着数字化的进展，网路的可靠性提高，终端设备智能化程度的增强，不断发展的光纤技术能够提供更宽的频带和更高的传输速率，并可以将数据传输的差错率降低到几乎可以忽略的地步，因而于 20 世纪 80 年代末出现了帧中继技术，并于 20 世纪 90 年代初开始投入市场。帧中继技术是采用在中间节点对数据无误码纠错的方法，从而缩短了传输时延。帧中继是当前数据通信中的一种重要网络技术，作为高速数据接口，帧中继可实现局域网（LAN）互联、局域网与广域网（WAN）互联，并可在分组交换数据网上提供高速传输业务。

1. 帧中继与分组交换网

分组交换网主要是基于电话网，而如今数字光纤网比早期的电话网具有更低的误码率，因此，完全可以简化 X.25 的某些差错控制过程。如果减少结点对每个分组的处理时间，则各分组通过网络的时延亦可减少，同时结点对分组的处理能力也就增大了。帧中继就是一种减少结点处理时间的技术。其原理也并不复杂，当帧中继交换机收到一个帧的首部时，只要一查出帧的目的地址就立即开始转发该帧；因此在帧中继网络中，一个帧的处理时间比 X.25 网约减少一个数量级；这样，帧中继网络的吞吐量就要比 X.25 网络的提高一个数量级以上。

那么若出现差错该如何处理呢？显然，只有当整个帧被收下后该结点才能够检测到比特差错。但是当结点检测出差错时,也可能该帧的大部分已经转发出去了,解决这一问题的方法实际上非常简单,当检测到有误码时,结点要立即中止这次传输。当中止传输的指示到达下个结点后,下个结点也立即中止该帧的传输,并丢弃该帧。即使上述出错的帧已到达了目的结点,用这种丢弃出错帧的方法也不会引起不可弥补的损失。不管是上述哪一种情况,由源站将用高层协议请求重传该帧。帧中继网络纠正一个比特差错所用的时间当然要比 X.25 网分组交换网稍多一些。因此,只有当帧中继网络本身的误码率非常低时,帧中继技术才是可行的。

当正在接收一个帧时就转发此帧,通常被称为快速分组交换(Fast Packet Switching)。快速分组交换在实现的技术上有两大类,它是根据网络中传送的帧长是可变的还是固定的来划分。在快速分组交换中,当帧长为可变时就是帧中继;当帧长为固定时(这时每一个帧叫做一个信元)就是信元中继(Cell Relay),如异步传递方式 ATM 就属于信元中继。

分组交换网数据链路层具有完全的差错控制,但对于帧中继网络,不仅其网络中的各结点没有网络层,并且其数据链路层只具有有限的差错控制功能。只有在通信两端的主机中的数据链路层才具有完全的差错控制功能。

2. 帧中继与现有数据网络技术的比较

帧中继与现有数据网络技术的比较列于表 10-1。

表 10-1 帧中继与现有网络技术的比较

网络 \ 性能	交换电路	租用电路	分组交换	帧中继
高速率	较差	较好	较差	较好
按需要带宽	无	无	较好	较好
一点到多点	较差	可以	较好	较好
网络灵活性	较好	较差	较好	较好
费用	较低	较高	较低	较低
时延	较低	较低	较长	较低

从表 10-1 可以看出,交换电路和租用电路在信息源和终点之间系固定占用带宽。交换电路很难满足一点到多点连接的要求。租用电路虽然可以提供一点到多点的业务,但费用很高,且网络的灵活性较差。分组交换则受速率的限制(指一次群速率),而帧中继能较好地满足全部网络要求。

帧中继省略了网络层并简化了传输处理,其平均传输速率可达 X.25 的好几倍,特别适合于大容量突发型的数据业务传输,是远程局域网间互联的一种较理想的方式。

3. 帧中继的功能与特点

帧中继是对广域网进行数据访问的一种技术,它有以下一些功能与特点。

（1）帧中继使用统计复用技术（即按需分配带宽），向用户提供共享的网络资源，每一条线路和网络端口都可由多个终点按信息流共享，大大提高了网络资源的利用率。

（2）帧中继采用虚电路技术，只有当用户准备好数据时才把所需的带宽分配给指定的虚电路，而且，带宽在网络是按照每一分组以动态方式进行分配的，因而适合于突发性业务的使用。

（3）帧中继只使用了物理层和链路层的一部分来执行它的交换功能；利用用户信息和控制信令分离的 D 信道连接实施以帧为单位的信息传送，简化了中间节点的处理。帧中继采用了可靠的 LAPD 协议（LAPD 是 ISDN D 信道链路层的协议），将流量控制，纠错等功能留给智能终端去完成，从而大大简化了处理过程，提高了效率。这里需要说明的是，由于许多数据通信协议都普遍符合 LAPD 链路层协议，所以采用 APD，链路层协议使得任何一种帧中继网都能容纳 X.25、SNA、DECNET、TCP/IP 及其他协议等。

LAPD 链路层协议通过帧序列校验提供差错控制，但不包括差错纠错及流量控制。

LAPD 链路层具有如下内容：

① 数据报协议，每个帧含有目的地地址；

② 多点寻址和通信，每个源节点可以同时与多个目的节点通信；

③ ISDN LAPD 子协议可用于帧中继 DCE 与 DTE 间相互工作的信令。

（4）帧中继通常的帧长度比分组交换长，达到 1024～4096 字节/帧，因而其吞吐量非常高，其所提供的速率大于 2.048 Mbps。用户传输速率一般为 64～2000kbps，根据用户需要，有的速率可为 9 600 bps。

（5）帧中继没有采取存储转发功能，因而具有与快速分组交换相同的一些优点。

综上所述，帧中继具有为用户提供高存吐量、低时延、适合突发性数据业务的高效性。其高质量的传输线、高智能的终端以及网络本身的拥塞管理和 PVC 管理等都保证了帧中继网的高可靠性。

此外，帧中继与 X.25 的特性有很多相似处，但又由于协议不一样又有不同之处。表 10-3 列出了帧中继和 X.25 的特性比较。

表 10-3　帧中继和 X.25 的特性比较

特　性	帧中继	X.25
标准可用性	DTE—DCE	DTE—DCE
网络间标准	NNI	X.75
多供应厂商互操作性	有	有
永久虚电路	有	有
交换虚电路	下一步才有	有
控制突发能力	有	无
控制突发能力	有	无
骨干路由迂回	有	有

（续表）

特　性	帧中继	X.25
多协议支持	有	有
链路层检错	LAPD	LAPB
链路层纠错	高层协议	LAPB
端对端差错恢复	高层协议	有
中继线最大有效速率	2 Mbps	56/64 kbps
交换层	帧/第二层	分组/第三层
寻址方法	数据报	逻辑信道号
LAN 相对连网速率	高	低
速率适应	有	有
流量控制	高层协议	第二、三层
网络拥塞控制	有	无

10.2　帧中继基本原理

10.2.1　帧中继的格式

帧中继的格式如图 10-1 所示。

（1）FLAG 为帧标志，用于帧定位，帧中继标志的编码是 01111110。

（2）FRAME RELAY HEADER 为帧中继头。

（3）DLCI 为数据链路连接标识，用于区分不同帧中继连接，实现帧复用。它是帧中继的地址字段。根据地址把帧送到适当的近节点，并选择路由到目的地。根据需要，地址字段还可扩展为 8 个比特组。在目前实施的帧中，对地址字段的分配还存在某些限制。根据 CCITT 有关的建议，DLCI 0 保留为通路呼叫控制信令使用；DLCI 1 到 15 和 1008 至 1022 保留为将来应用；DLCI 1023 保留为本地管理接口（LMI）通信；DLCI 从 16 到 1007 共有 992 个地址可为帧中继使用。对于标准的帧中继接口，DLCI 值具有本地的含义。在帧中继连接中，两个端口的用户—网络接口（UNI）可以具有不同的 DLCI 值。

FLAG	FRAME REPLAY HEADER		USER DATA	FRAME SQUENCE CHECK（FSC）		FLAG
DLCI	C/R	EA	EXTENDED	FECN	BECN	DE

图 10-1　帧中继的帧格式

（4）C/R 为命令响应比特。该比特在帧中继网络中透明传输。

（5）EA 为地址段扩张比特，最后一个字节的 EA 为 1，前面的字节均为 0。EA 比特用于指示地址是否扩张。目前地址段仅使用两个 8 比特组。第一个 8 比特组的 EA 置为"0"，第二个8比特值的 EA 置为"1"。

（6）EXTENDED DLCI 为扩张的 DLCI。

（7）FECN 及 BECN 分别为前向和后向明确拥塞通知比特。后向明确拥塞通知比特 BECN，可以由拥塞的网络位置来通知帧中继接入避免拥塞的程序。当帧中继网络拥塞时，网络的任务是识别拥塞的状态及设置前向明确拥塞通知比特 FECN。当接收端帧中继接入设备发现 FECN 比特被设置后，必须向发端发送的帧中将 BECN 置位。表 10-2 列出了 FECN 及 BECN 的状态设置情况。

A 到 B 方向的业务量与 B 到 A 的业务量情况是不一样的。如果 A 是一个终端，B 是一台主机，A 向 B 的一个简单请求就有可能产生 B 到 A 方向的大量信息，从而引起拥塞，具体见表 10-2。

表 10-2 FECN 和 BECN 比特状态表

	拥塞状态	FECN 状态	BECN 状态
A→B	无拥塞	0	0
B→A	无拥塞	0	0
A→B	拥 塞	1	1
B→A	拥 塞	1	1
A→B	拥 塞	1	0
B→A	无拥塞	0	1
A→B	无拥塞	0	1
B→A	拥 塞	1	0

（8）DE 为丢弃指示。丢弃指示比特用于指示在网络拥塞情况下丢弃信息帧的适用性，通常当网络拥塞后，帧中继网络会将 DE 比特置 1。但目前有关该比特的确切定义和方法尚在研究之中。

（9）USER DATA 为用户数据，包括控制和信息，其长度是可变的。信息字段的内容应由整数个 8 位组成。

（10）FSC 为帧序列校验，用于保证在传输过程中帧的正确性。在帧中继接入设备的发端及收端都要进行 CRC 校验的计算。如果两个结果不一致，则丢弃该帧。如果需要重新发送，则由高层协议来处理。

10.2.2 帧中继协议结构

帧中继的协议结构如图 10-2 所示。智能化的终端设备把数据发送到链路层，并封装在 LAPD（D 信道链路接入协议，由用于 X.25 的 LAPB 派生出来的一种可靠的链路层协议）

帧结构中，实施以帧为单位的信息传送。帧不需要在第三层处理，能在每个交换机中直接通过，即帧的尾部还未收到前，交换机就可以把帧的头部发送给下一个交换机，一些第三层的处理，如流量控制，留给了智能终端去处理。可见，帧中继是通过节点间分组重发和流量控制来恢复差错和拥塞的处理程序，从网内移到网外或终端设备，从而简化了交换过程，使得吞吐量大、时延小。

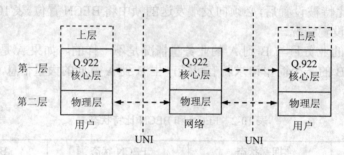

图 10-2　帧中继协议结构

为了最有效地利用带宽，帧中继采用统计复用，即按需分配带宽，适用于各种具有突发性数据业务的用户。用户可以有效利用预先约定的带宽，并且当用户突发性数据超出预定带宽时，网络可及时提供带宽。

10.2.3　帧中继寻址方式

如上所述，帧中继采用统计复用技术，以虚电路为每一帧提供地址信息。每一条线路和每一个物理端口可容纳许多虚电路，用户之间通过虚电路连接。在每一帧头的数据链路连接标识（Data Link Connection Identifier，简称 DLCI）含有地址信息。目前大部分帧中继网只提供 PVC（永久虚电路），每一个节点机中都有 PVC 路由表，当帧进入网络时，节点机通过 DLCI 值识别帧的去向。DLCI 只具有本地意义，不是指终点的地址，而只是识别用户与网络间以及网络与网络间的逻辑连接。PVC 路由如图 10-3 所示。

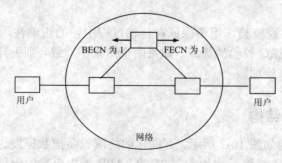

图 10-3　帧中继 PVC 路由

10.3 帧中继管理

10.3.1 帧中继带宽管理

网络通过确定用户进网的速率及有关参数对全网的带宽进行控制和管理，其 CIR 是一个传送速率的门限值，它是一个灵活的参数，网络运营者可以根据 CIR 针对不同的网络应用制定出多种不同的收费方式。采用帧中继的带宽管理，运营者具有更灵活的方式吸引用户入网。

10.3.2 帧中继拥塞管理

当输入的数据业务量超过网络负荷时，网络会发生拥塞，帧中继通过预防和缓解措施对发生的拥塞进行控制和管理。帧中继格式中与拥塞管理有关的比特有 BECN、FFCN、DE 等。

帧中继采用拥塞通知实现拥塞控制。根据拥塞的不同程度，网络采取下列措施：
① 将 BECN/FECN 比特置 1，通知帧中继用户；
② 将 DE 比特置 1 的比特丢弃；
③ 每 N 帧丢掉 1 帧，当 $N=1$ 时表示缓冲器已满，所有帧将被丢弃。同时，用户在收到网络的拥塞通知后，将做出相应反应，以减轻网络负荷，避免数据丢失。图 10-4 为拥塞控制示意图。

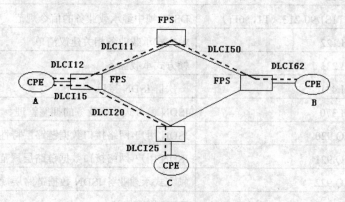

图 10-4 拥塞控制

10.3.3 永久虚电路管理

永久虚电路（PVC）管理有用于用户网络接口（UNI）的本地管理接口（LMI）协议

和用于网络间接口（NNI）的 PVC 管理协议。管理协议描述用户与网络间接口（UNI）以及网络之间接口（NNI）如何相互交换有关接口 PVC 状态。其主要内容包括接口是否依然有效、各 PVC 当前的状态 PVC 的增加和删除等。虽然管理协议增加了帧中继的复杂性，但能保证网络充分运用，提高线路的效率、网络的吞吐量和主机的应用。

10.4 帧中继标准

帧中继的发展也促进了标准化的工作。由 Cisco，加拿大北方电信，DEC·Stratcom 和 Covex 计算机等公司 100 多个会员组成的帧中继实施者论坛会（FRIF）是一个大型帧中继用户组织，该组织共同协商帧中继用户组织，该组织共同协商帧中继业务的应用以及标准化的问题，推动帧中继技术及应用的发展。与帧中继有关的标准见表 10-4。

表 10-4 帧中继有关标准

制定标准机构	标 准	内 容
ANSI	T1.606-1990	ISDN 帧中继承载结构框架业务描述
ANSI	T1S1/90-175R4	T1.606 的附录
ANSI	T1S1/88-2242	帧中继承载业务-结构框架业务描述
ANSI	T1S1/90-24（T1，6Ca）	1 号数字用户信令-使用帧中继承载业务帧协议核心
ANSI	T1S1/90-213（T1，6Fr）	DSS1-帧中继承载业务的信令规范
CCITT	I.122	帧方式承载业务相关建议清单
CCITT	I.233	帧方式承载业务
CCITT	I.431	一次群 ISDN 接口
CCITT	I.370	ISDN 帧方式承载业务的拥塞管理
CCITT	Q.920	ISDN 用户-网络接口数据链路层特性
CCITT	Q.921	ISDN 用户-网络接口数据链路层规范
CCITT	Q.922	帧方式承载业务 ISDN 数据链路层规范
CCITT	Q.931	ISDN 网络协议
CCITT	Q.933	帧方式承载业务的信令规范

在标准的建议中，帧中继的承载业务包括帧交换和帧中继两部分，帧中继实现 Q.922 核心子层功能，采用永久虚电路（PVC）连接，不具有交换功能。Q.922 建议给出了 LAPF

规范，规定了帧结构、过程单元序段格式和支持帧模式承载业务的数据链路层，I.233.1 描述了帧中继承载业务为数据单元从 S 或 T 参考点到另一点保留次序的双向传送。I.370 介绍了拥塞管理的原则和方法，拥塞管理的目标是保持虚电路的高可靠性及服务质量，如吞吐量、时延、帧丢失等，帧中继的技术标准和业务关系示意如图 10-5 所示。

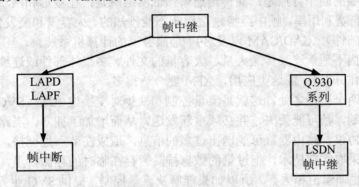

图 10-5　帧中继技术标准和业务关系

10.5　帧中继的应用与前景

10.5.1　帧中继应用方式

（1）组建帧中继公用网，提供帧中继业务。
（2）在分组交换机上安装帧中继接口。
（3）在现有公用网络上为用户提供低成本虚拟宽带业务。
（4）将帧中继技术用于专用网，使用复用的物理接口，可以减少局域网互联时的桥接器。

路由器和控制器所需要的端口数量，并减少互联设备所需要的通信设施数量。帧中继的 DLCI 寻址功能可以允许单个中继接入设备与上千个接入设备通信。LMI 也可以大大简化帧中继网的配置和管理。

（5）LAN（局域网）与 WAN（广域网）的高速连接。帧中继可以提高 T/E 租用线路的带宽利用率，几个网桥和路由器可以共用两地间 T/E，专线的全部带宽。在 LAN-WAN 连接中，免去了第三层的复杂处理，只要在 LAN 的网桥/路由器上加装帧中继接口即可实现。
（6）LAN 与 LAN 的互联。
（7）远程 CAD（计算机辅助设计）和 CAM（计算机辅助生产）的文件传送、图像查询业务以及图像监视、会议电视等。

10.5.2 帧中继的发展前景

目前，帧中继可以提供的速率与 X.25 相比已经增大了许多倍，并正在研讨发展更高速率的计划。

帧中继最主要的四个特点是：高传输速率；低网络时延；在星形和网状网上的高可靠连接性；有效的带宽利用率。帧中继特别适用于不能预知的、大容量和突发性的数据业务、如 E-mail（电子邮件）、CAD/CAM 以及客户机/服务器的计算机系统。

但是帧中继尚不适于连续传送大量、大容量的文件、多媒体部件或连续型业务量的应用（如软件的合作开发）。像这类应用，ATM 要合适得多。

帧中继尚有两个不足之处，这就是流量控制和缺少对交换虚电路（SVC）的支持。没有足够的流量控制，帧可能丢失，并必须重新发送，从而增加了拥塞。当路由器和交换机不支持流量控制协议，路由器就可能送出过多的信息，造成在节点处拥挤，并丢失数据。大多数的交换机采取缓存技术，把过量的数据排队暂存在临时的存储器里，但一旦缓存器存满，仍然会发生帧溢出和丢弃。所以如果能解决流量控制，提供 SVC 业务，帧中继业务将会进一步蓬勃的发展。

由于帧中继工作在质量优良的数字光纤上，所以帧中继不像 X.25 那样需要纠错及恢复协议，从而使得传输快速和简单。

帧中继是一个标准化的接口，不论是公用网或专用网的应用，都能提高网络性能，简化网络的设计与操作，而且易于向未来基于信元的宽带网过渡，它也是一种主要的宽带 ISDN（B-ISDN）接入手段之一。

帧中继立足于现有的 X.25 网，也可成为 N-ISDN 的一个组成部分，由于帧中继解决了 LAN-WAN 互连问题，为用户按需分配虚宽带业务及新一代快速分组网标准的建立打下基础。

近几年，我国 LAN 发展得很快，但使用尚局限于地区、部门内，网间连接往往利用电话线进行点对点通信，而采用帧中继接口、路由器等则可实现网间高速互连。

因而当前基于快速分组交换技术的帧中继技术的应用有着良好的前景，帧中继以其高效性、经济性、可靠性、灵活性已成为数据通信中的一支新兵，现在不少城市电信局已开展了帧中继安装业务，申请安装也十分方便。

【课后习题】

1. 帧中继是在何种通信网的基础上发展起来的，它有什么新特点？
2. 使用帧中继通信传输中差错控制与 X.25 有何不同？
3. 帧中继较适合于何种使用需求的通信传输？
4. 帧中继如何进行拥塞控制？

第 11 章　数字数据网（DDN）

前面介绍了分组交换网与帧中继。由于分组交换受到自身技术特点的制约，节点机对所传信息的存储转发和通信协议的处理很复杂，使得分组交换网在通信中处理速度较慢、网络时延较大，使许多需要高速、实时数据通信业务的用户无法得到满意的服务。为了解决这些问题，产生了帧中继；同时，随着公司、企业上网使用 ADSL 带宽不足而受到制约，众多中小型企业纷纷选择专线上网，常见的专线上网方式就是 DDN(Digital Data Network)。

DDN 可以采用点到点、一点到多点的通信方式，具有数据传输速率高、网络延时小的特点，并且可以支持数据、语音、图像传输等多种业务，同时还具有网络透明传输、同步数据传输等特点，能够为中小型企业关键业务提供可靠的保障。DDN 网络还有一个特点就是中小型企业不需要改变现有的网络体系结构，只需要更换路由器就能接入 DDN 专网。DDN 把数据通信技术、数字通信技术、光纤通信技术、数字交叉连接技术和计算机技术有机地结合在一起，使其应用范围从单纯提供端到端的数据通信，扩大到能提供和支持多种业务服务，成为具有很大吸引力和发展潜力的数据传输网络。

11.1　DDN 概述

DDN 通信采用数字信道传输信号。数字信道应包括用户到网络的连接线路，即用户环路的传输也应该是数字的，在实际应用中也可以使用普通电缆和双绞线。

DDN 一般用于向用户提供专用的数字数据传输信道，或提供将用户接入公用数据交换网的接入信道，也可以为公用数据交换接点间用的数据传输信道。DDN 一般不包括交换功能，只采用简单的交叉连接与复用装置；如果引入交换功能，就构成数字数据交换网。

DDN 的传输链路有光缆、数字微波和卫星信道等。与传统的模拟信道相比，利用数字信道传输数据信号具有传输质量高、速度快、带宽利用率高等一系列优点。目前有不少国家，如美国、加拿大、英国、德国等都组建了自己的 DDN，向用户提供高质量的端对端的数字型信道传输业务，产生了很好的社会效益和经济效益。我国也已经建立了全国的数字数据骨干网，并且还在不断地进行扩容。各省、市也相继建立了省级、市级的数字数据网。

DDN 是利用数字信道为用户提供话音、数据、图像信号的半永久性连接电路的传输网络。所谓半永久性连接是指 DDN 所提供的信道是非交换型的，用户之间的通信通常是固定的，一旦用户提出改变的申请，由网络管理人员，或在网络允许的情况下由用户自己对传输速率、传输数据的目的地与传输路由进行修改，但这种修改不是经常性的，所以称作半永久性交叉连接或半固定交叉连接。它克服了数据通信专用链路固定性永久连接的不灵活性以及 X.25 协议为核心的交换式网络处理速度慢、传输时延大等缺点。

DDN 可以说是把数据通信技术、数字通信技术、计算机技术、光纤通信技术以及数字交叉连接技术结合在一起的数字通信方式，它可以提供高速度、高质量的通信信道。

需要注意的是：DDN 是传输网，分组交换网主要是业务网，帧中继则既是业务网又可以做中继传输网。这三种网络之间的关系具体来说是这样的：分组交换网和帧中继网均可作为业务网用来传输和交换数据信息等；帧中继网和 DDN 又都可作为分组交换网节点之间的中继传输网，为分组交换节点间提供高速、可靠的数据传输。

由于分组交换网技术成熟，业务开展较早，目前已经占据了相当规模的市场，但分组交换网在适应当前的新技术和新业务时存在着很多不足。发展帧中继业务对分组交换业务会产生一定影响和业务分流，但只要采取一些措施仍能使两者都得到有序的发展。对通信速率不高的数据用户，特别是一般 PC 机终端用户，可以使用分组交换网；进一步可引入帧中继的骨干网用于分组交换网节点机之间的中继传输，不仅可以大大提高分组交换网效率，还可以减少大量的扩容设备的投资。

帧中继和 DDN 均可进行局域网互联，但两者在提供局域网互联应用方面既有区别，也有互相渗透。对于突发性要求较强的用户，可选择帧中继；而 DDN 则具有可靠性高、实时性强和时延小的特点，但支付带宽的费用可能会高一些。

11.2 DDN 的组成与运行特点

DDN 向用户提供端对端的数字型传输信道时，它与在模拟信道上采用调制解调器（Modem）来实现的数据传输有很大区别。其特点为：传输质量高，一般数字信道传输的正常误码率在 10^{-6} 以下，而在模拟信道上较难达到；而且，DDN 信道利用率高，传输速率快，传输时无须配置调制解调器。

此外，DDN 要求全网的时钟系统保持同步，否则在实现电路的转接、分支与复接时就会遇到较大的困难，在这一点上它不如模拟传输方式灵活；而且建网投资成本也较大，采用模拟传输方式可利用已有的模拟电话网来提供信道，如只要求在用户端增设一个 ADSL 调制解调器作为 DCE 即可以，而且该信道还可以电话与数据合用，但传输速率与传输质量上很难达到较高的要求。因此，虽然这种方式较为经济，但仅适用于对数据业务量要求不大用户。

DDN 是透明传输网，也是同步数据网。其特点是：采用主、从同步；传输速率高、时延小；传输质量好，误码率低；协议简单，处于物理层，对物理层的任何远程都支持；网络可靠性高。

它采用三种复用技术。

（1）PCM 帧复用：将 32 条 64 K 的信道复用到一条 2.048 Mbps 的信道上；

（2）超速率复用：将多个 64 K 信道合并在一起，提供传输速率大于 64 K 的复用方式；

（3）子速率复用：将多个子速率信息复用到一条 64 K 数字信道上。

DDN 由用户环路、DDN 节点、数字信道和网络控制管理中心组成，其组成如图 11-1 所示。

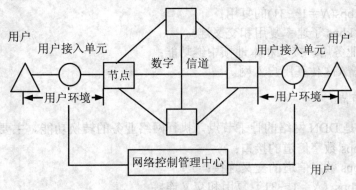

图 11-1　DDN 的组成

11.2.1　用户环路

用户环路包括用户设备、用户线和用户接入单元。

用户设备通常是数据终端设备（DTE）、电话机、个人计算机以及用户自选的其他终端设备。用户线目前一般用市话用户电缆。用户接入单元可由多种设备组成，对数据通信而言，通常是基带型或频带型单路或多路复用传输设备。

用户设备送出的信号可以是脉冲形式的数据、音频形式的话音和传真图文，以及数字形式的活动影像和其他形式的信息等。用户将用户设备送出的信号转换成能在一定距离的用户线上传输的信号方式，如频带型或基带型的调制信号有时必须把几个用户设备信号经过复用，放在一对用户线上传输，上述转换后的信号到接收端后再还原。

11.2.2　DDN 节点

从组网功能上来区分，DDN 点可分为用户节点、接入节点和 2 Mbps 节点；从网络结构区分，DDN 节点可分为一级干线网节点、二级干线网节点及本地网节点。在一级干线网上，可以选择适当位置的节点作为枢纽节点。

1. 用户节点

用户节点主要为 DDN 用户入网提供接口并进行必要的协议转换。它包括小容量时分复用设备；LAN 通过帧中继互联的网桥/路由器等。小容量时分复用设备还可以包括压缩话音/G3 传真用户接口。

2. 接入节点

接入节点主要为 DDN 各类业务提供接入功能，主要有：
（1）$N\times 64$ kbps、2 048 kbps 数字通道的接口；
（2）$N\times 64$ kbps($N=1\sim 31$)的复用；
（3）小于 64 kbps 子速率复用和交叉连接；
（4）帧中继业务用户接入和本地帧中继功能；
（5）压缩话音/G3 传真用户入网。

3. 2 Mbps 节点

2 Mbps 节点是 DDN 网络的骨干节点，执行网络业务的转换功能。主要提供：
（1）2 048 kbps 数字信道的接口；
（2）2 048 kbps 数字信道的交叉连接；
（3）$N\times 64$ kbps（$N=1\sim 31$）复用和交叉连接；
（4）帧中继业务的转接功能。

4. 枢纽节点

枢纽节点用于 DDN 的一级干线网和各二级干线网。它连接到各节点的数字电路，容量大、复用电路较多，因而故障影响面大。在设置枢纽节点时，可考虑备用数字电路的设置，以及如何组织网络各节点互连充分发挥其效率。

在实际组建各级网络时，可以根据网络规模、业务量等具体情况，酌情变动上述节点类型的划分。例如：把 2 兆节点和接入节点归并为一类节点，或者把接入节点和用户节点归并为一类节点，以满足具体情况下的需要。

5. 节点的复用和交叉

DDN 的复用功能是：一级复用为子速率复用，速率为 2.4～48 kbps，合路速率为用为 64 kbps，二级复用 $N\times 64$ kbps（$N=1\sim 31$）复用，合路速率为 2 048 kbps。

交叉连接功能是指在节点内部对相同速率的支路（或合路）通过交叉连接矩阵接通的功能；用户节点一般只具有复用功能接入节点和 2 Mbps 节点应具有复用和交叉连接功能。

图 11-1 为节点的复用示意图，图 11-2 为节点复用/交叉示意图。

第 11 章 数字数据网（DDN）

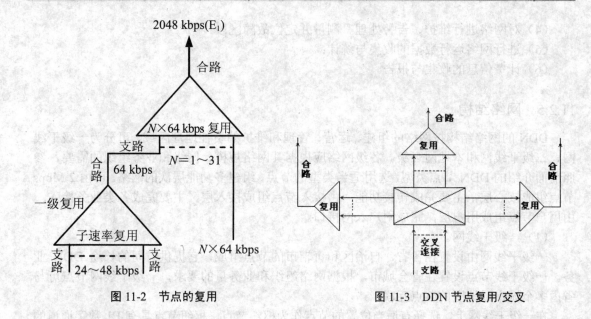

图 11-2 节点的复用　　　　图 11-3 DDN 节点复用/交叉

11.2.3 数字信道

数字信道一般是指中、低次群（如 2048 kbps）信道，各节点间数字信道的建立要考虑其网络拓扑，网络中各节点间的话务流量流向，以及网络的安全。网络安全要考虑到若在网络中的任意一个节点一旦遇到与它相邻节点相连接的一条数字信道发生故障时，该节点会自动通过迂回路由保持通信正常工作。

为保证数字信道的正常传输，与之相关的网同步很主要。网同步一般有准同步、主从同步和相互同步三种方式。准同步按照 CCITT G.811 建议，用于 DDN 国际数字信道的互联。主从同步是把从时钟相位锁定在主时钟的参数定时上来达到同步的。相互同步是一种没有唯一参考时钟的同步方式，每个交换机的时钟都锁定在所来信号时钟的平均值上。国内的 DDN 一般采用主从同步方式。DDN 的用户入网时，应首选网络提供的定时，与网络保持速率一致。DDN 的节点频率源可采用晶体振荡器，其长期频率偏差不大于 $(25\sim50)\times10^{-6}$。

11.2.4 网络控制管理中心

网络控制管理是保证全网正常运行发挥其最佳性能效益的重要手段，网络管理一般应具有以下功能：

（1）用户接入管理，包括安全管理；
（2）方便地进行网络结构和业务的配置；
（3）网络资源与路由管理，实时地监视网络运行；

（4）对网络进行维护、告警处理、测量并定位故障区段；
（5）进行网络运行数据的收集与统计；
（6）计费信息的收集与报告。

11.2.5 网络结构

DDN 的网络结构按网络的组建、运营、管理和维护的责任地理区域，可分为一级干线网、二级干线网和本地网三级。各级网络应根据其网络规模、网络和业务组织的需要，参照前面介绍的 DDN 节点类型，选用适当类型的节点，组建多功能层次的网络。可由 2 Mbps 节点组成核心层，主要完成转接功能；由接入节点组成接入层，主要完成各类业务接入；由用户节点组成用户层，完成用户入网接口。

（1）一级干线网。

一级干线网由设置在各省、自治区和直辖市的节点组成，它提供省间的长途 DDN 业务。一级干线节点设置在省会城市，根据网络组织和业务量的要求，一级干线网节点可与省内多个城市或地区的节点互联。

在一级干线网上，选择有适当位置的节点作为枢纽节点，枢纽节点具有 E1 数字通道的汇接功能和 E1 公共备用数字通道功能。枢纽节点的数量和设置地点由邮电部电信主管部门根据电路组织、网络规模、安全和业务等因素确定。网络各节点互联时，应遵照下列要求：

① 枢纽节点之间采用全网状连接；
② 非枢纽节点应至少保证两个方向与其他节点相连接，并至少与一个枢纽节点连接；
③ 出入口节点之间、出入口节点到所有枢纽节点之间互联；
④ 根据业务需要和电路情况，可在任意两个节点之间连接。

（2）二级干线网。

二级干线网由设置在省内的节点组成，它提供本省内长途和出入省的 DDN 业务。根据数字通路、DDN 网络规模和业务需要，二级干线网上也可设置枢纽节点。当二级干线网在设置核心层网络时，应设置枢纽节点。

（3）本地网。

本地网是指城市范围内的网络，在省内发达城市可以组建本地网。本地网为其用户提供本地和长途 DDN 业务。根据网络规模、业务量要求，本地网可以由多层次的网络组成。本地网中的小容量节点可以直接设置在用户的室内。

11.2.6 各级网络之间的接口

为了能向用户提供全 DDN 网络范围内的基本业务和网络增值业务，不同等级的网络之间必须遵循统一的接口标准、网络同步和网络管理控制的规定。

1. 数字电路的接口

互联数字电路的速率主要采用 2048 kbps 的数字电路互联,根据业务量要求和电路组织情况,也可以采用 $N\times 64$ kbps 的数字电路互联。

2. 互联节点之间的同步

按主从等级同步的方式,节点应具有所在长途局或市话局数字网同步等级,具体节点之间的同步功能要求见后续章节。

3. 用户之间的连接

DDN 上,在配置两个用户之间的连接时,应尽量使用直达路径,使连接时所经过的节点数减少和对网络资源的占用少。最多中间经过 10 个 DDN 节点。这 10 个节点是:一级干线网 4 个节点;两边省内网各 3 个节点;各省网络在规划、设计时,省内任意用户到达一级干线网节点所经过的节点数应限制在 3 个或 3 个以下。

4. 网络互联

(1) 不同制式的 DDN 互联。
① 不同厂家的 DDN 产品连接时,设备接口应符合 ITU-T 的相关建议:
② 2048 kbps 数字复用电路接口应符合 ITU-T G.703、G.704、G.732、G.823、G.826、G.921 等建议;
③ $N\times 64$ kbps ($N=1\sim 31$) 数字复用电路应符合 ITU-T G.735、G.736 建议;
④ TDM 接口应符合 ITU-T G.703、V.35、V.24/V.28、X.21 建议,复用标准符合 X.50、X.58。
⑤ 64 kbps、38 kbps 数字复用电路应符合 ITU-T G.735、G.737 建议;
⑥ 帧中继接口应符合 ITU-T I.122、Q.932 建议。
(2) 公用 DDN 骨干网与 PSPDN 互联。

我国公用 DDN 骨干网可以为 PSPDN 提供区间的物理传输通路,其传输速率为 64 kbps 和 9.6 kbps,其接口标准应符合 ITU-T G.703、V.24、V.35、X.21 等建议。

(3) 公用 DDN 骨干网与局域网互联。

11.3 DDN 的技术要求和标准

(1) 全网采用主从等级同步方式。

(2) 统一的 TDM（时分复用）电路、帧中继 PVC（永久虚电路）标准。
(3) 统一的集合速率为 64 kbps、2048 kbps 的 TDM 帧结构、复用和接口标准。
(4) 统一的帧中继用户接口、节点之间接口的帧中继协议标准。
(5) DDN 具有统一网管的基本功能要求。
(6) DDN 用户入网速率如表 11-1 所示。

表 11-1　用户入网速率

业务类型	用户入网速率/kbps	用户之间的连接
专用电路	2 048 $N×64$（$N=1～31$） 子速率：2.4、4.8、9.6、19.2	TDM 连接
帧中继	9.6、14.4、16、19.2、32、48、 $N×64$（$N=1～31$）、2048	PVC 连接
话音/G3 传真	用户 2/4 线模拟入网（DDN 提供附加信令信息传输容量的 8、16、32 kbps	带信令传输能力的 TDM 连接

(7) 数据传输差错率。

① 端到端比特差错率：

- 国际电路连接——用户/网络接口和 DDN 国际节点/国际电路接口之间的用户数据传输信道，其传输比特差错率要求不大于 $3×10^{-7}$。
- 国内电路连接——在用户/网络接口之间的用户数据传输信道，其传输比特差错率要求不大于 $1×10^{-7}$。

② 比特差错率的分段要求：

- 用户线——用户接入的复用设备或复用/交叉设备之间的数据传输电路，其传输比特 $1×10^{-7}$。
- 网络节点提供的用户数据传输电路，其传输出的差错率要求不大于 $1×10^{-10}$。
- 节点设备之间的数字电路，其传输比特差错率要求不大于 $5×10^{-8}$。

(8) 数据传输时延。

DDN 上的数据传输时延是指单方向的数据时延，在对应的两个接口之间测量。在 DDN 中，两个方向上的数据传输的时延值要求是一样的。

① 端到端数据传输时延。64 kbps 专用电路不大于 40 ms，帧中继 PVC 连接电路，在 40 ms 的基础上，再加上两个平均帧长度的发送时间。

② 数据传输时延分段要求：

- DDN 节点数据传输的时延——对 64 kbps 的专用电路，在节点的两个接口处测量值要求不大于 0.5 ms。对帧中继 PVC 连接电路，在节点的两个接口处，测量值要求不大于 0.5+2 个平均帧长的发送时间（ms）。

- 电路数据传输时延——这里的电路是指 DDN 上的用户线和节点之间的中继线。DDN 上电路数据传输时延平均要求不大于 3 ms。

11.4 DDN 提供的业务

11.4.1 专用电路业务

（1）基本专用电路。这是规定速率的点到点专用电路。

（2）高可用度的 TDM 电路，DDN 网络通过备用、高优先级等措施提高 TDM 电路的高可用度。

（3）低传输时延的专用电路。DDN 网络通过选择地面路径连接，不引入卫星电路的附加传输时延。

（4）定时专用电路。用户与网络约定专用电路接通时间和终止时间，定时使用专用电路。

（5）多点专用电路。在 N（$N>2$）个用户之间的专用电路业务，其中包括以下几种。

① 广播多点专用电路——广播源用户到所有广播接收用户方向的传输电路，如金融行情发布可以使用广播多点电路业务。

② 双向多点专用电路——在 N 个用户中，用户 1 为控制站用户，其他为辅助站用户。控制站发出的信息由辅助站接收，任何一个辅助站发出的信息可由控制站接收。在辅助站之间没有信息电路。用户利用双向多点电路业务，可以构成轮询/选择方式的计算机网络。

③ N 向多点专用电路——在 N 个用户中，任何一个用户发出的信息，都可由其他用户接收，N 向多点专用电路适用于会议业务。

11.4.2 帧中继业务

帧中继业务是在 DDN 的 TDM 专用电路基础上引入帧中继模块（FRM）来实现的。

（1）DDN 帧中继业务的种类。DDN 帧中继业务有两类。一类是具有 CCITT Q.922 帧方式承载业务 ISDN 数据链路层规范接口的用户，称为帧中继用户；另一类是不具有 Q.922 接口的用户，称为非帧中继用户。

帧中继用户可直接与 FRM 连接，非帧中继用户必须经帧装拆单元（FRAD）及协议转换后才能与 FRM 相连。FRM 执行帧中继功能，即按照帧中继路由表和每个帧的帧头中数据链路连接标识符存储转发帧，由于 FRM 与 FRAD 之间的专用电路可以独立于 DDN 节点和网络拓扑之外，所以可把帧中继业务看做是在专用电路上的增值业务和独立的帧中继网络（增值网络）。

（2）DDN 帧中继业务的应用。帧中继业务的应用主要有：

① 块交互型数据应用，它可用于 CAD/CAM 计算机辅助设计和生产、高分辨率可视图文，其时延小于几十毫秒，吞吐量大约在 500～2048 kbps 的范围内；

② 文卷传输（指大型文卷传输），其时延要求稍低，但需要较大的吞吐量，如 16～2048 kbps；

③ 复用时的低比特率，使用帧中继第二层协议的复用能力，为大量低比特率应用提供经济的接入方式；

④ 字符交互型通信。这种方式主要用于文本编辑，其特点是短帧，低时延和低吞吐量。

11.4.3 话音/G3 传真业务

在 DDN 上通过用户入网处设置的话音服务模块（VSM 来提供这种业务，DDN 网络在 VSM 之间提供端对端的全数字连接，即中间不再引入话音编码和信息处理方面的数/模转换部件，如图 11-4 所示。

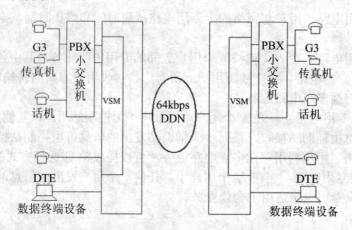

图 11-4 DDN 与 VSM 之间连接

VSM 的主要功能如下。

① 提供与 PBX（小交换机）或话机连接的 2/4 线模拟接口（包括启动方式和信令方式）。

② 进行话音编码（如采用 ADPCM 或其他编码方式），使每路话音信号在集合信道上占用速率为 8 kbps、16 kbps、32 kbps 等。模拟接口的信令和集合信道上信令间转换。

③ 对每条话音压缩电路可能要附加信令信息的通路，例如为 800 bps，这样每路带有信令的压缩话音电路速率就变 8.8 kbps、16.8 kbps、32.8 kbps。G3 传真信号识别和话音/G3 业务的转换控制等。

VSM 可以设置在 DDN 内的节点上，也可以由用户自行设置。

11.4.4 DDN 的应用

根据 DDN 所提供的业务，可作如下应用。

（1）公用 DDN 网络。DDN 可向用户提供速率在一定范围内可选的异步或同步传输半固定连接的端到端数字数据信道。异步传输速率为 50～19 200 bps，同步传输速率为 600 ～64 000 bps。半固定连接是指其信道为非交换型，由网络管理人员在计算机上用命令对数字交叉连接设备进行操作，并控制传输速率、通达地点和路由转接等。

（2）数据传输信道。DDN 可为公用数据交换网、各种专用网、无线寻呼系统、可视图文系统、高速数据传真、会议电视、ISDN（2B＋D 信道或 30B＋D 信道）以及邮政储汇计算机网络等提供中继或用户数据信道。

（3）网间连接。DDN 可为帧中继、虚拟专用网、LAN 以及不同类型网络的互联提供网间连接。

（4）其他。
① 利用 DDN 单点对多点的广播业务功能进行市内电话升位时的通信指挥。

利用 DDN 实现大用户（如银行）电脑局域网联网。在没有 DDN 以前，这些用户使用调制解调器通过话音频带传送计算机数字信号，这种方式不但速度慢，而且误码率高，加上用户电缆线路经常出现故障，通信得不到保证。采用数据终接单元（DTU）进入 DDN，不仅可提高速率，达到与计算机 I/O 口相对应的 9.6 kbps 或 19.2 kbps，而且误码率小于 10^{-10}，质量及可靠性均有保证。

② 可为一些外商在我国的企业或办事处提供到香港及其他国家或地区的租用专线。租用一条 DDN 国际专线，采用新的压缩技术，用户可以获得 6 路话路，还可以灵活地将 64 kbps 划分为 2.4 kbps（传送电报）、8 kbps（传送电话）、9.6 kbps（计算机联网）等，非常经济方便。

③ 出于 DDN 独立于电话网，所以可使用 DDN 作为集中操作维护的传输手段。不论交换机处于何种状态，它均能有效地将信息送到集中操作维护中心。

11.5 我国 DDN 发展的概况

我国 DDN 的建设始于上世纪 90 年代初，骨干网一期工程于 1994 年 10 月 22 日正式开通。目前已经通达大多数城市。全网有北京、上海和广州三个国际入口局，以及北京、上海、成都、沈阳、广州、武汉、南京、西安等多个枢纽局。

骨干网由传输层、用户接入层和用户层组成。传输层采用美国 AT&T 公司的 DACS 设备，每个枢纽局和省中心都配置一台，负责传送用户接入层来的数字信号。用户接入层采用加拿大新桥网络公司的 3600 Mainstreet 带宽管理器,每个省(或自治区)、直辖市和枢纽局设置若干个,作为用户接入设备,具有 64 kbps 和 $N\times 64$ kbps ($N=1\sim 31$) 速率的交叉连接和子速率的交叉连接复用功能。国际出入局采用新桥网络公司的 3600 Mainstreet 带宽管理器,负责与国际 DDN 接续。这里的用户层是指进网的终端设备及其链路。

骨干网在北京设有全国网管中心(NMC),负责骨干网上的电路管理及调度。上海、广州、武汉、南京、成都、西安、沈阳设有网络管理终端(NMT)。NMT 在 NMC 授权范围内执行网络控制管理功能,并能互相交换网管的控制管理信息。骨干网的核心网管设备采用新桥网络公司 4602 Mainstreet 智能网管站。该网管设备为冗余配置,彩色图形显示。通过多台图形管理站,不但能管理新桥网络公司的带宽管理器,也能管理美国 AT&T 公司的骨干数字交叉连接设备,其网管能力达 2500 个节点机。

中国公用数字数据网(DDN)业务范围及接入示意如图 11-5 所示。

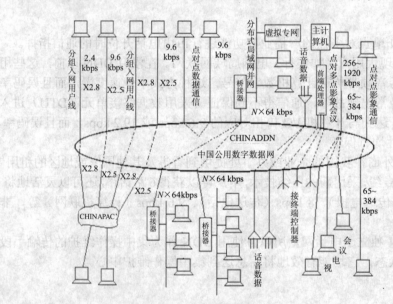

图 11-5　DDN 业务范围示意图

【课后习题】

1. 简述 DDN 与帧中继的异同。
2. DDN 采用何种传输信号?在传输过程中是否要设置调制解调器?为什么?
3. DDN 一级复用与二级复用的通信速率分别是多少?

第 12 章 综合业务数字网（ISDN）

12.1 ISDN 概述

12.1.1 ISDN 的特点

ISDN（综合业务数字网）是 Integrated Services Digital Network 的缩写。它是由数字传输和数字交换综合而成的数字电话网（如图 12-1）；它能实现用户端的数字信号进网，并且能提供端对端的数字连接，就是人们平时说的一线通，它可以在传统的模拟电话线路上使用多个通信业务，比如虚拟多个电话号码，同时可以不占线使用互联网业务。模拟电话网虽然也是一种综合业务网，但是对于传送数字形式的非话业务（如电脑文件的传送等）信息时，需要借助于调制解调器把信息载在音频上传输，但在传送速率与传输质量方面都受到限制。

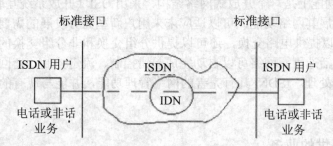

图 12-1 ISDN 用户间连接

随着不同电信业务的发展，也可以建立不同的业务专网，如数据网、传真网来承担这些非话业务，但是建设众多的专用业务网，存在着投资大、电路利用率低等缺点。尤其对于用户来说，它要用不同的方式接入不同的业务网，这样既不方便，也不经济。而 ISDN 是在实现了电话交换局间的数字化传送 IDN（综合数字网）后，充分发挥了数字技术的优点的基础上，再使用户线实现两线双向数字传输，以及各种话音和非话音业务综合进网。也就是把来自各种信息源的电信业务（电话、电报、传真、数据、图像等）综合在同一个网内运行或处理，而且可以在不同的业务终端之间实现互通。ISDN 被认为是一种经济有效、并能承担多种业务的通信手段。

ISDN 主要有以下特点。

（1）ISDN 是以 IDN 为基础发展起来的通信网，因为电话网是通信网的基本业务，在由模拟网向数字网过渡的过程中，首先要改造原有的模拟电话网，逐步实现传输和交换的数字化，并将其综合在一起形成以电话为基础的综合数字网。

（2）ISDN 的基本特性是各用户终端之间实现以 64 kbps 速率为基础的端到端的透明传输，即 ISDN 是以 64 kbps 速率的 PCM 时隙交换和传输为基础的。

（3）ISDN 能提供端到端的数字连接，用来承载包括话音和非话音多种业务。一般是通过标准的用户/网络接口接入该网。CCITT 已形成的建议标准有 2B+D 基本速率接口，通常 B 为 64 kbps 速率的信息数字信道，D 为 16 kbps 速率的信令数字信道；此外还有 30B+D 或 23B+D 的基群速率接口，B 和 D 都是 64 kbps 的数字信道。

（4）利用一对用户线（一个用户号码）可以提供电话、传真、可视图文及数据通信等多种业务，可连接 8 台终端，有 3 台终端可同时工作。标准化的用户/网络接口允许利用统一的电信插座连接各种不同的终端。利用 30B+D（2 Mbps）或 23B+D（1.544 Mbps）的基群速率信道可提供宽带业务，如可视电话、会议电视，也可进行计算机通信以及与用户小交换机 PBX）相连接。用户还可以根据需要，从各终端中选择合适的终端进行通信。

（5）ISDN 的 D 信道（l6 kbps 或 64 kbps）除了用于电路的信令交换信道外，还可用于低速的遥测信息和分组交换的数据信息。

（6）ISDN 在功能上是一个开放式网络结构，采用 OSI（开放系统互联）的分层原则，可以逐步扩充和发展其网络功能，可以适应未来用户新型业务发展的需要。

ISDN 不仅可以提供电路交换，还可以提供分组交换和非分组交换的专用线业务。用户可以根据需要灵活选用。网络可以自动完成差错控制、流量控制、迂回路由选择、协议转换、故障诊断与处理。ISDN 具有完善的网络管理功能，并能与现有的电话网、分组网互联。

12.1.2 ISDN 提供的业务

ISDN 提供的电信业务有承载业务、用户终端业务及补充业务等，为了将不同的终端设备接入 ISDN，以提供各种各样的电信业务，CCITT 规定了 ISDN 用户－网络接口和业务接入点，以便使各种电信业务，能接入 ISDN 网络。

ISDN 支持的业务可以由其业务属性来描述。用于用户信息流的业务属性一般有低层属性及高层属性两类，根据 CCITT X.200 建议，低层属性相应于 1～3 层的低层功能，高层属性相应于 4～7 层的高层功能。承载业务仅由 1～3 层功能决定，用户终端业务则由 1～7 层功能决定。低层属性定义承载业务，用户终端业务由低层和高层两者属性来定义。

（1）承载业务。承载业务有电路交换方式及分组交换方式两种。电路交换的承载业务有话音业务，G2/G3 传真（通过 MODEM）以及 384 kbps、536 Mbps 和 1.92 Mbps 的超高速传真，电视图像等，分组交换方式可以建立虚呼叫和永久性虚电路承载业务。

(2) 用户终端业务。

① 数字电话——这种电话的特点是信噪比大，传输质量和通话清晰度均较好，其传输距离不受限制。目前用于 300~3400 Hz 电话带宽，将来可在 64 kbps 速率上传送高量的 7 kHz 话音业务。

② 智能用户电报（Telefax）——通过 ISDN 网络，在自动存储的基础上，使用户间可采用编码信息的智能用户电报文件格式进行办公室自动化通信。目前传真机传输速率约为 2.4 kbps，在此速率上传送一页 A4 纸约需 8 秒钟，将来在 64 kbps 速率上传输，传送同样的版面，其时间将小于 1 秒钟，因而特别适合于办公室自动化通信。

③ G4 类传真（Telefax4）——G4 类传真可使用户经 ISDN 网络，以含有编码信息的传真文件形式通信。在 64 kbps 速率上传送一页 A4 版面大约为 1~10 秒之间，一般约为 3 秒钟，且质量大大提高。

④ 可视图文（Videotext）——可以为用户提供文字，图形、数据等信息。

⑤ 用户电报——可提供交互型的文电通信。

⑥ 数据通信——可提供 64 kbps 速率的数据传输。

⑦ 视频业务——包括静止图像传输、慢扫描图像（每隔 6~8 秒钟变换一个画面）等。

⑧ 远程控制——包括告警系统、远程监测、遥控及遥测等。

用户终端的业务接入点主要为 ISDN 的标准终端 TE1 以及 ISDN 非标准终端 TE2。

(3) ISDN 补充业务。补充业务不能独立地向用户提供，它必须随基本通信业务一起提供。通常，一个补充业务可以与多个基本业务结合在一起供用户使用。

ISDN 的补充业务有：

① 号码识别补充业务；

② 呼叫提供补充业务；

③ 呼叫完成类补充业务；

④ 多方通信类补充业务；

⑤ 社团性补充业务；

⑥ 计费类补充业务；

⑦ 附加信息传递业务。

12.2 ISDN 基本模型和实现技术

12.2.1 ISDN 的基本结构模型

ISDN 的特点是能把各个独立的网络或业务综合在一个单一的网络，这种网络能支持包括话音和非话音业务。ISDN 网络基本结构模型如图 12-2 所示。

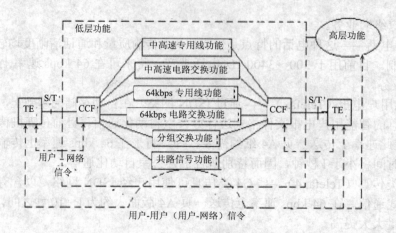

图 12-2 ISDN 网络基本结构

图中 TE 是终端装置，CCF 是连接控制功能模块，S/T 是用户—网络接口参考点。

（1）64 kbps 电路交换功能。ISDN 的基本成分是端对端的 64 kbps 数字连接，所以 64 kbps 电路交换功能是 ISDN 的基本功能。

（2）中高速电路交换功能。例如大于 64 kbps 交换功能，用来提供宽带业务（如 384 kbps、1.5 Mbps 和 2 Mbps）的交换电路。

（3）中高速专用线功能。ISDN 的主要用户是企业和机关团体，它们常从电信部门租用专用线把分散在各地的分支机构中专用小交换机（Private Branch Exchange，简称 PBX）相互连接起来以此构成本单位的专用网。这种情况在大企业和事业单位中尤为普遍，所以 ISDN 必须具有专用线功能。

（4）共路信号功能。共路信号网是 ISDN 的中枢神经，用户能够利用共路信号功能向 ISDN 发送各种控制信号，选择所需的功能。

（5）分组交换功能。ISDN 网的综合交换节点中应具有分组交换的功能，以实现数据分组交换。

除了以上传输和交换功能，ISDN 应具备相应的信令功能、网络管理、运行及维护功能。

按照 ISDN 的定义和功能，说明 ISDN 可承担数字电话、上网、可视图文、传真、会议电视等多种通信业务。除此之外，还可根据需要开设其他业务。

12.2.2 实现 ISDN 的关键技术

（1）ISDN 交换机。ISDN 交换机是在现有程控数字交换机的基础上开发的，新开发的主要内容如下。

用户电路把 2B+D 的信号分解成两个 64 kbps 的信号（B 信道信号）和一个 16 kbps 的信号（D 信道信号）。64 kbps 信号经交换网络进行交换（电路交换），16 kbps 信号由处理机加以处理并控制电路的交换。

D 信道处理功能，即实现 D 信道协议。

信令系统中 ISDN 的用户部分

根据分组业务的综合方式开发分组交换处理功能。

（2）增加宽带交换能力。ISDN 网在今后还可以进一步增加宽带交换能力。ISDN 的宽带交换是指 $n \times 64$ kbps 的交换。

（3）ISDN 用户/网络接口。用户/网络接口是网络用户与网络之间的接口点。实现 ISDN 网络和用户终端的关键技术。

ISDN 用户/网络接口的作用：用户可使用 ISDN 用户/网络接口，上网更方便，网络管理方便，网络的效益高。

ISDN 用户/网络接口的功能：ISDN 用户/网络接口具有利用同一接口提供多种业务的能力，具有多终端配置功能和终端的移动性，在主叫与被叫之间进行兼容性检验。此外，ISDN 用户/网络还应具有带外信令（即共路信令）和 OSI 参考模型分层协议。

信道类型和用户/网络接口结构：ISDN 用户/网络接口的信道类型有信息和信令信道等两种主要类型。其接口结构有基本接口和基群速率接口。基本接口为 2B+D，主要是为住宅用户提供的接口。基群速率接口可提供 1 544 kbps 和 2 048 kbps 两种速率的通信，主要为小交换机（PBX）和电视会议等高速通信业务以及企业用户或集团用户提供服务。基群速率接口的接入方式有可用于高速数据传输，可视电话等的多信道接从（$n \times B$ 信道复用 D 信道），高速接入（H 信道接口）以及组合接入（n 个 B 信道复接和 m 个 H 信道复接的混合）等。

（4）用户双向数字传输。用户线又称用户环路，是把用户终端连接到距离最近的交换局的那一部分线路设备。一般由二线组成。它是本地（市话）网络的重要组成部分。

一般数字传输要求采用四线传输，而现有的用户线大部是二线电路，因此用户线双向数字传输也是实现 ISDN 的关键技术之一，用户线二线双向数字传输的方法主要有频率分割法、乒乓传输法和回波抵消法等。频率分割法是采用频率分割复用方式。乒乓传输法是采用时分复用技术的时间压缩复用方式。回波抵消法是利用电话网中回波现象而引出的单频双工。

ISDN 传输中主要采用回波抵消法和乒乓法两种。这两种方法各有优缺点。回波抵消法线路传输速率低，传输距离长，在 0.5 mm 线径上传输距离可达 6~7 km，但实现的技术较为复杂。乒乓法的线路传输速率比较高，技术上实现较容易，成本较低但线路损耗比较大，传输距离较回波抵消法短，一般在 4 km。

12.2.3　ISDN 的访问方法

ISDN 定义了两种访问方法：基本访问和一次群访问。ISDNI 基本访问解决的是个人电话及终端与数字网络的连接和运作问题,而一次群访问则给出了多个基本访问用户通过 1 个公用线路设施与网络相连的方法。

(1) 基本访问。基本访问方法定义了一种多信道连接,这种连接是通过数据在双绞线上的时分多路复用而获得的。这种多信道连接可以将末端用户的终端直接连接到电话局或本地专用自动分交换机 PABX 上。

(2) 一次群访问是一种多路复用方案,在这种方案中,1 组基本访问用户可以共享 1 个公用线路设施。一次群访问的设计方案是直接将 PABX 连接到 ISDN 网络上。在这种访问方法中,通过在 1 条高速线上将 1 个公用 PABX 直接连接到 ISDN 网上,从而即使不为 1 组终端设备提供各自独立的基本访问线,这组终端也可共享这个公用 PABX。

12.3 ISDN 的网间互通

ISDN 是与现有各类电信网共存的,因而需要考虑 ISDN 与其他业务网的互通问题。网间互通是指 ISDN 与非 ISDN 之间的互通,也包括不同的 ISDN 网络之间的互通。与 ISDN 互通的非 ISDN 包括现在提供业务的各种网络,例如公用电话网、分组数据交换网、专用网、其他 ISDN 和 ISDN 以外的业务提供者(如消息处理业务)等。

要实现业务之间的互通,必须在适当的位置,如交换中心、业务管理中心、网间接口或终端加入适当的编码转换和协议转换功能。要实现网络间的互通,需要制定出相应的互通规范,明确规定网间接口的位置和接口的具体技术要求,以及互通所需要的功能,并规定实现互通功能的软硬件设置位置。

12.3.1 ISDN 与电话网的互通

ISDN 是以数字电话网为基础发展形成的,所以应该将 ISDN 与电话网看作是一个整体,完成不同的功能。ISDN 与电话网的互通主要是通过 ISDN 中的终端与电话网中的终端进行话音通信。

为了完成 ISDN 用户与现有电话网用户的通信,主要需要解决信令系统间的互通以及互通指标,并且要求不论是电话网或 ISDN,都能向用户提供各种带内信号音。

12.3.2 ISDN 与分组交换网的互通

ISDN 与分组交换网的互通是通过 ISDN 或 PISDN(公用 ISDN)终端分组交换终端进行的,一般有两种方式可以采用。一种是电路交换接入公共分组数据网(PSPDN),一种是分组交换接入 ISDN 虚电路业务。

欧洲电信标准委员会(ETSI)定义了一种分组处理器(PH)与交换机之间的标准接口

（PHI），目前在 ISDN 与分组交换网的互通中采用。

随着 ISDN 的公用网上的应用范围逐渐扩大，一些 ISDN 专用网也在发展。CCITT 有关 ISDN 的建议可用于公用网，也可用于专用网，所以需要一些规定来保证公用网和专用网在互通时提供兼容功能，以便为用户提供端到端的连接能力，即公用网和专用网络的终端可以互相通信，并保证全程的传输质量，为用户提供透明的业务。

12.3.3 ISDN 的终端

ISDN 的终端包括 ISDN 标准终端 TE1，ISDN 非标准终端 TE2 及适配器 TA 和其他控制装置等，其连接如图 12-3 所示。

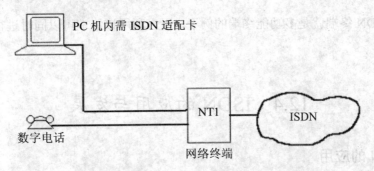

图 12-3 ISDN 用户数字电话安装连接示图

此方式是一般用户较理想的接入 ISDN 方案，但以往的电话机必须由数字电话机代替，电脑总线插槽中须有 ISDN 适配卡才能顺利接入 ISDN。比较经济的方法是采用 ISDN 终端适配器如图 12-4，此方法仍然可使用以往的电话，电脑中也无需加入任何设备。其缺点无数字电话的许多功能，传输速度也略逊于上一种方法。

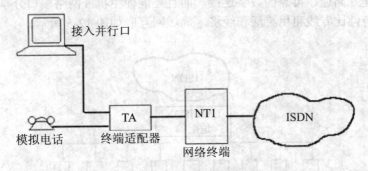

图 12-4 ISDN 用户模拟电话安装连接示图

（1）ISDN 终端的特点。ISDN 终端除了传输速率高、质量好外，还具有多信道接口结构（2B+D、30B+D、23B+D）和采用公共信道信令使得不但在呼叫建立期间可交换信令，而且在通信期间也能交换信令的特点，并且还具有移动性、兼容性及信息显示等特点。

（2）ISDN 终端的功能。ISDN 终端具备的功能有：人—机接口，D 信道协议处理，用户终端协议处理，智能接口。D 信道协议处理及用户终端协议处理的功能。第一层接口供用户终端协议处理和 D 信道信令协议处理共同使用，以便终端完成其物理连接和同步性能。

（3）ISDN 的主要终端设备。ISDN 的主要终端设备有数字电话机、G4 传真终端、可视电话。电视会议系统、消息处理系统（MHS）、多功能终端以及终端适配器等。

多功能终端具有先进的电话功能数字终端模拟功能、个人计算机功能、文件传送功能、电子信箱功能、智能用户电报和可视图文终端功能、同时连接功能、图解式人—机接口的窗口等功能。

多媒体 ISDN 终端就是多功能终端的例子，用户利用该终端可以同时进行话音、图像、数据通信。

12.4 ISDN 的应用与发展

12.4.1 ISDN 的应用

ISDN 的应用主要有以下几个方面。

（1）话音/数据综合通信。使用 ISDN 的基本接口（2B+D），用户可以同时传送话音和数据业务，如用户可以使用 1B 上网浏览网页的同时接打电话。

（2）局域网的扩充与互联。ISDN 可以用于多个局域网的互联，而取代局域网网间的租用线路，从而节省了费用。这种应用中，局域网仅是 ISDN 的一个用户，ISDN 可以在用户需要通信时建立高速、可靠的数字连接，而且还能使主机或网络端口分享多个远端设备的接入，这种特性比专线租用灵活和经济。局域网互联如图 12-5 所示。

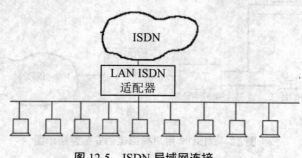

图 12-5 ISDN 局域网连接

每一端的 LAN ISDN 适配器可以支持一个或多个 2B+D 的端口，与大型主机通信时，所使用的通信软件必须兼容，使用 TCP/IP 协议。ISDN 可以便多个局域网构成一个虚拟网络，使其在不同地区的局域网成为一个大型网络，非常适合于大型企业和商业集团采用。

（3）桌面系统。桌面系统是在两个以上的用户之间进行，可用于文件、图像和数据图表的信息交换，桌面系统的主要优点是能够提高工作效率，其远端工作站的信息交换如同面对面的通信，特别适用于办公地点分散的大公司和企业，而且该系统的有效的管理手段，能够提供实时的控制协调和管理。ISDN 桌面系统如图 12-6 所示。

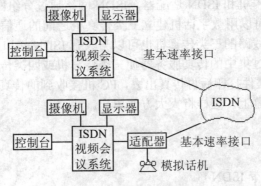

图 12-6　ISDN 桌面系统

图中，可视终端可以使用标准的 ISDN 基本接入接口 ISDN 网络，也可以通过适配器与 ISDN 网络相连。用户可以使用一条 B 信道进行通话，而使用另一条 B 信道传递文件。为了提高图像质量，也可以占用两条 B 信道，即 128 kbps 的带宽进行传递。

（4）文件传送。使用 ISDN 进行文件传送是一种快速有效的通信手段，数据文件可用 64 kbps 的通路传送，图像文件用 128 kbps 的速率传送。呼叫连接建立以后，就能将文件送到远端用户。远端用户可以是一个 PC 机、工作站、计算机主机或局域网。

ISDN 的文件交换主要应用于：出版社到印刷厂之间的文件传送，计算机辅助设计的数据图纸的传送，银行金融信息的交换和 PC 机软件销售等方面。

（5）主叫线号码显示。用户除了有话机之外，还有 PC 机或工作站与话机相连，对于用户呼叫的业务处理，还有数据库与交换机相连。例如，某维修行业，当有客户呼入时，工作人员在应答呼叫之前就可以在计算机屏幕上看到客户的业务记录，如登记的时间、维修项目、主要维修内容、修理是否完毕、付费方式等。这样将大大提高工作效率。对于商业用户，ISDN 的主叫号码显示业务，可以立即从数据库中调出用户的全部信息，如客户地址、订单、账目情况等。

ISDN 的主叫号码显示还可用于紧急情况的呼救处理，被叫用户可从数据库中立即获得主叫用户地址，这样可以快速准确地对发生事故的地区进行定位，并尽快采取紧急措施。

该业务也可广泛用于商业中的市场分析。由于 800 号智能业务的应用，用户可以免费打电话订购商品，经销商就可以根据主叫号码信息进行商品的市场分析。

（6）销售网点的经营与管理。该业务又称为销售点（POS）业务，ISDN 的 POS 业务主要是用 2B+D 的接口，为各分店提供两个 64 kbps 和一个 16 kbps 的数字通路，灵活地建立各分店之间和分店与总部之间的连接。一般将大量的销售数据在电路交换的 B 信道上传送，而像商品品种与数量的更新等小容量的数据则可以通过分组交换的 D 信道传送。

POS 业务的最大优越性是商店的经营能对每天的销售种类和销量做出精确的统计，以便采取相应措施。

用户配置主要有读卡机和 ISDN 适配器，ISDN 网络通过分组网络与主机相连。

（7）传真。ISDN 可以用数字话机建立三类传真机之间的通信连接，同时提供话音和传真的通路。采用模拟线路的三类传真机也可以与具有 ISDN 接口的三类传真机通信。

传真通信也可以通过集中的传真服务器使三类传真机或四类传真机与 PC 机交换文件，用户不必将 PC 机内的文件打印后再传真出去，PC 机接收到的传真文件可以存储起来，需要调用时，可显示在屏幕上，这样将大大方便用户。

12.4.2 ISDN 的发展

1. 窄带 ISDN 与宽带 ISDN

上面所介绍的基本速率的 ISDN 一般称为窄带 ISDN（N-ISDN）。N-ISDN 无法综合传输高清晰度电视、广播电视、高速数据传真等宽带业务。只有宽带 ISDN（B-ISDN）则能传输上述业务。

宽带 ISDN 是从窄带 ISDN（一般 ISDN 指窄带 ISDN）发展而来的。B-ISDN 能支持所有不同类型不同速率的业务，不但包括连续型宽带业务，还包括突发型宽带业务，以及窄带 ISDN 的一些业务。其业务主要有不大于 64 kbps 的窄带 ISDN 业务（话音，传真，遥测等），宽带检索型业务（如文件检索、宽带可视图文等），宽带分配型业务（如广播电视、高清晰度电视等）以及宽带突发型业务（如高速数据传输等）。

初期发展的 B-ISDN 网络结构是进一步实现话音，数据和图像等业务的结合。它由电话网（64 kbps）、分组交换网和异步传递方式（ATM）宽带交换网组成。它能实现话音、高速数据和活动图像的综合传输。

ATM 是实现 B-ISDN 的关键技术之一，它采用异步时分得用交换技术，首先将待发送的用户信息流（如数字化的话音、数据和图像等）信息分割成固定长度的信元，用信元的信头标识符识别信道，把话音、数据和图像等各种业务综合到一个网中传输和交换，具有实现带宽动态分配和多媒体通信的优点，并且其信息转换方式与业务种类，传输速率无关。

实现 B-ISDN 的关键技术除 ATM 外，还有同步光纤网/同步数字系列，光纤用户网以及宽带用户终端及其相应的图像压缩编码技术，光交换技术等。

未来的 B-ISDN 是由智能网控制中心管理的三个基本网组成。第一个网为电路交换与分组交换组成的全数字化综合传输的 64 kbps 网；第二个网是 ATM 组成的全数字化综合传输的宽带网；第三个网是采用光电交换技术组成的多频道广播电视网，在该网中可能引入智能电话、智能交换机和用于工程设计或故障检测与诊断的各种智能专家系统。

2. ISDN 主要缺陷

自 1987 年 12 月法国第一个开通 ISDN 商用业务以来，发展不是很快，主要原因如下：
（1）ISDN 终端和业务费用较昂贵；
（2）服务对象有限主要是一些大、中型企业。由于已有的分组交换网等也能提供种各种非话业务及某些新业务，因而影响了 ISDN 这部分业务的发展；
（3）由于 ISDN 实用化时间还不长，网的覆盖面不大，尤其是 ISDN 仍未形成国际联网；
（4）一些 ISDN 标准和技术规范，尤其是可操作性尚待进一步完善。

如今窄带 ISDN 显然已不能适应高速、大容量数据通信的需要，大力研究与发展宽带 ISDN，才能满足日益增长的高速数据传输、高速文件传输、可视电话、会议电视、宽带可视图文、高清晰度电视以及多媒体、多功能终端等新的宽带业务的需要。

正在进行 B-ISDN 开发和试验的有德国的 BERKOM 试验，法国的 Brebat 开发计划，欧洲先进通信研究和开发项目 RACE 试验，美国 GTE 公司和 BELLSOUTH 地区公司合作的 VISTANET B-ISDN 现场试验，以及日本 2015 年的建设 B-ISDN 规划等。

【课后习题】

1. ISDN 有哪些特点？
2. 简述 ISDN 支持的业务。
3. 试描述 ISDN 网络基本结构模型。

第 13 章 ATM 传输

13.1 ATM 概述

13.1.1 ATM 的概念

人们一般习惯把电信网分为传输、复用、交换和终端等几个部分。但是近年来随着程控时分交换和时分复用的发展,电信网中的传输、复用和交换这三个部分已越来越紧密地联系在一起了,开始使用传递方式(Transfer Mode)来统一描述。目前通信网上的传递方式可分为同步传递方式(STM)和异步传递方式(ATM)两种。如 ISDN 用户线路上的 2B+D,以及数字电话网中的数字复用等级等均属于同步传递方式,其特点是在由 N 路原始信号复合成的时分复用信号中,各路原始信号都是按一定时间间隔周期性出现,所以只要根据时间就可以确定现在是哪一路的原始信号,而异步传递方式的各路原始信号下一定按照一定时间间隔周期性地出现,因而需要另外附加一个标志来表明某一段信息属于哪一段原始信号例如采用在信元前附加信头的标志就是异步传递方式,宽带 ISDN 中 ATM 信元的信头就是一个例子。

ATM 与 STM 传输方式示意图如图 13-1 所示。

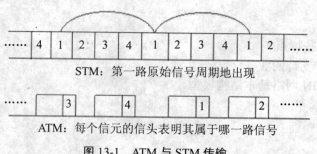

图 13-1 ATM 与 STM 传输

13.1.2 ATM 的特点

ATM 是一种不同于目前时分交换的新的信息传递方式,时隙不再固定地分配给某一特定的呼叫,只要时隙一有空闲,任何一个允许接入的呼叫都能占用空闲时隙。为此,在输入端配置了缓冲器,呼叫的信息先存在缓冲器中等待,以便时隙一有空闲就去占用,这就是所谓的统计复用。ATM 的输出端不是靠时隙同步,而是靠信头标志来识别固定 53 个字节的信元。ATM 的资源利用率大于 STM，对突发性业务，可提高到两倍左右，ATM 技术可兼顾各种数据类型。归纳起来，ATM 有以下特点。

1. ATM 的优越性

（1）统计复用。
（2）信元长度固定。
（3）采用 VP 及 VC 交换。
（4）ATM 可以作为广域网（WAN）或局域网（LAN）的无缝网络。
（5）ATM 在标准化后，将比以太网、令牌环及 FDDI 便宜和简单。
（6）ATM 能综合多种业务，可以在同一个光缆上以不同的速率传输数据、话音、视频等不同类型的信号。而最初，最大量的应用还是在 LAN 的互联并传送数据。
（7）ATM 带宽可以动态分配。ATM 的速率范围可以从 2 Mbps，由于 ATM 信元是固定大小，所以其开销随着速率降低而增大。

2. ATM 的不足

（1）率先推出的产品价格昂贵，并且属于专利化。
（2）ATM 在各主要领域里的标准尚不够完善，等待制定，例如多媒体、信令、业务量管理、服务质量、专用/公用网络互联及 SVC（交换虚电路）等。
（3）ATM 缺少与现有网络的接口以及互相操作等技术。
（4）目前 ATM 只能在光缆上操作运行，ATM 论坛正在研究建议在双绞线路上的运行。

13.1.3 ATM 与电路交换和分组交换的比较

现代通信网中广泛使用的是电路交换和分组交换两种方式。电路交换方式适用于电话业务。分组交换适用于数据业务。而 ATM 信元中承载的是宽带综合业务，既有电话业务，又有数据业务，还有其他业务。ATM 采用的是 ATM 交换方式，它是一种新的交换方式，它既像电话交换方式那样适用于电话业务，又像分组交换方式那样适用于数据业务，并且还能适用于其他业务。

电路交换是以电路连接为目的的交换方式。电路交换的过程，就是在通信时建立电路的连接，通信完毕时断开电路。至于在通信过程中双方是否在互相传送信息，传送什么信息，这些都与交换系统无关。在电话通信中的电路交换方式由于讲话双方总是一个在说，一个在听，因此电路空闲时间大约是 50%，如果考虑到讲话过程中的停顿，那么空闲时间还要多一些。当把电路交换方式用在计算机通信中，由于人机交互（键盘输入，阅读观察屏幕输出等）时间长，因而电路空闲的时间比 50%还大，甚至可高达 90%，所以电路交换方式最大的缺点就是电路利用率低。

分组交换是以信息分发为目的，把从输入端进来的数据分组，根据其标志的地址域和控制域，把它们分发到各个目的地，而不是以电路为目的的交换方式。分组交换是把信息分为一个个的数据分组，并且需要在每个信息分组中增加信息头及信息尾，表示该段信息的开始及结束，此外还要加上地址域和控制域，用以表示这段信息的类型和送往何处，并加上错误校验码以检验传送中可能发生的错误。

因而可以说，电路交换只管电路而不管电路上传送的信息。分组交换则对传送的信息进行管理。

电路交换的主要缺点是在通信过程中独占一条信道。分组交换中，交换机根据数据分组上的地址来确定目的地；因而，可以有许多个通信过程共享一个信道，这是分组交换的一个主要优点。

然而，分组交换却具有信息传送的随机时延的缺点。因为在电路交换中，如果电路忙，呼叫就被拒绝，只要电路一旦连通，就可以随时把信息传送过去。在分组交换中，其共享的电路有时可能很空，信息可以马上就传送过去，有时可能很忙，信息就要在分组交换机中排队等候，排队的长度和等候时间是由电路的忙闲来决定的，这就是不确定的随机时延。当然，在分组交换机中也采取了流量控制的措施，以便减少这种时延，即当在交换机中等待的数据分组过多时，交换机会向各个输入端发出指令，阻止它们继续发送信息，或者要求它们改用较低速率传送信息。此外，在分组交换中，对收到错误的分组数据要求马上重发的反馈重发机制也增加了随机时延，随机时延对于计算机通信（数据业务）问题不大，但对于话音业务来说，随机时延就不可以容忍了。宽带 ISDN 中传送的是 ATM 信元，ATM 信元从概念上讲与数据分组相似。但是，由于宽带 ISDN 要提供各种业务，而对话音、电视图像、立体声音乐等是不能容忍随机性延迟的，因而对于 ATM 信元的交换就不能照搬分组交换方式，而需要一种新的交换方式，这就是 ATM 交换方式。

近年来，由于光纤通信的迅速发展，不仅通信能力极大提高，而且传输错误也微乎其微，因而在分组交换的基础上产生了帧中继等快速分组交换方式，把检错纠错功能放在终端设备，从而减少了时延，提高了速率。ATM 交换方式也属于快速分组交换，但它不仅仅是简化了控制，提高了速率的分组交换，同时为了满足实时业务的要求，还使用了一些电路交换中的方法。ATM 改进了电路交换的功能，使其能灵活地适配不同速率的业务；ATM 改进了分组交换功能，满足实时性业务的要求。所以 ATM 交换方式又可以看做是电路交换方式和分组交换方式的结合。

电路交换，分组交换和 ATM 交换方式的比较见表 13-1。

表 13-1 电路交换，分组交换和 ATM 交换方式的对比表

	优　　点	缺　　点
电路交换	适合于固定速率业务，没有接入时延	信息速率种类少，网络资源及电路利用率不高
分组交换	适合可变速率业务， 通过合并若干分组，可达到各种速率	由于时延大，不适合实时业务 可变的分组长度增加了处理成本

(续表)

	优　点	缺　点
ATM 交换	通过给一个逻辑连接分配若干个信元，可以达到各种速率。可以更好地利用网络资源，如动态容量分配，统计复用等不同速率的连接	面向分组，对于实时业务需要附加的机制，分组装拆会引起一些时延

13.2　ATM 的基本原理

ATM 的基本原理是信息的传输、复用和交换都是以信元（Cell）为基本单位。按照 CCITT 的建议，每个信元的长度为 53 个字节，其中前面 5 个字节为信头，用来表示这个信元来自何处，到何处去，是什么类型等。后面 48 个字节是要在线路上传送的信息。由于 ATM 有信头，所以会有一部分线路传输能力用在信头上。如果信道的传输速率为 155.52 Mbps，在通信过程中，用户实际使用的有效传输速率为 155.52 Mbps÷53×48＝140 Mbps。

ATM 是定长度的信元，它可以适应用户不同速率分配的要求。例如，某用户要与 A、B、C 三个用户通信，其速率分别为 20 Mbps、40 Mbps、60 Mbps，这样在用户线路上每出现一个给 A 的信元，就会有两个给 B 的信元和三个给 C 的信元。由于上述三个通信用户合起来的速率是 120 Mbps，尚未达到 155.52 Mbps，因此线路上还会有一些时间处于空闲状态。所以 ATM 可以非常灵活地适配各种不同速率的要求，用户几乎可以按任何方式把信道分割成任意多个不同速率的子信道。只要它们的速率之和不超过信道的总容量，即 155.52 Mbps 就可以。

13.2.1　ATM 的信元与信元结构

1. ATM 的信元

在宽带 ISDN 用户线路上传送的信息都是 ATM 信元，所以信令也用 ATM 信元来传送，传送信令的 ATM 信元叫做信令信元。为了区别信令信元和其他 ATM 信元，将信令信元的信头规定一个特定值。例如，可以规定一个特定的 VPI-VCI 专供信令信元使用，其他 ATM 信元都不可以使用。也可以规定一个其他的 ATM 信元永远不用的净负荷类型（PT），专供信令信元使用。

除了承载用户信息的信元和信令信元之外，还有空闲信元，如运行维护信元（OAM），如果在线路上没有其他消息发送，则发送"空闲信元"可以起"填充"空闲信道的作用。运行维护信元上承载的是宽带 ISDN 的运行和维护的信息，如故障、告警等信息，它是 ATM 交换机。经常定时发送的 48 字节信息域，其内容是事先规定好的，收到这些信元的交换机，根据这些信元无误码来判断线路质量，如是否有故障告警等。

ATM 信元是定长的，所以时间是被划分成一个个等长的小片段，每个小片段就是 ATM 的信元，它有点类似于同步时分复用情况，但不同于分组交换网中的情况。

话音、活动图像等恒定速率的实时性信号，在装入一个个 ATM 信元后，应该是每隔一个固定的时间间隔出现一次。例如，64 kbps 话音信号装入 155.52 Mbps 的 ATM 信元，因为每个信元内有 48×8＝384 bit 用户信息，所以每秒钟内只出现 64 000÷384＝167 个装载该话音信号的 ATM 信元，即每隔 6 ms 出现一次，如果这些 ATM 信元在经过宽带 ISDN 后的随机性时延不大于某一规定值，那么就可以在接收端重新组合成无失真的话音信号。

2. ATM 的信元结构

ATM 信元结构如图 13-2 所示。

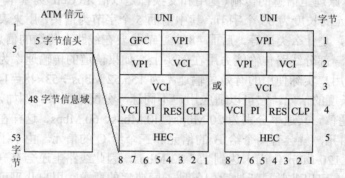

图 13-2 ATM 信元结构

图 13-2 中 UNI 为用户—网络接口；NNI 为网络—节点接口；GFC 为一般流量控制域；VPI 为虚路径标识符；VCI 为虚通道标识符；PT 为净荷类型，即后面 48 字节信息域的信息类型；RES 为保留位，可以用作将来扩展定义，现在指定它恒为 0；CLP 为信元丢弃优先权，在发生信元冲突率时。HEC 为信头检验码，检验多项式 x^8+x^6+x+1。这个字节用来保证整个信头的正确传输。

13.2.2　ATM 的虚路径和虚通道

在信元结构中，VPI 和 VCI 是最重要的两部分。这两部分合起来构成了一个信元的路由信息，也就是这个信元从哪里来，到哪里去。ATM 交换机就是根据各个信元上的 VPI-VCI 来决定把它们送到哪一条线路上去。用同步时分复用的办法可以把一条通信线路分割成若干个子信道，如一条窄带 ISDN 用户线路可以分割成两个 64 kbps B 信道和一个 16 kbps 的 D 信道。在异步传递方式中，使用虚路径和虚通道的概念，也可以把一条通信线路划分成若干个子信道。例如在一条宽带 ISDN 用户线路上，要进行 5 个通信，其中到 A 地三个通信，到 B 地两个通信，这些通信里有电话通信，数据通信，图像通信等。可以用 VPI＝1 表示向 A 地的通信，VPI＝2 表示向 B 地的通信。到 A 地的三个通信分别用 VCI＝4、VCI＝5、

VCI=6 来代表，到 B 地的两个通信用 VCI=5、VCI=6 来表示。在线路上所有 VPI=1 的信元属于一个子信道，所有 VP1=2 的信元属于另一个子信道，一般把这两个子信道都叫做虚路径，每个虚路径还可划分为若干个虚通道。

宽带 ISDN 用户线路采用 ATM 方式的重要优点是可以灵活地把用户线路分割成速率不同的各个子信道，以适应不同的通信要求。这些子信道就是虚路径和虚通道。在不同的时刻，用户的通信要求不同，虚路径和虚通道的使用就不一样。当需要某一个通信时 ATM 交换机就可为该通信选择一个空闲中的 VPI 和 VCI，在通信过程中，该 VPI-VCI 就始终表示该通信在进行，当该通信使用完毕后，某 VPI-VCI 就可以为其他通信所用了。这种通信过程就称为建立虚路径、虚通道和拆除虚路径、虚通道。

13.2.3　ATM 的错误检验与时延

ATM 交换中取消了信息反馈重发，这点可以从 ATM 信元的定义中看出，它没有对整个信元作错误检验，而是对信头部分的错误检验（HEC）。实际上，当某一个 ATM 信元的信头部分错了，也不会反馈重发，而是把该 ATM 信元丢弃，这是因为一方面光纤传输线路质量很高，出现差错的可能性很小，另一方面对于要求实时性高的话音和电视图像，小部分的差错对其影响不大，对于不能容忍差错的计算机数据业务，则可以通过在终端上附加反馈重发功能的办法来消除通信网中发生的传送差错。

除了反馈重发造成的随机时延外一个 ATM 信元还可能会在交换机内部及中继线路上延迟，在中继线路上的延迟，主要是排队造成的。ATM 交换机具有当线路上没有足够通信能力来满足用户通信要求时，可以发送一个信令信元给终端，告诉它现在"忙"。ATM 可以根据用户业务类型对通信能力规范其要求，对有的业务在"忙"时可以丢掉一些信元，对有的业务，则可以在交换机中多等一会。但那些可以丢掉一些信元的业务，也可能会有一些信元比较重要，绝不可以丢掉，对于这样的信元，可以使用 ATM 信头中的信元丢弃优先级（CLP）予以标志。为了不使 ATM 交换系统的控制处理负担太重，可以采用虚路径（VP）和虚通道（VC）两级管理的办法。通过虚路径对交换机连接到各地的线路进行宏观管理，通过虚通道对各个通信进行微观管理。在正常情况下，交换机向各个方向的信息流量分布总是可以统计或估计的，因而可以预先对虚路径进行大致的分配。这样，在呼叫到来时就会给有空余通信能力的虚路径中分配一个虚通道。在虚路径和虚通道两级管理时，ATM 交换机也可分为进行虚路径交换和虚通道交换两类，当虚通道交换机找不到虚路径放置新的呼叫时，它可以通知有关的虚路径交换机调整虚路径。当然，虚路径交换机自己也可以根据各条虚路径上的信息流量来进行调整。

13.2.4　ATM 的协议模型

ATM 的协议模型如图 13-3 所示。

图 13-3 ATM 协议模型

ATM 在逻辑上可按三个层面描述：

用户层面：是用户协议之间的接口，如 IP 或 SMDS 和 ATM 等协议的接口，互助协调。

管理层面：使 ATM 的各层互相协调。

控制层面：使信令传送以及虚电路的建立和拆除互相协调。

ATM 自适应层的作用，是把来自协议栈高层通信业务转换成可以纳入 ATM 信元的定长字节与格式，并在目的地址把它转换成原来形式，也可以完成不同速率和特性的业务入网适配。

ITU（国际电信联盟）定义了 5 种类型的 AAL。ALL1 传输数字话音、视频之类比特率恒定的通信业务，适用于对信元丢弃与时延均敏感的场合，并用来仿真常规的租用线路，但要耗去有效负荷中 48 字节的一个字节，即为信头信息增加一个字节，以供编排序号码之用，信元中的有效负荷只剩下 7 字节。ALL2 用于分组话音之类对时间参数敏感的可变比特率通信业务。ALL3/4 处理面向突发性连接的通信业务，如差错消息或变速率无连接业务、文档传送业务，它可用于容许延时、但不容许信元丢弃的业务。为保证信元丢弃尽可能的小，ALL3/4 对每一信元实施差错检测，并采用一种较复杂的纠错机制，要耗去有效负荷每 48 字节中的 4 个字节。ALL5 适用于处理开销比 ALL3/4 小的突发性 LAN 数据流，故也可称它为简单有效的自适应层（SEAL）。

13.3 ATM 的标准

宽带业务的发展，尤其是宽带 ISDN 的建立，其传输的基础是同步数字系列（SDH），其交换的基础就是 ATM，所以 ITU 在制定 B-ISDN 的标准中，就开始涉及一些 ATM 的标准，如 ATM 的基本原理建议 I.150，ATM 层技术规范建议 I.361，ATM 信元传递性能建议 I.351 等。除了 ITU-T 制定 ATM 的一些建议标准外，欧洲电信标准化委员会（ETSI）和 ATM 论坛也制定了一些建议标准。ATM 论坛于 1991 年成立已有全世界 400 个以上成员参加，它是一个全球的非盈利性的组织，其宗旨就是通过运营与生产的合作加速 ATM 产品和服务标准等的研究与开发。由于 ATM 是一个崭新的,正在不断发展的技术,许多标准尚待制定和完善,目前已有的标准见表13-2。

表 13-2　ATM 标准及规范

	ITU-T（CCITT）	ETSI	ATM 论坛
用户网络接口 UNI 物理层	I.413 I.432	Pr ETS 300 299 Pr ETS 300 300	UNI 规范（3.0 版本 93.9）
资源管理及业务量控制	I.371	DE/NA-52807 Pr ETS 300 301	UNI 规范（3.0 版本,93.9）
ATM 自适应层（AAL）	I.362 I.363	DE/NA-52617（AAL1） DE/NA-52618（AAL3/4） DE/NA-52619（AAL5） DE/NA-52620	
运行及维护（OAM）网络管理	I.610	DE/NA-52209 DTR/NA-52204 DE/NA-52620	制定中
信令（UNI）	Q.93B（基本信元） Q.93（超级业务）	DE/SPS-5026-1 DE/SPS-5026-2	UNI 规范（3.0 版本,1993.9）
信令 AAL	Q.SAAL0　Q.SAAL （SSCOP）Q.SAAL2 （SSCF）	DE/SPS-5026-1 DE/SPCS-5026-2	UNI 规范（3.0 版本,1993.9）
ATM 上的无连接数据业务	I.364	DTR/NA-53203 DE/NA-5305 DE/NA/-53206	B-ICI 规范（1.0 版本,1993.8）
ATM 上的帧中继	I.555 I.365.1	DE/NA-5304	B-ICI 规范（1.0 版本,1993.8）

13.4　ATM 的应用及前景

利用 ATM 交换机可把多媒体工作站、服务站、高档微机和图形工作站等连接起来,形成一个资源共享,并能提供多种功能的综合系统。现有的各个分散的局域网,如以太网、令牌环网、FDDI 等,可利用 ATM 交换机作为骨干网,通过网桥/路由器、服务器等设备进行高速互连,可以覆盖较大的本地网范围,并且支持局域网仿真等功能。

ATM 可用于 LAN-LAN 互联、LAN-WAN 互联、图像检索、高分辨率医疗图像传送与处理,多路广播、点播电视（VOD）、远程教学、远程传版及排版以及快速的电影编辑制作等。

用 ATM 网络进行远程教学如图 13-4 所示;端对端的 ATM 网络的应用如图 13-5 所示。图 13-5 中 VIP 为视频信息提供者,ISU 为用户单元接口。

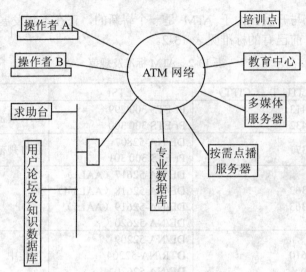

图 13-4 ATM 远程教学网络

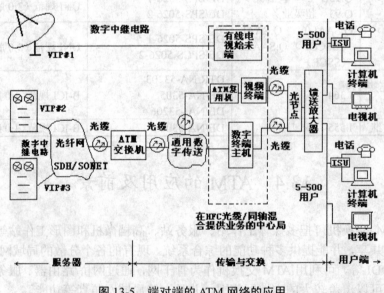

图 13-5 端对端的 ATM 网络的应用

当信号从服务器送到用户端时，ATM 交换机把光纤网送来的信息分成 ATM 信元，并经复用器、视频终端及有线电视始末端等进行广播、信元分段及重组、业务"整形"、速率同步等，广播功能可提高广播效率，一个节目可为多个用户服务，信元分级及重组是用 MPEG-2 方法压缩数字视频分组，到用户端再还原。业务"整形"是对不均匀的数据流通过在 ATM 复用器内塞入比特实施的。速率同步对于去压缩及还原动态影响尤其重要。ATM

由于具有许多宽带通信的优点，将成为今后宽带 ISDN 的一个主要部分。但是对于某些技术问题尚待进一步研究。如：统计复用允许接入的用户数大于按峰值速率分配的数，在信元同时发出信息超过系统容量而导致信元的丢失；由于传播时延的原因，报文分组交换流量不易控制；信元时延偏差（CDV）对信元丢失率的影响关系不明确等；ATM 可以同时提供多种业务，但这些业务的质量指标要求差别甚远，对于这种多目标控制要比分组交换网或电路交换网单一目标控制更复杂得多。此外，操作和适应性问题、ATM 交换机的话务问题等均尚待进一步研究，而且发展 ATM 交换机还有一个成本问题。

【课后习题】

1. 试比较电路交换，分组交换和 ATM 交换方式。
2. 描述 ATM 的协议模型。
3. ATM 有哪些特点？

第 14 章 移动通信

14.1 移动通信概述

通信双方或至少有一方处于移动状态的通信称为移动通信。移动通信采用无线传输媒体,所经又称为无线通信。由于移动通信可以不受地理位置,设备携带方便,所以越来越受到人们的青睐。移动通信包含数据收发、通话、传真、数据、图像等业务,通信设备也名目繁多,而本章主要介绍的内容是人们经常使用的手机通信,其他有关无线移动通信的应用将在下一章中阐述。

14.1.1 移动通信的特点

(1) 信道传输条件变化无常。由于使用无线信道,在电波传播的过程中,由于经衰减、建筑物阻挡等造成的干扰、使接收信号极不稳定,信号起伏幅度可达 30 dB 以上。

(2) 强干扰情况下工作。移动通信除易受到汽车发动机的火花及其他工业干扰外,主要的干扰还有互调干扰、邻道干扰及同频干扰。互调干扰是由于部件的非线性引起的。邻道干扰是相邻或相近信道之间的干扰。同频干扰是指相同频率的其他信号所造成的干扰。

(3) 可供使用的频率资源有限,现阶段移动通信的可用频率范围仅限于 25~1000 MHz,且是部分频段,而移动通信的用户数却在不断增加,所以有效地利用频率资源是移动通信系统的一个重要研究课题。

(4) 采用跟踪交换技术。由于移动台处于运动状态,为了与移动台保持通信,通常移动通信系统必须具有位置登记、越区切换及漫游通信等跟踪交换功能。

14.1.2 移动通信系统的组成

蜂窝式移动通信系统由移动业务交换中心(MSC)、基地站(BS)、移动台(MS)及与市话网相连接的中继线等组成,如图 14-1 所示。移动业务交换中心完成移动台和移动台之间、移动台和固定用户之间的信息交换转接和系统的管理。基地站和移动台均由收信机及天线、馈线组成。每个基地站都有移动的服务范围,称为无线小区。无线小区的大小由基地站发射功率和天线高度决定,通过基地站和移动业务交换中心就可以实现任意两个移动用户之间的通信;通过中继线与市话局的接续,可以实现移动用户和市话用户之间的通信。

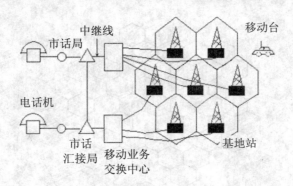

图 14-1 移动通信连接

14.1.3 移动通信系统的频段使用

早期移动通信主要使用甚高频 VHF（150 MHz）和特高频 UHF（450 MHz）频段。由于我国在这两个频段分别设置了 12 和 36 个频道的电视节目，故移动通信只能安排在电视频道的间隙处进行通信。1984 年邮电部批准 900 MHz 频段的（879～898，975）MHz 及（924～943，975）MHz 用于移动通信。

14.1.4 移动通信系统的体制

按服务区电磁波的覆盖方式划分，移动通信系统可以分为两类，即小容量的大区制及大容量的蜂窝式。

大区制在一个服务区内只有一个基地站，由它负责通信的联络与控制。基地站的发射功率较大，通常大于 50 W，有的可达 250 W。服务区半径达 30～50 km。在大区制中，一个服务区内的频率不能重复使用，以免相互干扰，因此，这种体制的频率利用率及通信容量受到限制，不能适应用户急剧增长的需要。

蜂窝式移动通信系统由多个小区彼此相连，覆盖整个服务区，小区往往用正六边形，这种结构和蜂窝一样，故称为蜂窝式，如图 14-2 所示。

小区基地站发射功率一般为 5～10 W，小区半径为几公里。采用这种体制的目的是相距较远的小区可以使用相同的频率组，实现了同波道复用，提高了频率利用率，大大缓解了用户数猛增与频率资源有限的矛盾。图 14-2 示出了七个小区为一组的结构。图中 D 表示同频复用距离，R 为小区半径，D/R 称为同频复用比。一般取 $D/R = 4.6$。

随着用户数的增加，一般采用无线小区分裂的办法来增加信道数，以满足系统增加容量的要求。这种方法增加了系统的信道数，但使用的频谱并未增加。一个小区可再分裂为三个小区的模式。原基地站的位置不变，只是原来的中心激励变成顶角激励。采用这种方法把原来的 7 个小区变成了 21 个小区。

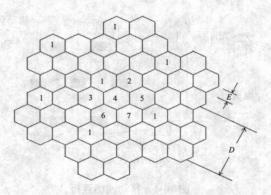

图 14-2 蜂窝式移动通信系统

14.2 移动通信组网技术

14.2.1 信道结构

在移动通信网中,因为用户的位置是不固定的,因此移动通信的交换技术应具有位置登记、一齐呼叫、越区切换及无线信道选取控制等移动通信网所特有的跟踪交换功能。

移动通信的系统控制涉及市话网移动业务交换中心、基地站和移动台之间话音与信令的传输与接入,因此信道包括传输话音信道及传输信令的控制信道(又称建立信道)。通常称基地站传向移动台的信道为前向信道,从移动台传向基地站的信道为反向信道。

1. 话音信道

一个无线小区一般有 15~30 个话音信道,最多可达 47 个话音信道,容量再增加,需用小区分裂的办法解决。话音信道除主要传输话音信号外,还传输监控信号、信令音和数据,如图 14-3 所示。

图 14-3 无线信号传输

(1) 监控信号（SAT）：SAT 是在话音传输期间连续发送的带外单音（5 970 Hz，6 000 Hz 或 6 030 Hz 正弦波）。当基地站话音信道发射机启动后，不断发出 SAT。移动台接收到 SAT 后，在反向信道向基地站转发（环回）SAT。基地站通过对 SAT 的监测，了解话音信道的传输质量。

(2) 信令音（ST）：信令音是移动台发向基地站的单向带内单音信号，例如，当移动台收到基地站发来的振铃信号时，就在反向话音信道上向基地站发出 ST 信号，表示振铃成功。再如，在移动台越区切换频道前，移动业务交换中心通过基地站发出一个新分配话音信道的指令，移动台收到这个指令后，发出 ST 表示确认。

(3) 数据：某些情况下，话音信道可出传送数据。例如，在越区切换时，话音通信暂时中断（一般在 400 ms 以内）。此时，可以用数据形式传递一些指令。

2. 控制信道

每个无线小区通常只设一个控制信道，该信道只传送数据，用于寻呼和接入。寻呼是当呼叫某一移动台时，由于不知被呼移动台的位置，所以系统中全部基地站要同时发出呼叫信号，信号中包括被叫用户识别码及信道指配代号等。所谓接入是当移动台主呼时，在控制信道上发出主呼信号，并等候指配话音信道。移动业务交换中心收到基地站转来的接入信息后，就为基地站指配一个话音信道供移动台使用。移动台收到基地站的指配指令后，就调谐到指定的话音信道，完成接入功能。

14.2.2 交换技术

移动通信的交换技术包括：位置登记、一齐呼叫、越区切换、冲突退避等。

(1) 信道通信质量监测。通信过程中，基地站的话音设备连续监测信道传输质量，主要包括 SAT 信噪比和无线信号强度。

SAT 信号由基地站发出，经移动台环回后，又被基地站话音设备接收。该信号与信道噪音之比称为 SAT 信噪比。随着移动台离基地站距离增加 SAT 信噪比会下降，当 SAT 信噪比低于要求越区信道切换的门限值时，就应进行越区切换。若因故没有执行越区切换，则信噪比会继续恶化，直至达到呼叫释放限值，呼叫就被释放。

为避免邻道干扰，通常不希望移动台输出功率过高。为此，基地站话音设备对接收的话音信号强度进行连续的监测。当信号强度高于 SSD（请求降低功率的信号强度值）时，基地站就命令移动台降低输出功率，当信号强度低于 SSI（请求高功率的信号强度值）时，基地站命令移动台增加输出功率；当移动台输出功率已达最大值，但信号强度仍然低于 SSH（请求越区频道转换的信号强度值），基地站就向交换中心请求越区频道切换。

(2) 位置登记及一齐呼叫。通常以一个移动交换中心的服务区为一个位置区或划分为几个位置区。某个移动用户经常活动的位置区称为"家区"，移动台在家区应进行位置登记，即移动台将位置信息及移动台识别码送入交换中心的原籍位置寄存器中。当移动台进入新区时，应向新区被访位置寄存器进行位置登记，即报告"家区"区号及自己的识别码。新区将位置变更信息通知原籍位置寄存器，以备移动台被呼时使用。

由于位置信息只表明移动台所在位置区，而不知所在具体小区。因此，当移动台被呼时，位置区内所有基地站一齐发出被呼移动台识别码，称为"一齐呼叫"。

(3) 定位及越区切换。移动台通信过程中，为其服务的基地站监测来自移动台的信号电平。当发现信号电平低于某一门限值时，即通知交换中心。交换中心命令相邻小区基地站同时监测移动台电平，交换中心比较监测结果，即可确定移动台即将驶入的小区，这就是定位。

越区切换过程如下：

① 新信道准备：当交换中心确认需进行越区切换时，即为新的基地站指配一个话音信道，该基地站相应发射机开机，并在此信道发送 SAT；通知移动台切换信道：交换中心通过原基地站话音信道向移动台发出切换信道指令。

② 重建信道：移动台收到上述指令后，先发 ST 信号表示确认，并立即转入新的话音信道。收到新基地站发来的 SAT 后，立即环回 SAT，表示信道切换成功。原基地站收到 ST 后，报告交换中心移动台已驶出本小区，交换中心即接通新基地站的线路，继续通话。

(4) 冲突退避。移动台的主呼是随机的，当一个小区内有两个以上移动台同时发起主呼时，就会争用控制信道，发生冲突，为此，系统应有退避规则，以保证系统正常运行。

14.2.3 信道指配方式

移动通信有固定信道指配和动态信道指配两种方式。

固定信道指配是将服务区内的 n 个用户分成 m 组，每组 n/m 个用户固定指配一个信道，只要该信道空闲，该组用户就可以使用。这种方式的缺点是信道利用率不高。

动态信道指配是服务区内所有信道均可为区内每个用户服务。当区内任一用户发出呼叫时，交换中心即为呼叫的移动台指配一个空闲信道。动态信道指配方法有以下四种。

(1) 专用呼叫信道方式。在系统中专门设置一个呼叫信道执行信道指配任务，该信道不作话音信道使用。移动用户不通话时，均停留在该呼叫信道上守候。用户的呼叫请求通过专用呼叫信道发出，交换中心通过基地站在专用呼叫信道上给移动台送指配信道指令，移动台根据指令转移到指配的信道进行通话。通话结束，再自动地返回专用呼叫信道守候。这种方式的优点是处理呼叫的速度快，适用于呼叫频繁的大容量系统。

(2) 循环定位方式。系统中不设专用的呼叫信道，基地站一次只给一个空闲信道发空闲信号，所有不通话的移动台对全部信道进行循环扫描，一旦收到这一信道的空闲信号，就自动停止扫描，并守候在该信道上。所有呼叫都在这个信道上进行。当这个信道被某一移动台通话占用后，基地站就转往另一空闲信道发出空闲信号。由于原信道已被占用，所有不通话的移动台重新开始扫描，搜索新的空闲信道。如果全部信道均被占用，移动台将不停地扫描，直到搜索到新的空是闲信道为止。

这种方式的优点是全部信道均可用作通话，信道利用率高。由于所有不通话的移动台都守候在同一空闲信道上，主呼和被呼呼叫处理快，能实现立即通信，接续简单。缺点是由于空闲移动台守候在一条空闲信道上，如果有两个以上用户同时发起呼叫，就会发生"同抢"现象。因此这种方式适用于中小系统。

（3）循环不定位方式。这种方式是为解决"同抢"现象，对循环定位的一种改进方式。基地站在所有不通话信道均发空闲信号，不通话的移动台始终处于扫描状态。当移动台主呼时，就停在首先找到的空闲信道上，并立即占用。由于移动台对信道扫描的顺序不同，使"同抢"概率大大降低，但在呼叫过程中增加了扫描搜索的时间。当移动台被呼时，由于移动台随机地在各信道进行扫描，基地站需先在某一空闲信道发出一个保持信号未通话移动台搜索到这一保持信号后，都守候在这一信道上。此时，基地站才发出选呼信号。

（4）循环分散定位方式。基地站在所有空闲信道部发出空闲信号，空闲移动台自动定位在首先扫描到的空闭信道上，由于移动台的扫描是随机的，所以他们守候的信道也是随机的。各移动台主呼是分散在多条信道上进行的，"同抢"概率减小了。移动台被呼时，基地站在所有空闲信道同时发出选呼码，随后等待应答信号，只有基地站收至应答信号，才能确定哪条空闲信道已被占用。

14.3 泛欧数字蜂窝系统（GSM）

14.3.1 GSM 系统开发背景及部分参数

第一代蜂窝移动通信系统是模拟蜂窝网，话音传输采用模拟调频方式。这种方式有很多不足之处：

（1）现有的模拟蜂窝系统体制混杂，不能实现国际漫游；
（2）模拟蜂窝网不能提供 ISDN 业务；
（3）模拟系统设备造价高，手机体积大，电池有效工作时间短；
（4）模拟系统容量受限，扩容困难。

为此，20 世纪 80 年代中期起，开始研制第二代数字蜂窝系统，并形成了三种不同的标准：北美的 IS-54、日本的 JDC 和欧洲的 GSM。我国大多数城市引进的是 GSM 系统。

GSM 系统部分参数如下：
- 频段：基地站发 935～960 MHz，移动台发 890～915 MHz；
- 通信方式：全双工；
- 载波间隔：200 kHz；

- 信道分配：TDMA 每载波 8 时隙；
- 信道总码速率：270.83 bps；
- 调制方式：高斯基带滤波最小移频键控 GSMK；
- 话音：规则脉冲激励线性预测编码 RPE-LTP。

GSM 的话音和信令都采用数字信号传输，数字话音的传输速率降低到 16 kbps 或更低。由于采用数字无线传输和无线蜂窝之间先进的切换方法，因此能得到比模拟蜂窝好得多的频率利用率，扩大了容量。由于 GSM 提供了一种公共标准，因此，在 GSM 覆盖的国家提供了自动漫游。GSM 技术规范的制定考虑了与 ISDN 标准的一致，GSM 系统同时可提供高速数据通信、传真和短信业务等业务。

14.3.2 GSM 系统组成及功能

GSM 系统由交换系统、基（地）站系统、操作和支持系统三部分组成，如图 14-4 所示。

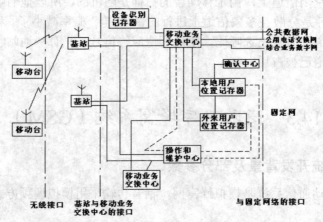

图 14-4 GSM 系统

1. 交换系统

交换系统由移动业务交换中心、本地用户位置登记器、外来用户位置登记器、鉴权（确认）中心和设备身份登记器组成。

（1）移动业务交换中心：完成系统电话交换功能，负责建立、控制、终止呼叫，路由选择，搜集计费信息，协调与固定电话网之间的业务，提供与非话业务互联的功能。

（2）本地用户位置登记器：管理移动用户的主要数据库，主要存储两类信息：一是用户注册的有关电信业务信息，二是位置信息。

（3）外来用户位置登记器：为外来的漫游用户进行位置登记服务。

（4）鉴权（确认）中心：为本地用户位置登记器提供一个与用户有关的、用于安全方面的鉴权参数和加密密钥。

（5）设备身份登记器：移动台由它的国际移动设备身份号来识别。为防止非法使用未经许可的移动设备，移动业务交换中心利用设备身份登记器来检查用户使用设备身份号的有效性。

2. 基（地）站系统

基（地）站系统是与无线蜂窝方面关系最直接的基本组成部分。它的功能有：

（1）通过无线接口直接与移动台相接，负责无线收发和无线资源管理；

（2）与网络子系统中的移动业务交换中心相连，实现移动用户间或移动用户与固定网用户间的通信连接，传送系统信号和用户信息。

基地站系统包括基地站控制器和基地站收发信机两部分。

（1）基地站控制器：是基地站系统的控制部分，完成信道切换、无线资源和无线参数的管理等功能。

（2）基地站收发信机：由基地站控制器控制并服务于某个小区的无线收发信设备，完成基地站控制器与无线信道间的转接，实现无线传输及相关的控制功能。

3. 操作和支持系统

操作和支持系统用于实现移动用户管理、网络操作和维护的功能。移动用户管理包括用户数据管理和呼叫计费。网络操作和维护包括对 GSM 系统的基地站系统和交换系统进行网络的监视操作（告警、处理等）、无线规划（增加载频、小区等）、交换系统的管理（软件、数据的修改等）和性能管理（产生统计报告等）。

14.4　CDMA 数字蜂窝通信

CDMA 技术始于二战期间，是为了防止敌人对我方的通信干扰及密码破译而提出的。由于它与当时主流的模拟通信技术思路大相径庭，实现方式也更为复杂，因而没有得到应有的重视和开发。直到 20 世纪 90 年代，CDMA 才由美国高通公司首次更新改进后投入商用，其理论和技术上的诸多优势才开始在实践中得到验证，从而迅速地推广普及开来。

在 CDMA 蜂窝系统中，通过采用话音激活技术、前向纠错技术、功率控制技术、频率复用技术、扇区技术等，可以大大提高频率的利用率，其系统容量可达到 TDMA 的 3 倍以上和 GSM 的 4 倍以上。此外，CDMA 还具有抗多径干扰能力、更好的话音质量和更低的功耗以及软容量、软越区切换等特点。总之，CDMA 蜂窝系统较之 FDMA、TDMA 系统具有明显的优越性。

14.4.1 CDMA 数字蜂窝通信的技术原理

CDMA 数字蜂窝通信是扩展频谱技术在多址移动通信中的一种应用。所谓扩展频谱技术是指用比信息频带宽得多的带宽传输信息的技术。根据最大传输速率的公式，在通信速率不变的条件下，只要信道带宽足够大，即使在很低的 S/N 情况下也可实现无差错的信息传输。CDMA 通信是将要传送的信息数字，用一个带宽远大于信号带宽的伪随机码（PN 码）作为地址码，去调制（例如模二加）信息数据，使原数据信号的带宽被大大扩展（即扩频），再经载波调制后发射出去。接收端产生完全相同的伪随机码，与接收的宽带信号作相关处理，把宽带信号恢复成原信息数据的窄带信号（即解扩）。伪随机码与原数据信号的带宽之比称为扩频增益。CDMA 多址干扰的大小决定于伪随机码之间的互相关值。如果相关值为 0，则目的接收端解扩后得到原数据信息，其他地址的接收端由于 PN 码不同，不能解扩，表现为宽带噪声。因此，CDMA 可在同一载波频率上同时传送多个用户信息，实现多址通信。PN 码之间的相关值越小，多址干扰也越小，可容纳的用户数也越多。

实现 CDMA 的关键技术包括：

（1）为达到多路多用户的目的，要有足够多的 PN 码，且 PN 码要有良好的自相关和相关特性，即自相关性很强，相关值为 0 或很小；

（2）目的接收端要产生与发端码型一致、相位同步的 PN 码；

（3）为使各用户信号占用相同的带宽，降低各用户之间的相互干扰，必须使扩频增援大（通常大于 100）。

CDMA 蜂窝移动通信系统通常采用直接序列扩展（DS）。CDMA 与一般的数字通信系统相比较，其差别仅在于发送端多进行一次扩频调制，相应的在接收端多进行一次解扩处理。

14.4.2 CDMA 数字蜂窝移动通信的特点

CDMA 数字蜂窝移动通信系统的特点如下。

（1）信道中传输的是宽带信号，由于宽带信号所有的频率不会在同一地点、同一时刻发生衰落，因而抗频率选择性衰落、抗阴影效应及抗多普勒频移的能力强。

（2）信道中传输的信号平均功率谱密度很低，信号被淹没在噪声中传输，使敌方很难发现。同时，CDMA 的解扩要求收发双方 PN 序列的即时状态相同，而使用者可以随时改变 PN 序列的即时状态，使 CDMA 具有极高的保密性。

（3）在 CDMA 的接收端采用解扩，把有用的宽带信号变成窄带信号，把窄带干扰变成宽带信号，于是使用窄带滤波技术可以抑制绝大部分噪声，从而大大提高信噪比。

（4）如果选用一组彼此正交的或准正交的伪随机（PN）码进行扩频调制和解扩处理，则由这组 PN 码扩频后的带宽信号具有良好的正交性，因而具有多址通信的能力。

14.4.3 CDMA 的系统容量

一般码分通信系统（暂不考虑蜂窝移动通信系统的特点）的系统容量为：

$$N = 1 + \frac{B/R_b}{E_b/N_0}$$

式中：N 为用户数；B 为 CDMA 系统所占有的频谱宽度；R_b 为信息速率（B/R_b 为扩频增益）；E_b 为信息数据一比特能量；N_0 为干扰功率谱密度。

CDMA 的系统容量大并非由于 CDMA 技术本身的原因，而主要是因为 CDMA 可以采用话音激活、扇区划分、纠错、提高频率复用效率等措施，降低了系统的 E_b/N_0，从而提高了系统的容量 N。

（1）采用话音激活提高系统容量。在双向通信中，一方用户说话的时间仅占 35%左右。如果在不说话的时候不发射功率，则对其他用户的干扰可以大大减小，使系统容量提高约 2.86 倍。

（2）利用前向纠错技术降低 E_b/N_0。CDMA 系统使用信号带宽很宽，有条件使用高效高冗余度的纠错技术，可以在满足一定误码率（或误帧率）要求的前提下降低 E_b/N_0。

（3）利用划分扇区提高系统容量。利用 120 度天线把一个蜂窝区划分为三个扇区，每个扇区中的用户数是蜂窝中用户数的三分之一，可以使多址干扰减小三倍，从而使容量扩大约三倍。

（4）CDMA 系统中不但同一小区的多个用户可以共用同一频道，而且其他小区也可使用同一频道，从而使容量扩大。

14.4.4 CDMA 标准

CDMA 技术的标准化经历了几个阶段。IS-95 是 CDMA One 系列标准中最先发布的标准，但真正在全球得到广泛应用的第一个 CDMA 标准是 IS-95A，这一标准支持 8K 编码语音服务。其后又分别推出了 13K 语音编码器的 TSB74 标准，支持 1.9 GHz 的 CDMA PCS 系统的 STD-800 标准，其 13K 编码语音服务质量已非常接近有线电话的语音质量。

随着移动通信对数据业务需求的增长，1998 年 2 月，美国高通公司宣布将 IS-95B 标准用于 CDMA 基础平台上。IS-95B 可提供对 64 kbps 数据业务的支持。再之后 CDMA2000 成为窄带 CDMA 系统向第三代移动通信系统过渡的标准。CDMA2000 标准在其研究早期，提出了 1X 和 3X 两种发展策略，但随后确定了以 1X 和 1X 增强型技术作为 CDMA 的未来发展方向。

1997 年，国际电联通过了对第三代移动通信标准和技术的基本要求，即 ITU-R M.1225 建议，并正式向全球发出征集第三代移动通信无线传输技术和标准建议的通函，任何 ITU 成员均可根据要求在 1998 年 6 月 30 日前提交建议。结果收到逾十种地面移动通信的建议，其中包括我国提出的 TD-SCDMA 技术建议。

经过大量的标准融合,并成立两个国际标准化组织 3GPP 和 3GPP2 来完成了制定标准的详细文稿。到 2000 年 5 月通过了 ITU-R M.1457 建议,即第三代移动通信标准。至此,第三代移动通信的雏形已经形成了:主流是 CDMA 技术,主要由频分双工的标准 WCDMA(DC-CDMA)和 CDMA 2000(MC-CDMA)以及时分双工的标准 CDMA TDD 所构成。

综上所述,在第三代 CDMA 体制中,成为 ITU 标准的有 WCDMA、CDMA 2000 和 TD-SCDMA 三种体制。而 CDMA 标准的发展大致过程为:第一阶段:IS-95;第二阶段:IS-95A;第三阶段:IS-95B;第四阶段:CDMA 2000;第五阶段:3G。

在移动通信领域,我们已经丧失了第一代和第二代的绝大部分市场。现在,全球的通信业界一起站在 3G 的起跑线上,这是我国民族通信业腾飞的一个契机。

14.5　GPRS 移动通信系统

第三代通信体系的核心技术是码分多址 CDMA,但从 GSM 过渡到 3G 还需一段时间。为了避免大量现有的网络设施浪费,更好的利用现有的网络基础来满足数据通信的需求,GPRS 技术应运而生。通过对现有网络基础进行一定的软、硬件改动,即可实现现今较高的无线数据通信要求。

14.5.1　GPRS 的概念

GPRS(General Packet Radio Service)中文全称通用无线分组业务,作为第二代移动通信技术 GSM 向第三代移动通信 3G 的过渡技术.是由英国 BT Cellnet 公司在 1993 年提出的。GPRS 是一种基于 GSM 的移动分组数据业务,面向用户提供移动分组的 IP 或者 X.25 连接。

GPRS 在现有的 GSM 网络上叠加了一个新的网络,同时在网络上增加一些硬件设备和软件升级,形成了一个新的网络逻辑实体,提供端到端的、广域的无线 IP 连接。通俗地讲,GPRS 是一项高速数据处理业务,它以分组交换技术为基础,用户通过 GPRS 可以在移动状态下使用各种高速数据业务,包括收发 E-mail、进行 Internet 浏览等。GPRS 是一种新的 GSM 数据业务,在移动用户和数据网络之间提供一种连接,给移动用户提供高速无线 IP 和 X.25 服务。GPRS 采均分组交换技术,每个用户可同时占用多个无线信道,在同一无线信道又可以由多个用户共享,资源被有效的利用。使用 GPRS,数据实现分组发送和接收,用户永远在线且按流量、时间计费,迅速降低了服务成本。

构成 GPRS 系统的方法如下。

(1) 在 GSM 系统中引入如下 3 个主要组件:GPRS 服务支持结点(SGCN)、GPRS 网关支持结点(GGSN)、分组控制单元(PCU)。

(2) 对 GSM 的相关部件进行软件升级。ETSI 指定了 GSM 900、GSM 1800 和 GSM 1900 三个工作频段用于 GSM，相应的，GPRS 也工作于这三个频段。现有的 GSM 移动台不能直接在 GPRS 中使用，需要按 GPRS 标准进行改造（包括硬件和软件）才可以用于 GPRS 系统。GPRS 被认为是 2G 向 3G 演进的重要一步。

14.5.2 GPRS 的主要特点

由于上述软、硬件方面的变动，GPRS 系统具有如下几个特点。

(1) GPRS 采用分组交换技术，高效传输高速或低速数据和信令，优化了对网络资源和无线资源的利用。

(2) 定义了新的 GPRS 无线信道，且分配方式十分灵活：每个 TDMA 帧可分配 1～8 个无线接口时隙。时隙能为活动用户所共享，且向上链路和向下链路的分配是独立的。

(3) 支持中、高速率数据传输，可提供 9.05～171.2 kbps 的数据传输速率（每用户）。GPRS 采用了与 GSM 不同的信道编码方案，定义了 CS-1、CS-2、CS-3 和 CS-4 四种编码方案。

(4) GPRS 网络接入速度快，提供了与现有数据网的无缝连接。

(5) GPRS 支持基于标准数据通信协议的应用，可以和 IP 网、X.25 网互联互通。支持特定的点到点和点到多点服务，以实现一些特殊应用如远程信息处理。GPRS 也允许短信业务（SMS）通过 GPRS 无线信道来传输。

(6) GPRS 可以实现基于数据流量、业务类型及服务质量等级（QOS）的计费功能，计费方式更加合理，用户使用更加方便。

(7) GPRS 的核心网络层采用 IP 技术，底层也可以使用多种传输技术，很方便地实现与高速发展的 IP 网无缝连接。

14.5.3 GPRS 业务的具体应用

GPRS 的业务主要有如下几类。

(1) 信息业务。传送给移动电话用户的信息内容广泛，如股票价格、体育新闻、天气预报、航班信息、新闻标题、娱乐、交通信息等。

(2) 网页浏览。移动用户使用电路交换数据进行网页浏览无法获得持久的应用。由于电路交换传输速率比较低，因此数据从互联网服务器到浏览器需要很长的一段时间。因此 GPRS 更适合于因特网浏览。

(4) 文件共享及协同性工作。移动数据使文件共享和远程协同性工作变得更加便利。这就可以使在不同地方工作的人们可以同时使用相同的文件工作。

(5) 分派工作。非语音移动业务能够用来给外出的员工分派新的任务并与他们保持联系，同时业务工程师或销售人员还可以利用它使总部及时了解用户需求的完成情况。

（6）静态图像。如照片、图片、明信片、贺卡和演讲稿等静态图像能在移动网络上发送和接收，使用 GPRS 可以将图像从与一个 GPRS 无线设备相连接的数字相机直接传送到互联网站点或其他接收设备，并且可以实时打印。

（7）远程局域网接入。当员工离开办公桌外出工作时，他们需要与自己办公室的局域网保持连接。远程局域网包括所有应用的接入。

（8）文件传送。包括从移动网络下载量比较大的数据的所有形式。

14.6 3G 技 术

3G 是第三代移动通信技术（3rd Generation）的简称。第一代移动通信（1G）就是人们所说的"大哥大"，缺点是体积大、支持的用户数量有限、通信的保密程度低、相互之间不能兼容及漫游比较困难等缺点。第二代移动通信（2G）是指 GSM（全球移动通信系统）和 CDMA（码分多址），缺点主要是数据功能较低，支持多媒体业务困难。随着通信业务的迅猛发展和通信量的激增，对未来的移动通信系统提出了更高的要求，第三代移动通信技术，即 3G 应运而生；它是能将无线通信与互联网等多媒体通信结合的新一代移动通信系统。能够处理图像、音乐、视频流等多种媒体形式，提供包括网页浏览、电话会议、电子商务等多种信息服务；不仅具有很大的系统容量，而且还能支持话音、数据、图像、多媒体等多种业务的有效传输。

14.6.1 3G 的功能

3G 的主要功能可以概括为以下几点。

（1）手机上网。基本实现或接近于电脑上网的效果，人们可以随时随地获取所需信息，享受互联网提供的各种服务。比如，它能视频下载，支持语音、因特网浏览、电子邮件、会议电视等多种高速数据服务。

（2）语音服务。如可视电话等。

（3）手机支付。能加速交易过程，增加交易的价值，从而扩大和加速经济的发展。

（4）位置服务。例如，如 3G 手机用户的手机中可以显示的街道地图并引导顺利地抵达目的地。

虽然手机视频、电视等功能不是 3G 所独有的，但在 3G 时代，这些服务的品质将大大提高。

14.6.2 TD-SCDMA

我国早在 1998 年 6 月底向国际电联提交了我国对 IMT 2000 无线传输技术（RTT）的

建议（TD-SCDMA）。2000年5月5日，国际电联正式公布了第三代移动通信标准，我国提交的TD-SCDMA已正式成为ITU第三代移动通信标准IMT 2000建议的一个组成部分。我国自主知识产权的TD-SCDMA、欧洲WCDMA和美国CDMA 2000成为3G时代最主流的技术。

为方便用户在手机上进行实时竞赛的观看，中国移动已经开始提供TD-SCDMA（Time Division-Synchronous Code Division Multiple Access）服务。TD-SCDMA即时分同步的码分多址技术，已确定为是3G技术标准之一。TD-SCDMA集CDMA、TDMA、FDMA技术优势于一体，具有系统容量大、频谱利用率高、抗干扰能力强的特点。TD-SCDMA采用了智能天线、联合检测、接力切换、同步CDMA、可变扩频系统、自适应功率调整等技术。

TD-SCDMA为TDD模式，在应用范围内有其自身的特点：终端的移动速度受现有DSP运算速度的限制，一般在240 km/h以内；基站覆盖半径在15 km以内时频谱利用率和系统容量可达最佳。所以，TD-SCDMA适合在城市和城郊使用，在城市和城郊这两个不足均不影响实际使用。因在城市和城郊，车速一般都小于200 km/h，城市和城郊人口密度高，因容量的原因，小区半径一般都在15 km以内。而在农村及大区全覆盖时，用WCDMA的FDD方式也是合适的，因此TDD和FDD模式是互为补充的。TDD模式是基于在无线信道时域里的周期地重复TDMA帧结构实现的。这个帧结构被再分为几个时隙。在TDD模式下，可以方便地实现上/下行链路间地灵活切换。这一模式的突出的优势是，在上/下行链路间的时隙分配可以被一个灵活的转换点改变，以满足不同的业务要求。这样，运用TD-SCDMA这一技术，通过灵活地改变上/下行链路的转换点就可以实现所有3G对称和非对称业务。合适的TD-SCDMA时域操作模式可自行解决所有对称和非对称业务以及任何混合业务的上/下行链路资源分配的问题。

TD-SCDMA的无线传输方案综合了FDMA，TDMA和CDMA等基本传输方法。通过与联合检测相结合，它在传输容量方面表现非凡。通过引进智能天线，容量还可以进一步提高。智能天线凭借其定向性降低了小区间频率复用所产生的干扰，并通过更高的频率复用率来提供更高的话务量。基于高度的业务灵活性，TD-SCDMA无线网络可以通过无线网络控制器（RNC）连接到交换网络，如同三代移动通信中对电路和包交换业务所定义的那样。在最终的版本里，计划让TD-SCDMA无线网络与INTERNET直接相连。

TD-SCDMA所呈现的先进的移动无线系统是针对所有无线环境下对称和非对称的3G业务所设计的，它运行在不成对的射频频谱上。TD-SCDMA传输方向的时域自适应资源分配可取得独立于对称业务负载关系的频谱分配的最佳利用率。因此，TD-SCDMA通过最佳自适应资源的分配和最佳频谱效率，可支持速率从8 kbps到2 Mbps的语音、互联网等所有的3G业务。

14.6.3 3G 的技术标准

世界上经国际电联确认的 3G 的三大主流标准分别为：由 GSM 延伸而来的 WCDMA；由 CDMA One 演变发展的 CDMA 2000 及中国大唐电信开发的 TD-SCDMA。

（1）WCDMA。WCDMA 的含义是宽频分码多重存取。目前，WCDMA 有 Release99、Release4、Release5、Release6 等版本。WCDMA 的主要特点如下：

① 基本带宽：5MHz
② 调制方式：上行为 BPSK，下行为 QPSK
③ 频分双工（FDD）
④ 接入方式：DS-CDMA 方式
⑤ 功率控制速率：1600 次/s
⑥ 基站间同步关系：同步或异步
⑦ 支持的核心网：GSM-MAP；
⑧ 码片速率：3.84 Mchip/s
⑨ 帧长 10ms

（2）CDMA 2000。CDMA 2000 是从 CDMA One 演变而来的，其标准是一个体系结构，它包含一系列子标准。由 CDMA One 向 3G 演进的途径为：CDMA One→（IS-95B →）CDMA 20001x（3x）→ CDMA 2000 1xEV，其中从 CDMA 2000 1x 之后均属于第三代技术。CDMA 2000 的技术特点如下：

① 基本带宽：1.25 MHz 或 3.75 MHz；
② 调制方式：上行为 BPSK，下行为 QPSK；
③ 频分双工（FDD）；
④ 接入方式：MC-CDMA 方式；
⑤ 功率控制速率：800 次/s
⑥ 基站间同步关系：同步
⑦ 支持的核心网：ASN I-41；
⑧ 码片速率：1.228/3.686 4 Mchip/s；
⑨ 帧长 10/5 ms。

（3）TD-SCDMA。TD-SCDMA 的含义是时分同步码分多址接入，其特点是采用时分双工模式（TDD）的第三代移动通信系统。TD-SCDMA 的主要技术特点如下：

① 基本带宽：1.6MHz；
② 调制方式：QPSK 和 8PSK；
③ 时分双工（TDD）；
④ 接入方式：TD-SCDMA 方式；
⑤ 功率控制速率：200 次/s；

⑥ 基站间同步关系：同步；
⑦ 支持的核心网：GSM-MAP；
⑧ 码片速率：1.28 Mchip/s；
⑨ 帧长 10 ms。

14.6.4　3G 的发展前景

从目前的发展趋势来看，3G 无疑具有巨大的发展空间，有着非常良好的发展前景。其发展主要取决于两个因素，一是消费者的支付能力，二是信息服务提供的成本。

当前，3G 在全球的网络建设渐入高潮。由于中国 2G 移动通信已发展较为成熟，3G 网络建设的起点相对更高。网络设备的成熟程度，将直接影响到网络能否长期稳定可靠的运行。

总之，3G 的到来已经不可避免，只有科学分析准确定位才能推动 3G 的发展。所以 3G 的前景非常看好，但其发展还任重而道远。

3G 的发展方兴未艾，而更为先进的 4G 开发已提上议事日程，不少国家已紧锣密鼓地开始进行 4G 的开发，目前国际电联对 4G 基本的技术要求是，在移动状态下达到速率 100 Mbps，静态和慢移动状态下达到速率 1 Gbps。与现有的移动通信技术相比，4G 的传输速度可提高 1000 倍。

我国也已展开了 4G 的研发工作，并在上海等地建设了实验系统并引入了如 IPv6 核心网络、IPTV 高清晰度业务与移动通信的切换技术等等。是基于分布式无线网络的第四代移动通信现场实验系统，具有在移动环境下支持峰值速率为 100 Mbps 的无线传输及高清晰度交互式图像业务演示等功能。

【课后习题】

1．简述移动通信的特点及组成。
2．说明移动通信的交换技术。
3．说明 GSM 系统组成及功能。
4．实现 CDMA 的关键技术有哪些？
5．简述 GPRS 系统的特点。

第 15 章　无线通信实用技术

15.1　红外通信

15.1.1　红外通信概述

随着电子设备与通信技术的发展，便携式信息处理设备、手机的使用已经十分普遍。这些移动设备可使用户随时获取、发送及记录所需的信息。如智能手机、PDA 等均可随时随地记录各种数据信，又可随时随地通过接续到因特网，收发电子邮件和浏览实时新闻等。这种便携式处理设备正在随着通信功能的更加完善，并不断地扩大着应用方式和应用范围。

由于这种移动设备的应用范围越来越广，如何使用无线方式进行数据交换是十分必要的。目前，利用红外线 IR（Infra Red）进行无线数据通信，无论从小型化、轻量化，还是从安全性等方面考虑，其可行性都比较高，红外通信一度成为无线通信领域中的主角。

目前，红外传输技术主宰着低速的遥控市场，同时在无线多信道室内话音系统，无绳电话以及键盘和终端间的短距离无线连接中得到了应用；所有这些应用中所需的工作带宽远低于 WLAN 需要的带宽。从 20 世纪 70 年代后期开始，在把光无线通信技术应用到室内数据通信方面取得了很大的进展，红外通信就是其中之一。

15.1.2　红外通信的特点

在无线通信中，便携式信息处理设备需要无论移动到什么地方都能方便地接入网络进行通信，采用红外线进行通信恰好满足此要求，红外通信在实施中有如下优点。

（1）收发信机体积小、重量轻、价格低廉。

（2）一般来说，红外线的使用无线频率范围灵活，不必事先申请，得到批准才可使用。而许多设备使用无线频率和输出功率都要受到有关规定的限制。

（3）红外线不像电磁波那样能够穿过墙壁进行传输，其传输距离只能在视线范围以内，比较安全，容易管理。

然而，由于红外线基本沿直线发射，几乎没有绕射能力，碰到障碍物则会反射，因此红外线通信具有如下的欠缺。

（1）接续不够稳定。如在收发端之间存在障碍物，一般就不能够进行正常通信；另外还较易受太阳光、荧光灯等噪声源的干扰影响，因此，需要能够更加有效地进行差错控制和重发的通信协议来提高通信的可靠性。

（2）半双工通信。一般红外通信中要实现全双工链路是十分困难的，原因是由于受反射的影响，接收红外线的点和波长都是由器件所固定的，不能像一般电磁波那样采用不同的频率进行收发，实现全双工通信。此外由于红外线传送这些特征是以往的数据通信协议中所没有考虑过的，因此，红外线数据通信的物理层和链路层要使用另外专门的协议。

IR 通信的几个特性也可以应用在办公室建立无线网络。IR 系统的发射机和接收机使用发光二极管和光敏二极管，成本费用较低。IR 传输不干扰现有的 RF（Radio Frequency 无线频率，此指一般无线通信）系统，并且不受 FCC 管理。IR 信号不能穿越墙壁，因此在办公室区域内提供了一定的保密性。唯一能在办公室外检测到 IP 信号的方法是通过窗户，但窗帘或百叶窗足以防止红外线信号的泄漏。除了保密性以外，IR 系统的这种特性允许在邻近的办公室中同时使用一样的系统而不会产生相互干扰。因此，在一个蜂窝结构中的所有单元的工作频率都可一样，而 RF 配置则相反，它的邻近小区的工作频率必须不一样。红外线无线网络的主要问题是覆盖范围的限制（特别在高的数据速率时）、广泛的电源波动和周围光线等的干扰，具体地说，周围光线的影响和发射机或接收机附近的物体的移动都是经常出现干扰源，至今还没有完全解决这些问题的可靠技术。

15.1.3 红外通信系统的基本类型

一般来说，IR 无线局域网 WLAN 使用直接波束或散射波束。在过去的几十年中，大多数无线红外 LAN 的开发集中在红外线散射上。这种辐射方式的优点是在发射机和接收机间不需要一条直接的视线路径，因为接收机可以通过墙壁、天花板、和室内其他障碍物的反射来收集发送的信号。因此网络的安装不需要为了建立通信链路而进行调整，为终端的移动提供了方便。散射波束的缺点有。

（1）为了覆盖一个给定的区域需要很大的功率。

（2）多路径限制了数据速率。

（3）对眼睛可能产生危害很大。

（4）在同时进行互相通信时，每个接收机接收自己发送的反射信号可能要比从另一端来的信号要强，因此，红外线散射主要用于需要便携机如无绳电话和用膝上机或笔记本电脑进行的通信。

直接波束红外线通信无线网络已经投入使用。在这种辐射模式使用中，发送的辐射必须调整到接收机的方向，相对红外线散射来说，这种方法的特点是：

（1）可靠通信时需要光功率较少；

（2）多路径影响不太严重；

（3）比散射通信可更好地处理双向通信。

因此，用这种方法可获得更高的数据速率和更大的覆盖范围。缺点是需对终端进行调整,并且尽可能避免由于遮挡而引起的中断。所以,直接波束红外线方法一般用于终端相对固定,如办公桌上的电脑等设备。

还有一种用于红外通信系统的光传输方法是准散射。使用这种方法,终端间可使用一个有源或无源的反射体进行通信。每个终端使用直接波束和反射体进行通信。无源反射体是有高散射和反射性的类似镜子的器件。有源反射体类似于红外线散射系统中使用的转发器。有源反射体对接收的信号进行放大和转发。无源反射体则需要更多的传输功率,但可避免了有源反射体的安装和维护问题。类似于红外线散射网络,准散射网络也是一种广播网络,即所有终端都接收到所发送的信息。在准散射网络中,所需的从终端来的辐射光线要比红外线散射少,并且灵活性和覆盖比直接波束红外线要好。准散射结构是散射和直接波束的一个折中。

15.1.4 红外通信的限制

IR 通信有三个限制:
（1）从周围光源来的干扰;
（2）用于散射传播的信道的多路径互相干扰;
（3）IR 器件的不稳定性。

周围光线的红外部分可干扰 IR 辐射,如果干扰比较大则可能使接收机中的光敏二极管过载,并且使它超过工作点。周围的光源,如阳光、灯光都可能干扰 IR 通信。如在房间中使用日光灯,可能会成为 IR 通信的最严重的干扰源。日光灯在开关时发出约 120 Hz 干扰基带信号,它还包含很多谐波,最高频率可达 50 kHz。通过调制发送的 IR 信号可减少周围光线的影响,调制的载频至少为几千赫以避免由于周围光线的波动而引起压缩。对于高速基带通信一般采用 Miller 编码。因为 Miller 信号的功率只有小部分分布在低频处,因此可以减少周围光源引起的低频干扰。对于散射 IR,周围光源引起的数据速率限制仅次于由信道的多路径引起的数据速率限制。

散射 IR 传输显示的多路径类似于无线信道。多路径引起的发送符号的时间色散和导致的码间干扰限制了最大数据传输速率。在无线传播中,当房子的空间变大时,多径扩展增加,则可支持的比特速率会减小。

15.1.5 红外数据通信的现有协议

在现有的便携式信息处理设备上,红外数据通信可在机器之间相互进行地址交换和数据交换,如发往打印机进行打印,与其他电脑连接进行数据备份等应用。

红外通信中通常使用的是 ASK（幅移键控）红外线通信方式,主要有如下特点。
（1）物理层协议。ASK 方式的物理层采用 900～1050 nm 波长的红外线。图 15-1 表示采用载波频率为 500 kHz 的 ASK 调制方式。该方式抑制噪声的能力较强。

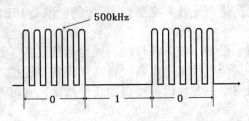

图 15-1 ASK 调制方式示图

（2）数据链路层协议。ASK 方式的数据链路层协议如图 15-2 所示。这是只限于点到点通信的协议。发送端首先发出 ENQ 分组，并等待接收 SYN 分组。如果接收到 SYN 分组，则发送数据分组，如图 15-2（a）所示。如果不能接收到 SYN 分组，则每隔 500 ms 的等待时间后重发一次 ENQ 分组，如图 15-2（b）所示。接收端在无差错地接收到数据分组后，发送 ACK 分组；否则发送 NACK 分组。当需要发送的数据超过最大分组长度（512B）时，可将数据划分为多个分组，按照 ENQ-SYN-DATA-ACK 的规程发送各个数据分组，如图 15-2（c）所示。在各个数据分组中，可以设置分组序号和表示最终分组的标志。

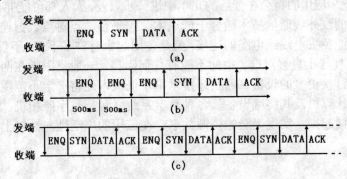

图 15-2 ASK 方式的数据链路层协议

15.2 蓝牙技术

15.2.1 蓝牙概述

据传"蓝牙"（Bluetooth）名称是根据早在公元 10 世纪丹麦的一位国王哈拉德·布鲁斯（Hared Bluetooth）名字而来，他将当时分裂的瑞典、芬兰与丹麦统一起来，用他的名字来命名这种新的技术标准，含有将各种不同的通信局面统一起来的含意。蓝牙是一种可供移动设备短距离通信（一般约 10 m）的无线电技术。如移动电话、PDA、无线耳机、笔记本电脑及众多的设备之间进行无线数据交换。蓝牙的标准是 IEEE 802.15，工作在 2.4 GHz 频带，带宽为 1 Mbps。

在不远的距离内将数字设备，如各种移动、固定通信设备、计算机及其终端设备、数字照相机、数字摄像机；甚至各种家用电器、自动化设备等链接起来，采用蓝牙技术那是十分适合的。蓝牙可作为网络中各种设备接口的统一桥梁，它可消除设备之间的连线，取而代之以无线连接。

蓝牙是一种短距的无线通讯技术，采用高速跳频（Frequency Hopping，简称 FH）和时分多址（Time Division Multiple Access，简称 TDMA）等先进技术，透过芯片上的无线接收器，能够在约十公尺的距离内彼此相通，传输速度可以达到每秒钟 1 兆字节。

蓝牙技术的发展主要有以下三个阶段：

第一阶段是蓝牙产品作为附件连接于较大的数字设备中，如移动设备、PC 机等。

第二阶段是蓝牙产品嵌入轻便的移动设备之中，如手机、PDA、笔记本电脑等。

最近几年，随着蓝牙器材的性能进一步提高、价格进一步下降，蓝牙逐渐进入各种家用电器，如数码相机及其他各种电子产品中，这是蓝牙发展的第三阶段。

可以预言，蓝牙应用的将会在今后的几年中进一步普及，人人都可能拥有数个蓝牙产品。

上节所阐述的红外线通信技术适合于低成本、跨平台、点对点数据连接，应用红外线收发器链接虽然能免去电线或电缆的连接，但是使用起来有许多不便，不仅距离只限于 1～2m，而且必须在视线上直接对准，中间不能有任何阻挡，一般只限于在两个设备之间进行链接，不能同时链接更多的设备。而蓝牙技术则可低成本地将一定小范围内的各种移动、固定通讯设备、计算机及其终端设备、各种数字系统（包括数字照相机、数字摄影机等）甚至家用电器连接起来，实现无缝的资源共享，在应用的广泛性与性能上可以说比红外线更胜一筹。

15.2.2 蓝牙技术特点

（1）可同时发送语音与数据。蓝牙技术定义了电路交换与包交换的数据传输类型，能够同时支持语音与数据信息的传输。虽然网络已经有许多利用包交换来发送语音的应用服务，但是当网络发生阻塞时，将增加各个包在传输时的延迟时间差，先送出的语音包反而较晚到达，这会造成语音断断续续的现象。而蓝牙技术可同时支持电路交换与包交换的传输类型，能同时传输语音与数据信息。

（2）使用全世界通用的频段。通信产品要能够方便快速地普及，必须使通信频率位于全球各个国家开放的频段上。使用该频段的产品无须事先申请也无需缴纳频率使用费。蓝牙技术就符合这样的条件，蓝牙产品运行的频段是在全世界通用频段 ISM 2.4 GHz 上。但是为了避免与此频段上的其他通信系统互相干扰，蓝牙技术还采用频率跳跃技术来消除干扰和降低电波衰减。

（3）低功率与低成本的模块。蓝牙技术在定义时即以轻、薄、小为目标,将蓝牙技术组合在单芯片内,达到单芯片低成本、低功率、体积小的目标。单芯片与许多的电子元件组成蓝牙模块后,以 USB 或 RS232 接口与现有的设备互相连接,或是内嵌在各种数字设备内,如爱立信推出的蓝牙芯片体积只有 10.2 mm×1mm×1.6 mm,组成蓝牙模块后相当容易安装在各种设备内。蓝牙芯片的发射功率能够根据使用模式自动调节,正常工作时的发射功率为 1 mW 时,其发射范围一般可达 10 m。当传输信息量减少或停止时,蓝牙设备将延长信号响应的时间,进入低功率工作模式。此种省电模式比正常工作模式要大大约节省功率的消耗。正因为蓝牙模块消耗功率极低,所以在设计蓝牙无线耳机时,不需要考虑散热的问题。

（4）应用于各种电子设备。蓝牙技术几乎可以应用在各种数字设备上,如移动电话、无绳电话、笔记本电脑、掌上电脑、数码相机、打印机、投影机、局域网等,这些都可以通过蓝牙技术中的无线电波来互相连接。此外,还可以使用蓝牙技术来遥控开闭门窗、报警、灯光、冰箱、微波炉、洗衣机等多种电器。

15.2.3　蓝牙技术协议

蓝牙技术是一种点对多点的通信协议,蓝牙设备间的数据传输不仅能够点对点,也支持一对多的方式。在定义上,一个蓝牙设备最多可以同时连接另外 7 个蓝牙设备,周围最多可有 255 个等待的蓝牙设备,利用蓝牙技术可将个人身边的设备都连接起来,形成一个个人局域网。

蓝牙技术规范的目的是使符合该规范的各种应用之间能够实现互操作。互操作的远端设备需要使用相同的协议栈,不同的应用需要不同的协议栈。但是,所有的应用都要使用蓝牙技术规范中的数据链路层和物理层。

完整的协议栈包括蓝牙专用协议（如连接管理协议 LMP 和逻辑链路控制应用协议 L2CAP）以及非专用协议（如对象交换协议 OBEX 和用户数据报协议 UDP）。设计协议和协议栈的主要原则是尽可能利用现有的各种高层协议,保证现有协议与蓝牙技术的融合以及各种应用之间的互操作,充分利用兼容蓝牙技术规范的软硬件系统。蓝牙技术规范的开放性保证了设备制造商可以自由地选用其专用协议或习惯使用的公共协议,在蓝牙技术规范基础上开发新的应用。

蓝牙协议体系中的协议按 SIG 的关注程度分为四层:
- 核心协议:BaseBand、LMP、L2CAP、SDP;
- 电缆替代协议:RFCOMM;
- 电话传送控制协议:TCS-Binary、AT 命令集;
- 选用协议:PPP、UDP/TCP/IP、OBEX、WAP、vCard、vCal、IrMC、WAE。

除上述协议层外,规范还定义了主机控制器接口（HCI）,它为基带控制器、连接管理器、硬件状态和控制寄存器提供命令接口。

蓝牙核心协议由 SIG 制定的蓝牙专用协议组成。绝大部分蓝牙设备都需要核心协议（加上无线部分），而其他协议则根据应用的需要而定。总之，电缆替代协议、电话控制协议和被采用的协议在核心协议基础上构成了面向应用的协议。

蓝牙技术的具体使用的协议：

（1）基带协议。基带和链路控制层确保微微网内各蓝牙设备单元之间由射频构成的物理连接。蓝牙的射频系统是一个跳频系统，其任一分组在指定时隙、指定频率上发送。它使用查询和分页进程同步不同设备间的发送频率和时钟，为基带数据分组提供了两种物理连接方式，即面向连接（SCO）和无连接（ACL），而且，在同一射频上可实现多路数据传送。ACL 适用于数据分组，SCO 适用于话音以及话音与数据的组合，所有的话音和数据分组都附有不同级别的前向纠错（FEC）或循环冗余校验（CRC），而且可进行加密。此外，对于不同数据类型（包括连接管理信息和控制信息）都分配一个特殊通道。

可使用各种用户模式在蓝牙设备间传送话音，面向连接的话音分组只需经过基带传输，而不到达 L2CAP。话音模式在蓝牙系统内相对简单，只需开通话音连接就可传送话音。

（2）连接管理协议（LMP）。该协议负责各蓝牙设备间连接的建立。它通过连接的发起、交换、核实，进行身份认证和加密，通过协商确定基带数据分组大小。它还控制无线设备的电源模式和工作周期，以及微微网内设备单元的连接状态。

（3）逻辑链路控制和适配协议（L2CAP）。该协议是基带的上层协议，可以认为它与 LMP 并行工作，它们的区别在于，当业务数据不经过 LMP 时，L2CAP 为上层提供服务。L2CAP 向上层提供面向连接的和无连接的数据服务，它采用了多路技术、分割和重组技术、群提取技术。L2CAP 允许高层协议以 64k 字节长度收发数据分组。虽然基带协议提供了 SCO 和 ACL 两种连接类型，但 L2CAP 只支持 ACL。

（4）服务发现协议（SDP）。发现服务在蓝牙技术框架中起着至关紧要的作用，它是所有用户模式的基础。使用 SDP 可以查询到设备信息和服务类型，从而在蓝牙设备间建立相应的连接。

（5）电缆替代协议（RFCOMM）。RFCOMM 是基于 ETSI-07.10 规范的串行线仿真协议。它在蓝牙基带协议上仿真 RS-232 控制和数据信号，为使用串行线传送机制的上层协议（如 OBEX）提供服务。

（6）电话控制协议。二元电话控制协议（TCS-Binary 或 TCSBIN）

该协议是面向比特的协议，它定义了蓝牙设备间建立语音和数据呼叫的控制信令，定义了处理蓝牙 TCS 设备群的移动管理进程。基于 ITU TQ.931 建议的 TCSBinary 被指定为蓝牙的二元电话控制协议规范。

（7）AT 命令集电话控制协议。SIG 定义了控制多用户模式下移动电话和调制解调器的 AT 命令集，该 AT 命令集基于 ITU TV.250 建议和 GSM07.07，它还可以用于传真业务。

蓝牙还可以使用的网络协议有：

（1）点对点协议（PPP）。在蓝牙技术中，PPP 位于 RFCOMM 上层，完成点对点的连接。

（2）TCP/UDP/IP。该协议是由互联网工程任务组制定，广泛应用于互联网通信的协议。在蓝牙设备中，使用这些协议是为了与互联网相连接的设备进行通信。

（3）对象交换协议（OBEX）。IrOBEX（简写为 OBEX）是由红外数据协会（IrDA）制定的会话层协议，它采用简单的和自发的方式交换目标。OBEX 是一种类似于 HTTP 的协议，它假设传输层是可靠的，采用客户机/服务器模式，独立于传输机制和传输应用程序接口（API）。

电子名片交换格式（vCard）、电子日历及日程交换格式（vCal）都是开放性规范，它们都没有定义传输机制，而只是定义了数据传输格式。SIG 采用 vCard/vCal 规范，是为了进一步促进个人信息交换。

（4）无线应用协议（WAP）。该协议是由无线应用协议论坛制定的，它融合了各种广域无线网络技术，其目的是将互联网内容和电话传送的业务传送到数字蜂窝电话和其他无线终端上。

15.2.4 蓝牙技术展望

未来的通信将是以因特网和家庭网络为基础，以无线连接实现双向传输，蓝牙正是适合这种需求的优选技术。

目前，蓝牙技术应用市场领域越来越广泛，如使用手机开闭门窗；在检票处或通行出入口装配蓝牙设备，记录与识别出入者手机芯片中的数据，作出判断并进行相应的处理。智能标价装置将入口处的商品价格传给探测器，探测器又将总额无线发送到顾客的手机上，金额被确认后可通过无线传输，进行转账。

进入 21 世纪以来，据统计在所有重要的电子产品中，60%将是便携式的，而蓝牙技术恰恰是在这些设备之间提供无线连接的主要技术，如今蓝牙技术已不仅在手机、照相机及 PC 中得到应用，正迅速渗入到各种家用电器设备中，此外，蓝牙技术已在车辆控制中得到了广泛的应用；并且正进入工业无线设备通信等更广泛的领域。

15.3 Wi-Fi 与 WiMAX 技术

15.3.1 Wi-Fi 概述

Wi-Fi 是意为无线保真（Wireless Fidelity）的缩写，旨在说明在无线环境下提供高质量的数据通信。有线局域网的使用已经相当普及，它提供了局域网中电脑接入因特网的方式。而无线局域网（Wireless Local-Area Network，简称 WLAN）是针对无线环境下的因特网接入方式，适合于笔记本电脑及其他移动设备的使用，随着这类移动设备的广泛使用，Wi-Fi 越来越受到人们的青睐；如今，许多家庭、办公室建立了无线局域网，人们可以在其中方便自由地移动上网。更有许多城市为了提升商务和旅游环境，也已经提供公共的宽带服务；例如，不少书站、餐厅与咖啡馆内，用户只需携带支持无线上网的笔记本电脑、PDA、手机等设备均可享受免费无线上网的服务。

无线局域网主要是利用访问无线接入点（Access Point）AP 来完成，目前的无线 AP 可以分为两类：集线型 AP 和路由型 AP。集线型 AP 的功能相对说比较简单缺少路由功能，只能相当于无线集线器；而路由型 AP 使用较普遍，它功能比较全面，许多路由型 AP 不但具有路由交换功能还有 DHCP 甚至网络防火墙等功能。

总之，无线 AP 是无线网和有线网之间沟通的桥梁。由于无线 AP 的覆盖范围是一个向外扩散的圆形区域，因此，使用时尽可能把无线 AP 放置在无线网络使用的中心位置，而且各无线客户端与无线 AP 的距离越远，越会使通讯信号衰减过多而导致通信失败。

路由型 AP 借助于其路由器功能，可实现无线网络中的 Internet 连接共享，如实现 ADSL 或其他宽带的无线共享接入。此外，无线路由器可以把通过它进行无线和有线连接的终端都分配到一个子网，这样子网内的各种设备交换数据就会十分容易。

Wi-Fi 最主要的优势在于不需要布线，可以不受布线条件的限制，因此非常适合移动办公用户的需要。此外，IEEE 802.11 规定的发射功率不可超过 100 mW，实际发射功率约 60～70 mW，而手机的发射功率可达 0.2～1 W 之间，手持式对讲机高达 5 W，而且无线网络使用方式并非像手机直接接触人体，所以相当安全的。

Wi-Fi 另一个优点是组建方便，一般架设无线网络的基本配备就是无线网卡及一台 AP，AP 主要在媒体存取控制层 MAC 中扮演无线工作站及有线局域网络的桥梁。有了 AP，无线工作站可以快速且轻易地与网络相连。特别是对于宽带的使用，Wi-Fi 更显优势，有线宽带网络（ADSL、小区 LAN 等）到户后，连接到一个 AP，普通的家庭有一个 AP 已经足够，甚至用户的邻里得到授权后，则无需增加端口，也能以共享的方式上网。

这两年内，无线 AP 的数量迅猛增长，无线网络的方便与高效使其能够得到迅速的普及。除了在目前的一些公共场所有 AP 之外，国外已经有先例以无线标准来建设城域网，因此，Wi-Fi 的无线地位将会日益牢固。

15.3.2　IEEE 802.11 系列无线局域网标准

1. IEEE 802.11

通常 Wi-Fi 使用的是 IEEE 802.11 无线局域网标准，工作于 2.4 GHz 频段，是属于没用许可的无线频段，最高速率为 2 Mbps。IEEE 802.11 许多部分和以太网的 IEEE 802.3 传输标准一致，核心协议为 CSMA/CA，为了尽量减少数据的传输碰撞和重试发送，防止各站点无序地争用信道，无线局域网中采用了与以太网 CSMA/CD 相类似的 CSMA/CA（载波监听多路访问/冲突防止）协议。CSMA/CA 通信方式将时间域的划分与帧格式紧密联系起来，保证某一时刻只有一个站点发送，实现了网络系统的集中控制。

因传输介质不同，CSMA/CD 与 CSMA/CA 的检测方式也不同。CSMA/CD 通过电缆中电压的变化来检测，当数据发生碰撞时，电缆中的电压就会随着发生变化；而 CSMA/CA 采用能量检测（ED）、载波检测（CS）和能量载波混合检测三种检测信道空闲的方式。

CSMA/CA 协议相对 CSMA/CD 协议的信道利用率低，但是由于无线传输的特性，在无线局域网不能采用有线局域网的 CSMA/CD 协议；信道利用率受传输距离和空旷程度的影响，当距离较远或者有障碍物影响时会存在隐藏终端问题，降低信道利用率。

2．IEEE 802.11a

IEEE 802.11 的数据传输速率已不能满足日益发展的无线局域网发展的需要，IEEE 于 1999 年相继推出了 IEEE 802.11a 与 IEEE 802.11b 两个标准。

IEEE 802.11a 是高速无线局域网协议，IEEE 802.11a 建立的运作频率为 5 GHz，提供速率最高可达 54 Mbps，支持语音、数据、图像业务。IEEE 802.11a 传输距离范围不及 IEEE 802.11b，但是，因为 IEEE 802.11a 使用较高的频率，干扰少，信号清晰。但与 IEEE 802.11b 不兼容，成本也相对较高；所以现在已较少使用。

3．IEEE 802.11b

IEEE 802.11b 无线局域网的带宽最高可达 11 Mbps，比 IEEE 802.11 标准快 5 倍，无须直线传播，扩大了无线局域网的应用领域。另外，也可根据实际情况采用 5.5 Mbps、2 Mbps 和 1 Mbps 带宽，实际的工作速度在 5 Mbps 左右，与普通的 10Base-T 规格有线局域网相差无几。作为公司内部的设施，可以基本满足使用要求。IEEE 802.11b 使用的是开放的 2.4 GB 频段，不需要申请就可使用。既可作为对有线网络的补充，也可独立组网，从而使网络用户摆脱网线的束缚，实现真正意义上的移动应用。

IEEE 802.11b 在室外传输范围为 300 米；在办公环境中最长为 100 米。与以太网类似的连接协议和数据包确认提供可靠的数据传送和网络带宽的有效使用。

IEEE 802.11b 运作模式基本一种为点对点模式，点对点模式是指无线网卡和无线网卡之间的通信方式。只要 PC 插上无线网卡即可与另一具有无线网卡的 PC 连接，对于小型的无线网络来说，是一种方便的连接方式。

另一种模式为基本模式，是指无线网络规模扩充或无线和有线网络并存时的通信方式，这是 IEEE 802.11b 最常用的方式，一个接入点最多可连接多台 PC（需无线网卡）。当无线网络节点扩增时，网络存取速度会随着范围扩大和节点的增加而变慢，此时添加接入点可以有效控制和管理频宽与频段。

在一个大楼中或者在很大的平面里面部署无线网络时，可以布置多个接入点构成一套微蜂窝系统，这与移动电话的微蜂窝系统十分相似。微蜂窝系统允许一个用户在不同的接入点覆盖区域内任意漫游，随着位置的变换，信号会由一个接入点自动切换到另外一个接入点。整个漫游过程对用户是透明的，虽然提供连接服务的接入点发生了切换，但对用户的服务却不会被中断。

4. IEEE 802.11g

IEEE 802.11g 提供相对短距离的高达 54 Mbps 的传输速率，与 IEEE 802.11b 标准兼容。IEEE 802.11g 规范的网络运行的频率范围是 2.400～2.4835 GHz 之间，这一点与 IEEE 802.11b 相同，但是 IEEE 802.11g 采用 IEEE 802.11a 所应用的调制方法，即正交频分复用技术，这主要是为了得到更高的数据速率。此外，IEEE 802.11b 升级到 IEEE 802.11g 是十分方便。

在媒体接入层上，IEEE 802.11g 与 IEEE 802.11、IEEE 802.11a、IEEE 802.11b 一样，采用 CSMA/CA 方式。

5. 其他 IEEE 802.11 协议

随着无线局域网的推广发展，IEEE 又推出了 IEEE 802.11（h、e、f、i、d、n）等多种协议标准。其中比较引人注意的是 IEEE 802.11n，IEEE 802.11n 将传输速率从 IEEE 802.11a 和 IEEE 802.11g 的 54 Mbps 增加至 108 Mbps 以上，最高速率可达 320 Mbps。与以往 IEEE 802.11 标准不同，IEEE 802.11n 协议为双频工作模式（包含 2.4 GHz 和 5 GHz 两个工作频段）。这样 IEEE 802.11n 就与 IEEE 802.11a，b，g 标准兼容。

移动通信中一些 4G 及 3.5G 的关键技术，如 OFDM 技术、MIMO 技术、智能天线，和软件无线电等，开始应用到无线局域网中，提升 WLAN 的性能。如 IEEE 802.11a 和 IEEE 802.11g 采用 OFDM 调制技术，提高了传输速率，增加了网络吞吐量。IEEE 802.11n 采用 MIMO 与 OFDM 相结合，使传输速率成倍提高，无线通信设备性能的提升，使得无线局域网的传输距离大大增加，可以达到几公里，并且能够保障 100 Mbps 的传输速率。IEEE 802.11n 标准全面改进了 IEEE 802.11 标准，不仅涉及物理层标准，同时也采用新的高性能无线传输技术提升 MAC 层的性能，优化数据帧结构，提高网络的吞吐量性能。

IEEE 802.11n 还采用了智能天线技术，能过多组独立天线组成的天线阵列，可以动态地调整波束指向，跟踪用户位置，保证用户得到稳定的信号，并可以减少其他信号的干扰。

总之 IEEE 802.11n 的传输速率之高、传输范围之大都超过了以往 IEEE 802.11 诸多标准，被人们喻为下一代无线局域网的标准。

15.3.3 WiMAX 技术

Wi-Fi 是目前无线接入的主流标准，随着无线通信的优良特性日益显现，又一种无线通信新方式——WiMAX 出现了，WiMAX 的全名是微波存取全球互通（Worldwide Interoperability for Microwave Access），它全面兼容现有 Wi-Fi，对比于 WiFi 的 IEEE 802.11X 标准，WiMAX 基于的标准是 IEEE 802.16。与前者相比，WiMAX 具有更远的传输距离、更宽的频段选择以及更高的接入速度等。Intel 计划将来采用该标准来建设无线广域网络。这相比于现时的无线局域网或城域网，是一次新的飞跃。

WiFi 一般应用于百米以内的通信距离，而 WiMAX 则可以在数公里甚至更远的的范围内应用。WiMAX 基于 IEEE 802.16 的标准可分为 2 种，一种是以 IEEE 802.16a 为标准，最大传输距离为 7～10 km。另外一种是 IEEE 802.16e，面向移动终端，最大传输距离为 3～5km。目前主要是 IEEE802.16a，主要用于连接互联网服务的接入线路，可替代现在使用电话线 ADSL 的上网方式。

在无线传输中，WiMAX 主要有以下的优势：

（1）实现更远的传输距离。WiMAX 能实现的 50 公里的无线信号传输距离是无线局域网所不能比拟的，网络覆盖面积是 3G 发射塔的 10 倍，只要少数基站建设就能实现全城覆盖，这样就使得无线网络应用的范围大大扩展。

（2）提供更高速的宽带接入，WiMAX 所能提供的最高接入速度是 70 M，这个速度是 3G 所能提供的宽带速度的 30 倍。对无线网络来说，这的确是一个很可观的进步，同时作为一种无线城域网技术，它可以将 WiFi 接点连接到互联网。WiMAX 可在约 50 公里范围内提供服务，用户无需线缆即可与基站建立宽带连接，提供的最后一公里网络接入服务。

（3）提供多媒体通信服务。由于 WiMAX 较之 WiFi 具有更好的可扩展性和安全性，从而能够实现大容量多媒体数据传输，同时 WiMax 具有完善的 QoS（服务质量）机制，IEEE 802.16 对介质访问层（MAC）进行了诸多改进，有效的提高了通讯服务质量。引入了 TDMA （Time Division Multiple Access，时分多码）上行/下行协议，可以对用户接入网络进行智能控制，在改善系统的时延特性，提高了服务的可靠性，还可以提供优质的语音和图像服务。

（4）高数据安全性。网络安全性是除了传输速率和传输距离之外人们最担心的问题，WiMAX 提供了完善的加密机制，它在介质访问层（MAC）中定义了一个加密子层，支持 128 位、192 位及 256 位加密系统，通过使用数字证书的认证方式，确保了无线网络内传输的信息得到完善的安全保护，使用户使用时无后顾之忧。

由于 WiMAX 同样基于 IP 技术，可与下一代网络进行无缝融合。WiMAX 作为一种点对多点的宽带无线接入系统，可以与现有网络实现互联互通，同时具有 IP 业务、互联网接入、局域网互联、IP 话音、热点地区回程等业务接入能力，它提供了一个可靠、灵活并且经济的平台。由于成本的不断降低，使 WiMAX 的普及成为可能。

总之，作为一个新型的无线接入技术，WiMAX 凭借其传输速率、覆盖范围等方面的优势，对只能在近百米范围内发挥功能的 WiFi 确实是一个很好的补充，相信随着时间的推移 WiMAX 的内在的优势会越来越明显地展现出来，不少科学家展望 WiMAX 将来时，认为完全有可能代替现有的电话、有线电视通信线缆，如果实现，到时新建大楼就什么通信线缆也不用铺设。

【课后习题】

1. 简述红外通信的特点与使用方式。
2. 举例说明蓝牙与红外通信的异同，你认为蓝牙能取代红外通信吗？
3. 什么是 Wi-Fi？简单叙述 Wi-Fi IEEE 802.11 各协议的特点。
4. 什么是 WiMAX？WiMAX 能实现当前何种通信？

参 考 文 献

[1] 刘江. 计算机系统与网络技术[M]. 北京：机械工业出版社，2008.
[2] 赖卫国. 移动无线数据新业务[M]. 北京：人民邮电出版社，2007.
[3] 司鹏博. 无线宽带接入新技术[M]. 北京：机械工业出版社，2007.
[4] 陈建亚. 现代交换原理[M]. 北京：北京邮电大学出版社，2006.
[5] 李建文. 实用网络通信编程技术[M]. 北京：北京邮电大学出版社，2006.
[6] 刘少亭. 现代信息网概论[M]. 北京：人民邮电出版社，2005.
[7] 达新宇. 现代通信新技术[M]. 西安：西安电子科技大学出版社，2002.
[8] Forouzan，B.A. （美）. 数据通信与网络[M]. 北京：机械工业出版社，2000.